KB133940

일상적이지만 절대적인

예술 속 수학 지식 100

일상적이지만 절대적인
예술 속 수학 지식 100

1판 1쇄 발행 | 2016년 8월 10일
1판 2쇄 발행 | 2017년 12월 20일

글쓴이 | 존 D. 배로
옮긴이 | 강석기
펴낸이 | 이경민

편집 | 최정미, 김세나, 박재언
디자인 | 想Ⅰcompany
펴낸곳 | ㈜동아엠앤비
출판등록 | 2014년 3월 28일(제25100-2014-000025호)
주소 | (03737) 서울특별시 서대문구 충정로 35-17 인촌빌딩 1층
전화 | (편집) 02-392-6901 (마케팅) 02-392-6900
팩스 | 02-392-6902
전자우편 | damnb0401@nate.com
블로그 | damnb0401@nate.com
페이스북 | damnb0401@nate.com

ISBN 979-11-87336-16-7 (04410)
979-11-87336-12-9 (set)

※ 책 가격은 뒤표지에 있습니다.
※ 잘못된 책은 구입한 곳에서 바꿔 드립니다.
※ 이 도서의 국립중앙도서관 출판예정도서목록(CIP)은 서지정보유통지원시스템 홈페이지 http://seoji.nl.go.kr와 국가자료공동목록시스템 http://www.nl.go.kr/kolisnet에서 이용하실 수 있습니다.
(CIP제어번호: CIP2016015957)

100 ESSENTIAL THINGS YOU DIDN'T KNOW YOU DIDN'T KNOW ABOUT MATHS AND THE ARTS
© John D. Barrow, 2014
First published as 100 ESSENTIAL THINGS YOU DIDN'T KNOW YOU DIDN'T KNOW ABOUT MATHS AND THE ARTS published by The Bodley head, an imprint of Vintage Publishing. Vintage Publishing is a part of the Penguin Random House group of companies.
The author has asserted his right to be identified as the author of the Work.
All rights reserved.
Korean translation © 2016 by Donga M&B Co., Ltd.
Korean translation rights arranged with The Random House Group Limited through EYA (Eric Yang Agency).

이 책의 한국어판 저작권은 EYA(Eric Yang Agency)를 통한 The Random House Group Limited 사와의 독점 계약으로 '동아엠앤비'가 소유합니다. 저작권법에 의하여 한국 내에서 보호를 받는 저작물이므로 무단전재 및 복제를 금합니다.

존 D. 배로 지음 | 강석기 옮김

동아엠앤비

아직 어려 모든 것을 알기에 충분한 시간이 있는,

다르시와 가이에게

예술은 개인의 영역이고 과학은 공동의 영역이다.

클로드 베르나르

우리 주위의 모든 것이 다 수학이다. 수학은 흔히들 전혀 '수학적'이라고 생각되지 않은 상황들을 뒷받침해준다. 이 책은 우리의 보통 환경에 수학을 색다르게 적용한 수학적 잡동사니들을 모아 놓은 것이다. 여러 가지 상황들은 '예술'의 세계로부터 가져온 것이다. 여기서 예술은 광범위하게 정의된 분야로, 디자인과 인문학을 아우른다. 그리고 나는 가능한 한 넓은 조망을 할 수 있는 100가지 사례를 골라보았다. 각각의 내용은 순서에 관계없이 읽어도 된다. 몇몇 장은 다른 장과 연결되어 있지만 대부분은 독립적이며, 조각과 동전 및 우표 디자인, 대중음악, 경매 전략, 위조, 낙서, 다이아몬드 커팅, 추상 미술, 인쇄, 고고학, 중세 문서의 배치, 문헌 비판 등 여러 분야에 대한 새로운 사고방식을 제시하고 있다. 따라서 대칭성과 원근법 같은 오래되었으면서 동일한 배경을 다루는 전통적인 '수학과 예술'로서가 아니라 우리 주변의 세계를 어떻게 볼 것인지에 대해 다시 생각할 수 있도록 독자들을 초대하는 책이다.

수학과 모든 예술 사이를 연결하는 다양한 스펙트럼은 예상하지 못할 일은 아니다. 수학은 모든 가능한 패턴의 목록이기 때문에 인간의 삶에 유용하며, 도처에 적용할 수 있다. 시간과 공간에서 패턴을 찾는 100가지 예를 통해 간단한 수학이 인간 창조성의 다양한 측면에 새로운 빛을 비춰줄 수 있음을 깨닫고 독자들의 시야가 넓어지기를 바란다.

이 책을 쓸 수 있도록 격려해주고 자료를 모으고 책으로 만들어지기까지 도움을 준 많은 분들께 감사드린다. 책을 내준 보들리헤드 출판사의 캐서린 에일스와 윌 설킨, 그리고 그의 후임인 스튜어트 윌리엄스에게 고마움을 전한다. 리처드 브라이트와 오웬 번, 피노 동기, 로스 두핀, 루도비코 아이나우디, 마리안 프라이베르거, 지오프리 그림메트, 토니 훌리, 스콧 김, 닉 메이, 유타카 니시야마, 리처드 테일러, 레이첼 토머스, 로저 워커의 기여에도 감사한다. 또 이 책을 쓸 때 관심을 보여준 엘리자베스와 늘어나는 후손들에게도 고마움을 전하고 싶다. 책이 나왔을 때 가족들이 관심을 보여주기를 바랄 뿐이다.

존 D. 배로

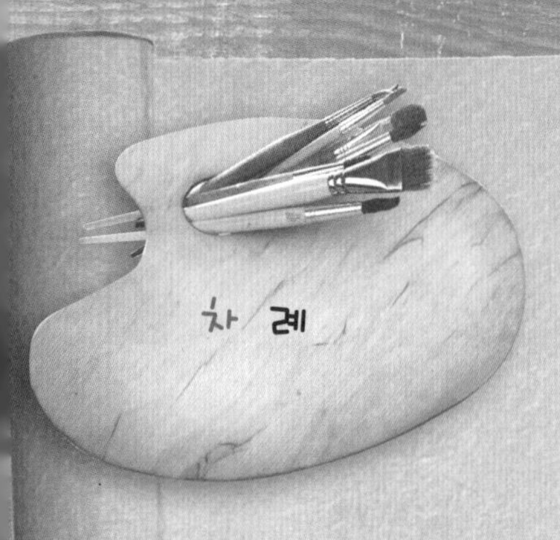
차 례

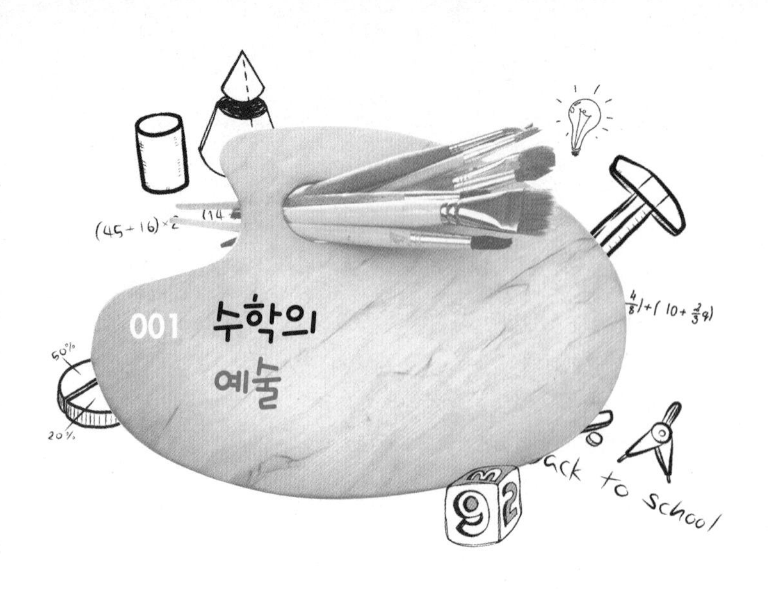

수학과 예술은 왜 그렇게 종종 연결되어 있을까? 우리는 예술과 유동학이라든가 예술과 곤충학에 대한 책과 전시는 보지 못했지만 예술과 수학은 자주 연관된다는 것을 알 수 있다. 여기서 우리가 수학의 정의 자체로까지 거슬러 올라갈 수 있는 간단한 이유가 있다.

역사학자와 공학자, 지리학자는 자신이 몸담은 분야에 대해 설명할 때 거의 애를 먹지 않지만 수학자들은 어쩌면 확실하게 말할 수 없을지도 모른다. 오래전부터 수학이 무엇인지에 대한 두 가지 다른 관점이 존재했는데, 누군가는 수학이 발견되었다고 보기도 하고, 또는 수학이 발명되었다고 주장하는 이들도 있다. 수학이 발견되었다는 첫 번째 주장에서는 수학이란 이미 실제로 '존재'하고 있는 영원한 진리로, 다만 수학자가 찾아낸 것에 불과하다고 본 것이다. 이런 관점은 때때로 '수학적 플라톤주의'라고 불린다. 상반된 두 번째 관점에서는 수학을 체스처럼 규칙들이 있는 무한하게 거대한 게임으로 보는데, 이런 규칙들은 우리가 만들어낸 것이며, 우리는 그런 규칙들에 의해서 어떤 결과들이 나오는지 찾아나가게 된다. 우리는 종종 자연에서 패턴을 본 다음에 또는 실질적인 문제를 해결하기 위해 규칙들을 세운다. 어떤 경우이든 간에 수학은 단지 이러한 규칙들의 집합일 뿐이다. 의미는 없고 가능한 적용만 있다. 즉 '사람의 발명품'이라는 것이다.

발견이냐 또는 발명이냐의 철학은 수학의 본질에만 나타나는 건 아니다. 이런 식으로 둘 중 하나를 택하는 주장은 고대 그리스의 철학적 사고가 태동하던 때로 거슬러 올라간다. 음악이나 미술, 또는 물리학의 법칙에도 동일한 이분법적 사고를 적용해볼 수 있다.

다만 수학에서 예외적인 점은 거의 대부분의 수학자들이 마치 플라톤주의자인 것처럼 행동한다는 것이다. 정신적으로 다가갈 수 있는 수학적 진리의 세계를 탐험해 '발견'한다고 생각한다. 하지만 수학의 궁극적인 본질에 대한 의견을 요구받으면 그들 가운데 소수만이 수학에 대한 이 관점을 옹호하게 된다.

이런 상황은 나처럼, 수학에 관한 두 관점 사이의 예리한 차이에 의문을 던지는 사람들에 의해서 다소 흐려진다. 결국 일부의 수학이 발견된 것이라면 우리가 이를 이용해 좀 더 수학을 발명하면 안 되는 것인가? 우리가 수학이라고 부르는 것들이 모두 발명되거나 아니면 모두 발견된 것이어야 한다는 이유가 있나?

어떤 의미에서는 조금 약하긴 해도 수학에 대한 또 다른 관점이 존재한다. 이 관점에서 수학을 바라보면 뜨개질이나 음악과 같은 다른 활동들도 수학에 포함되는데, 내 생각에는 이 관점이 비수학자들에게 좀 더 도움이 된다. 또한 이 관점은 우리가 물리 세계를 이해할 때 수학이 왜 그토록 유용한지를 분명하게 설명해준다. 이 세 번째 관점에서 보면 수학이란 모든 가능한 패턴들을 모아 놓은 카탈로그이다. 이 카탈로그는 무한하다. 어떤 패턴은 공간 속에 존재해서 우리의 마룻바닥과 벽면을 장식한다. 다른 것들로는 시간적인 순서나 대칭성, 또는 인과 관계나 논리의 패턴들이 있다. 어떤 것들은 우리에게 흥미롭게 다가와 주의를 끌지만 그렇지 않은 것들도 있다. 우리는 흥미로운 것들에 대해서는 더 연구해 나가지만 그렇지 않은 것들에 대해서는 무관심하다.

많은 사람들이 놀라워하는 수학의 유용성은 이런 관점에 기반을 둔 것이지, 결코 미스터리가 아니다. 우주에는 패턴이 존재해야 한다. 그렇지 않으면 의식을 가진 생명체는 존재할 수 없다. 수학은 단지 이런 패턴들을 연구하는 분야이다. 이런 까닭에 수학이 자연 세계에 대한 연구 어디서나 나타나는 것이다. 그러나 여전히 풀리지 않은 의문이 남아 있다. 간단한 패턴들 몇 개만으로도 우주의 구조와 우주가 담고 있는 모든 것들이 그렇게나 많이 드러나는 이유가 무엇일까? 뿐만 아니라 수학이라는 것이 좀 더 단순한 물리 과학에서는 상당히 유효한데 반해서 인간의 행동과 같은 복합 과학을 이해하는 데 있어서는 왜 효과적이지 않은 걸까?

또한 모든 가능한 패턴들의 집합이라는 수학에 대한 이 관점은 예술과 수학이 왜 그토록 자주 함께 등장하는지에 대해서도 잘 설명해준다. 예술 작품에서는 패턴에 대한 인식이 항상 이루어질 수 있다. 조각에서는 공간적인 패턴이 존재하고, 드라마에서는 시간적인 패턴이 존재한다. 이 모든 패턴들은 수학의 언어로 설명이 가능하다. 하지만 이런 가능성에도 불구하고 수학적 설명이 새로운 패턴으로 이끌어준다거나 좀 더 깊은 이해를 가져다준다는 면에서 흥미롭다거나 유익할 것이라고는 장담할 수 없다. 우리는 인간의 감정을 숫자나 글자로 식별할 수 있고 이를 목록으로 나타낼 수 있지만 그렇다고 해서 인간의 감정이 숫자나 영어 문법이 뒤따르는 패턴의 지배를 받는 것을 의미하진 않는다. 반면 음악에서 나타나는 것과 같은 절묘한 패턴들은 수학의 구조적 관점에 딱 맞게 떨어진다. 이것들이 가진 대칭성과 패턴은 수학이 탐험해 가는 가능성이라는 거대한 목록의 일부를 구성하고 있다.

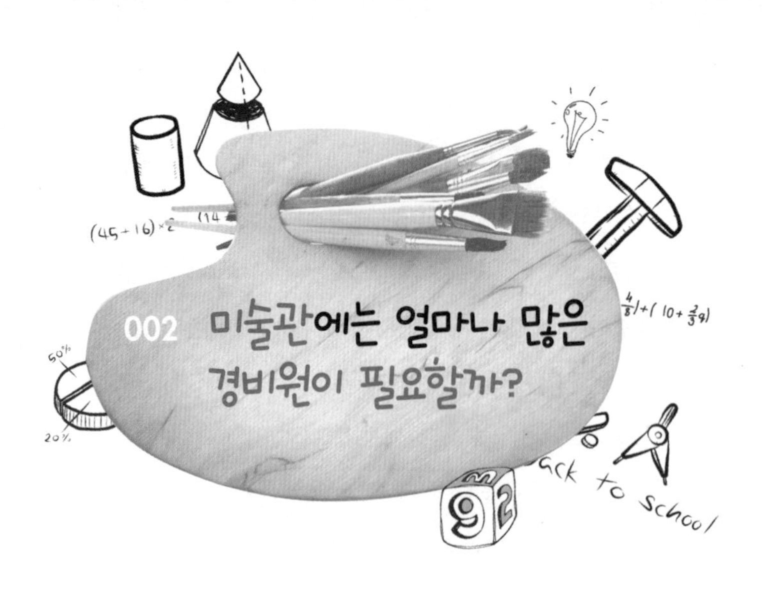

002 미술관에는 얼마나 많은 경비원이 필요할까?

만약 당신이 규모가 큰 미술관에서 보안을 담당하는 책임자라고 상상해보자. 당신은 미술관 벽을 채우고 있는 여러 고가의 그림들을 책임져야 한다. 그림들은 관람객의 눈높이에 맞게 벽에 낮게 걸려 있어서 도둑을 맞거나 파손될 위험이 있다. 그리고 미술관은 모양과 크기가 다른 방들로 이루어져 있다. 당신은 어떻게 해야 그림들이 당신의 부하 경비원들에 의해 계속해서 지켜지고 있다고 확신할 수 있을까? 당신이 예산을 무제한적으로 쓸 수 있다면 해법은 간단하다. 그림마다 경비원 한 명씩 배치하면 된다. 그러나 미술관은 좀처럼 돈이 넘쳐 나지 않는 데다 돈 많은 기부자들은 자신의 재산을 경비 인력에 쓰려고 하지 않는다. 그렇기 때문에 당신에게는 실질적인 문제가, 그러니까 수학문제가 있다. 당신이 고용해야 할 최소 경비원은 몇 명이며, 그들을 어떻게 배치해야 눈높이에 있는 미술관의 벽면 모두가 보일 것인가?

우선 벽면 모두를 지켜보는 데 필요한 경비원(혹은 감시 카메라)의 최소 숫자를 알아낼 필요가 있다. 벽면이 휘어지지 않았고, 두 벽이 만나는 코너에 서 있는 경비원은 이들 벽에 있는 모든 것을 볼 수 있다고 가정해보자. 경비원의 시야가 막히는 일이 없고, 360도를 돌릴 수 있다고 가정해볼 수도 있다. 삼각형 모양의 미술관은 경비원이 그 안 어디에 있든지 상관없이 단 한 명만으로도 보안이 유지된다. 사실, 미술관이 평평한 벽면으로 이루어진 어떤 다각형 모양이라고 해도 벽면이 만나는 코너 모두가 바깥쪽을 향한다면(예를 들어 삼각형처럼 '볼록한' 다각형일 경우), 경비원 한 명이면 언제나 충분하다.

모든 코너가 바깥을 향해 있는 게 아닐 때 문제가 좀 더 흥미로워진다. 다음의 그림에서 코너 O에 서 있으면 한 명의 경비원만으로도 여전히 보안이 유지될 수 있는 벽면이 8개인 미술관이 있다(그 경비원이 위쪽이나 아래쪽에 있는 왼편의 코너로 움직이지 않는다면 말이다).

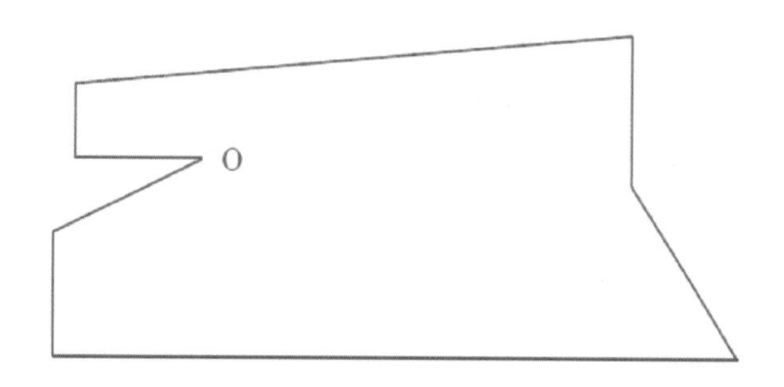

이곳은 운영하기에 경제적인 미술관이라고 할 수 있다. 다음 그림은 그렇게까지 효율적이지 않은 좀 특이한, 벽면이 12개인 미술관이다. 이 경우 모든 벽면을 지켜보려면 네 명의 경비원이 필요하다.

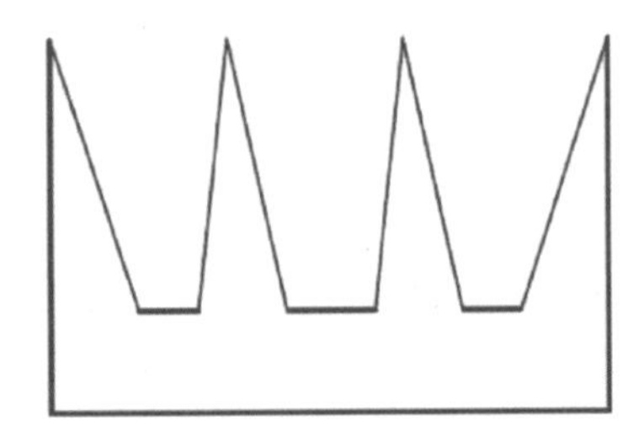

이 문제를 일반적으로 해결하려면 일단 미술관을 서로 겹치지 않는 삼각형으로 어떻게 쪼갤 수 있는지를 살펴보면 된다(만일 다각형의 꼭짓점이 S개라면 S−2개의 삼각형으로 쪼갤 수 있다). 삼각형은 볼록 다각형에 속해서 한 명의 경비원만이 필요하기 때문에, 미술관이 겹치지 않는 삼각형 T개로 나누어진다면 T명의 경비원을 통해 보안이 유지될 수 있다는 걸 우리는 안다. 물론 그보다 적은 수의 경비원으로도 감시가 이뤄질 수 있다. 예를 들어, 사각형을 대각선을 따라 언제나 삼각형 두 개로 나눌 수 있지만 그 사각형 벽면을 모두 지켜보는 데 경비원 두 명이 필요하지는 않다(한 명만으로도 할 수 있다). 일반적으로, 벽면이 W개인 미술관을 지키는 데 필요한 경비원의 최대 수는 W/3를 한 값의 정수 부분이다(이 수를 [W/3]로 나타낸다. 이 사실은 바츨라프 흐바탈Václav Chvátal이 처음 증명했다). 면이 12개인 빗 모양의 미술관의 경우 경비원의 최댓값은 12/3=4이지만, 면이 8개인 미술관의 경우는 2이다.

불행히도, 당신이 최대 인원을 써야 할 필요가 있는지를 결정하는 건 그리 쉬운 일이 아니다. 벽 하나를 추가할 때마다 계산 시간이 두 배로 늘어나는 복잡한 난제로 소위 컴퓨터가 필요한 문제다. 실제로 W가 아주 큰 값이 되면, 이 문제는 걱정거리가 될 것이다.

오늘날 대개의 미술관들은 우리가 보았던 예처럼 건물 벽을 특이하고 들쭉날쭉하게 짓지 않는다. 보통은 다음의 예처럼 코너가 직각인 벽들로 이루어져 있다.

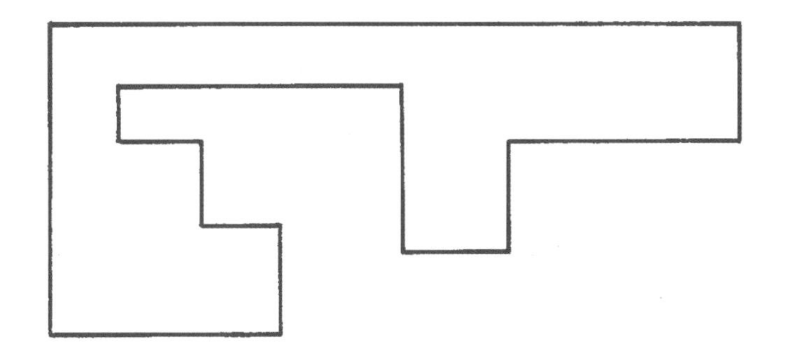

위의 경우처럼 직각 구조의 미술관에 여러 개의 코너가 있을 경우 사각형으로 쪼갤 수 있고, 각각의 사각형에는 벽면을 감시할 때 한 명의 경비원만이 필요하다. 그렇다면 경비원이 코너에 서 있을 경우, 모든 벽면을 감시하는 데 충분한 경비원의 수가 코너의 수 $\times\frac{1}{4}$을 한 값의 정수 부분과 같다. 위의 그림에서처럼 코너가 14개인 미술관의 경우 이 값은 3이 된다. 확실히 이런 식으로 미술관을 설계한다면 특히 규모가 커질수록 훨씬 더 경제적이다. 만약에 벽면이 150개이고 코너가 직각이 아닌 미술관이라면 당신에게는 50명의 경비원이 필요하다. 코너가 직각 구조라면 많아 봐야 37명이 된다.

직각 구조의 일반적인 미술관 중에는 방이 여러 개로 나누어져 있는 경우가 있다. 방이 10개인 경우를 예로 들어보자.

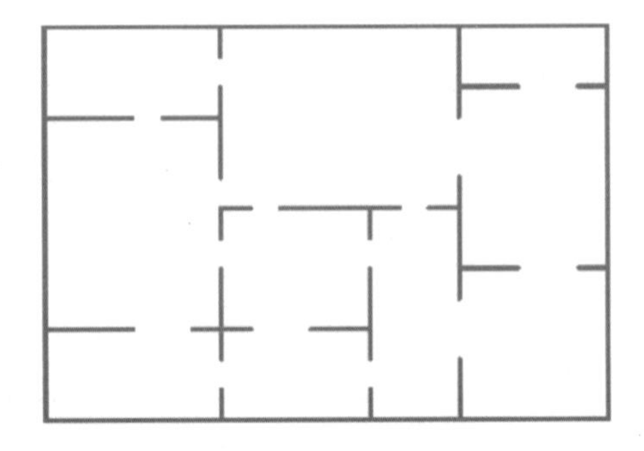

이런 경우, 당신은 서로 겹치지 않게 사각형으로 언제나 미술관을 쪼갤 수 있다. 하지만 이는 최선책이 아니다. 두 개의 방 사이에 경비원을 배치한다면 동시에 두 방 모두 감시가 가능하기 때문이다. 그러나 한 번에 세 개 이상의 방을 동시에 지킬 수는 없다. 따라서 이런 미술관의 경우 보안이 제대로 이루어지려면 필요한 경비원의 수는 방의 수$\times\frac{1}{2}$에서 나온 값과 같거나 그보다 큰 정수가 된다. 그러니까 여기에 그려져 있는, 방이 10개인 미술관의 경우 경비원 다섯 명이 필요하다. 이러면 자원을 좀 더 경제적으로 쓸 수 있다. 수학자들은 이보다 좀 더 현실적인 방식으로 연구를 해오고 있다. 예를 들어 경비원이 한자리에 가만히 있지 않고 순찰을 한다거나 경비원의 시야가 제한되어 있을 경우 보이지 않는 곳에 거울을 달아서 볼 수 있게 하는 경우를 고려하는 것이다. 심지어 미술품을 훔치기에 최적인 경로에 대한 연구도 있다! 카메라나 순찰 경비원이 지키는 미술관에서 어떻게 카메라와 경비원을 모두 다 피하면서 돌아다닐 수 있는지를 말이다. 만약에 모나리자를 훔칠 계획이라면 당신은 유리한 출발선에 있다.

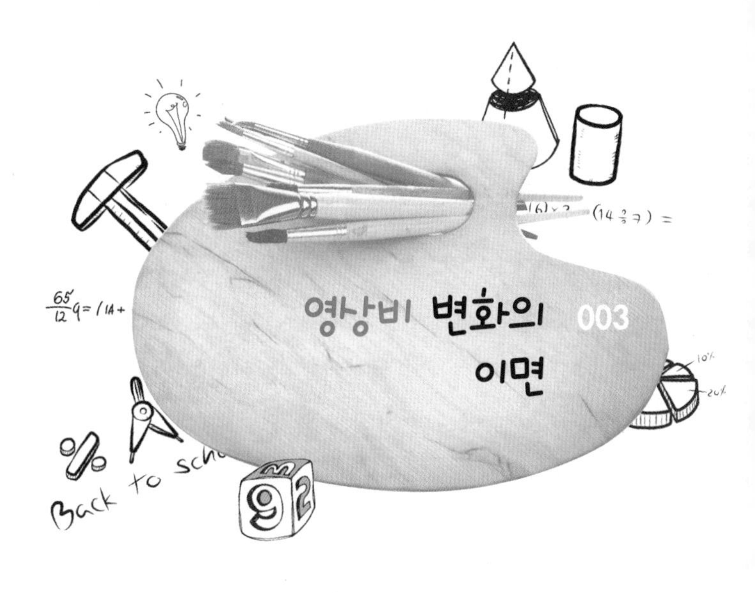

003 영상비 변화의 이면

많은 사람들이 깨어 있는 낮 시간 동안 TV나 컴퓨터 화면을 보는 데 상당한 시간을 할애한다. '건강과 안전'을 간과했던, 컴퓨터 혁명이 우리의 시력에 미친 영향을 다룬 기사가 50년쯤 뒤 저명한 저널에 게재될 것이 분명하다.

컴퓨터 산업에서 쓰이는 화면은 지난 20년 동안 특정한 모양과 크기로 발전해 왔다. TV 화면에서 시작된 '크기'에 대해서 우리는 모니터 화면의 상단부 코너와 반대쪽 하단부 코너를 이은 대각선의 길이라고 알고 있다. 여기서 모양은 화면의 가로 대 세로 길이의 비율을 나타내는 '영상비'라는 것을 의미한다. 컴퓨터 산업에서 일반적인 영상비로는 서너 가지가 있는데, 2003년 이전에는 대부분의 컴퓨터 모니터의 영상비가 4 대 3이었다. 따라서 화면의 가로 길이가 4이고 세로 길이가 3이라면, 피타고라스의 정리를 이용해 대각선 길이의 제곱은 4를 제곱한 16에 3을 제곱한 9를 더한 25, 즉 5를 제곱한 것과 같고, 따라서 대각선의 길이는 5가 됨을 알 수 있다. 이런 식의 정사각형에 가까운 모양의 화면이 데스크톱 컴퓨터 시절의 표준 화면이었다. 2003년까지만 해도 5 대 4 영상비의 모니터는 어쩌다 볼 수 있었고, 4 대 3 영상비가 가장 일반적이었다.

모니터 산업은 2003년부터 2006년까지 사무실 모니터의 표준 영상비를 정사각형에서 좀 더 멀어진 가로가 긴 16 대 10 쪽으로 이동해 갔다. 16 대 10은 그 유명한 '황금비', 1.618에 아주 가까운 수로, 짐작건대 우연히 나온 건 아닐 것이다. 황금비는 건축가들과 예술가들이 보기에 아름다움을 주는 것으로, 수백 년 동안 예술과 설계에 널리 적용되어 왔으며, 수학자들은 유클리드 시절부터 특별한 것으로 인식해 왔다. 황금비에 대해서는 앞으로 계속 나올 것이다. 다만 여기에서 두 개의 양, A와 B가 다음의 조건이라면 황금비 R이 된다는 것을 알 필요가 있다.

$$A/B=(A+B)/A=R$$

위 식을 정리하면, $R=1+B/A=1+1/R$이 되고, 따라서 다음의 식이 나온다.

$$R^2-R-1=0$$

이 이차 방정식의 해는 무리수 $R=\frac{1}{2}(1+\sqrt{5})=1.618$이다.

황금비 영상비인 R은 1세대 랩탑(노트북)에서, 이후에는 데스크톱 컴퓨터에 연결해 쓸 수 있는 독립형 모니터에서 쓰였다. 하지만 2010년쯤에는 대부분의 모니터가 이 황금비에서 컴퓨터 화면으로 영화를 보기에 이상적인 16 대 9로 이동해 갔다. 하지만 소비자들은 다시 손해를 보는 것 같다. 왜냐하면 대각선의 크기가 같은 두 개의 화면이 있다고 했을 때 구형의 4 대 3 영상비가 16 대 9 영상비보다 화면 면적이 더 크기 때문이다. 영상비 4 대 3의 28인치 모니터의 경우 화면 면적이 250제곱인치이지만 영상비 16 대 9인 28인치 모니터는 화면 면적이 226제곱인치밖에 안 된다(http://www.screenmath.com). 물론 소비자들이 모니터 크기를 업그레이드하도록 계속 애를 쓰는 제조업자들과 판매상들은 이런 점들을 특별히 얘기해주지 않을 것이다. 사실은 업그레이드가 다운그레이드인 셈이다.

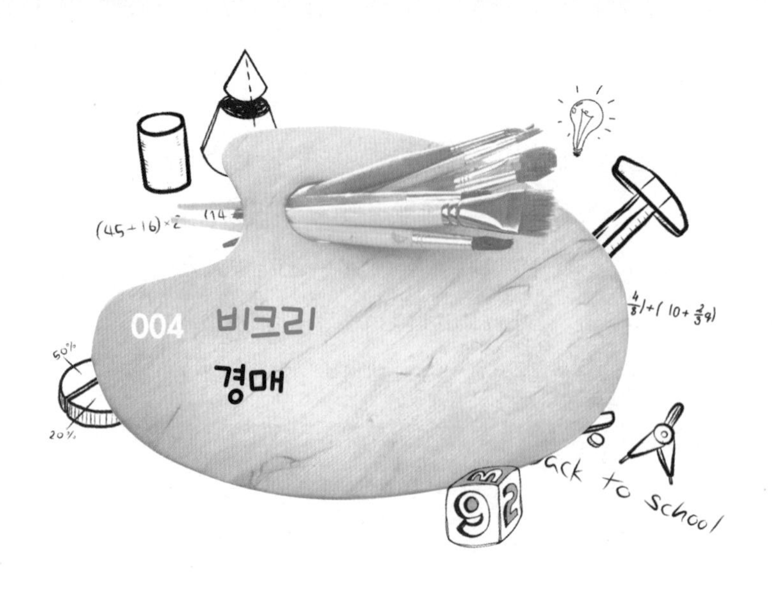

004 비크리 경매

예술품이나 건물 경매는 참가자들이 자리에 참석한 다른 사람이나 대리인이 부른 금액을 들을 수 있다는 의미에서 공개적이다. 물건은 제일 비싼 값을 부른 최고 입찰자에게 돌아간다. 이런 경우는 '자신이 부른 값을 내는' 경매이다.

우표나 동전 또는 문서와 같은 소품을 판매하는 사람들은 또 다른 방식의 경매를 널리 활용한다. 이 방식은 우편이나 인터넷을 이용해 운영될 수 있고 자격이 있는 경매인을 통할 필요가 없어서 운영할 때 비용이 적게 든다. 경매 참가자들은 판매 물품에 대한 입찰가를 특정한 날짜까지 밀봉해서 보낸다. 이 경매에서도 최고가를 적어낸 사람에게 낙찰이 되지만 낙찰가는 두 번째 호가를 부른 이가 적어낸 입찰가이다.

이것을 1961년에 비밀 경매 방식은 물론 여러 방식의 경매들에 대한 선구적인 논문을 발표한 미국의 경제학자, 윌리엄 비크리William Vickrey의 이름을 따서 비크리 경매라고 한다. 사실 비크리가 이런 식의 경매를 발명한 사람은 아니다. 1893년에 우표에서 처음 도입되었는데, 당시 이런 소품 경매에 대해 대서양 건너(북미)까지 관심이 생겨났지만 경매 때문에 사람이 직접 다녀가는 건 실용적이지 못했다. 오늘날 세계에서 가장 큰 온라인 경매 사이트 이베이eBay가 바로 이 방식으로 운영되고 있다(하지만 이베이에서는 종전 최고가보다 최소한의 비율 이상을 내야 다음 입찰이 가능하다).

주택 거래에서 흔히 쓰이는, '자신이 부른 값을 내는' 보통의 비밀 경매는 문제점이 있다. 비밀 입찰에 참여하는 사람들은 저마다 자신만이 판매 물건의 실제 가치를 안다고 생각한다. 그래서 입찰가가 물건의 실제 가치보다 낮을 가능성이 있고, 그 결과 판매 물건은 저평가된다. 주택처럼 값을 매기기 어려운 물건을 경매로 구매하려는 사람은 비싼 값을 불러야 한다는 압박감을 느껴서 결국 공개적인 방식보다 훨씬 많은 돈을 부르기도 한다. 일부 구매자들은 경매인에게 자신이 적어낸 값을 보내는 데에 예민하다. 이 점이 판매자에게 정보를 주기 때문이다. 만약에 당신이 다양한 물건이 나오는 경매장에서 아주 귀중한 물건 하나를 보았고 그래서 그 물건에 높은 값을 적어냈다면 당신은 판매자에게 무언가의 암시를 주게 된다. 따라서 판매자는 당신이 본 물건이 무엇인지를 갑자기 알아채고선 그 물건에 대한 경매를 철회할지도 모른다.

결과적으로, '자신이 부른 값을 내는' 비밀 입찰 경매는 사람들이 물건의 가치에 맞게 사고팔려는 의지를 꺾어 놓는다. 비크리 경매는 이런 면에서 훨씬 낫다. 비크리 경매에서 채택하는 최적 전략은 당신이 생각하는 물건의 가치대로 입찰을 하는 것이다. 그 이유를 알아보기 위해서 당신의 입찰가를 B라고 하고, 당신이 판단하는 물건의 값어치를 V, 그리고 당신의 입찰가 외의 다른 모든 입찰가들 중 최고가를 L이라고 가정해보자. 만약에 L이 V보다 높다면 당신은 V와 같거나 그보다 적은 액수를 걸어야 그 물건을 당신이 생각하는 값어치 이상 주고 사는 일이 벌어지지 않는다. 하지만 L이 V보다 낮다면 당신은 V와 같은 액수를 걸어야 한다. 당신이 이보다 적은 액수를 써내더라도 그 물건을 좀 더 싸게 구입하지는 못한다(여전히 결국에는 두 번째 높은 호가인 L을 지불해야 하므로). 어쩌면 다른 입찰자에게 그 물건을 뺏길지도 모른다. 따라서 당신에게 가장 알맞은 전략은 그 물건의 가치인 V와 같은 금액을 거는 것이다.

005 음정에 맞게 노래하는 법

대중음악 가수들의 완벽한 음정과 음색은 종종 미심쩍게 들릴 때가 많다. 특히 그들이 오디션 프로그램에 출연한 아마추어 경쟁자들일 경우 더욱 그렇다. 예전의 음악 프로그램을 들어보면 이 정도로 완벽에 가까운 경우는 어디에도 없었다. 따라서 우리의 의심은 타당하다. 수학적 기술이 작용해서 가수의 노래를 깔끔하게 다듬어 가창력을 높여줌으로써 음정에 맞지 않은 목소리가 완벽한 음으로 나오는 것이다.

1996년, 앤디 힐데브랜드Andy Hildebrand는 유전을 탐사하기 위해 자신의 신호 처리 기술을 활용하고 있었다. 그는 지하의 암석과 (바라건대) 유전의 분포를 알아보기 위해서 지표면 아래로 보내어 되돌아온 탄성파 신호를 연구하려 했다. 그런 다음, 자신의 전문적인 음파 기술을 활용해 여러 악음(악기 소리나 노랫소리처럼 일정한 음의 높이가 있고 진동이 규칙적이어서 듣기 좋은 음) 사이의 상관관계를 연구해서 음정이 맞지 않거나 귀에 거슬리는 불협화음 소리를 자동으로 제거하거나 수정해주는 프로그램을 만들어보기로 했다. 이 모든 일은 그가 그동안 해오던 유전 탐사를 그만두기로 맘을 먹고 앞으로 무엇을 할지 고민하면서 시작되었다. 저녁식사 자리에서 한 손님이 자신의 노래를 음정에 맞게 해줄 방법을 찾아달라고 그에게 부탁했다.

힐데브랜드의 오토-튠Auto-Tune 프로그램은 처음에는 몇몇 스튜디오에서만 쓰였지만 실제적으로 가수의 마이크에 장착이 되어 즉석에서 잘못된 음과 부족한 음의 높이를 인식해 수정해주는 음악업계의 표준으로 점차 자리를 잡게 되었다. 오토-튠은 들어오는 소리가 얼마나 좋은지와는 상관없이 나오는 소리가 완벽하게 들리도록 자동으로 음을 맞추어준다. 힐데브랜드는 이러한 발전을 매우 놀라워했다. 그는 자신의 프로그램이 제작에 쓰이는 게 아니라 어쩌다 맞지 않은 음을 고쳐줄 때 쓰일 것이라고 예상했기 때문이다. 하지만 가수들은 자신이 녹음한 노래가 오토-튠을 통해 다듬어질 것이라고 기대하기에 이르렀다. 물론 이것은 음반 녹음이 동질화되는 효과를 가져왔다. 다른 가수들이 부른 똑같은 노래를 녹음할 때 특히 그랬다. 이 프로그램은 처음엔 비쌌지만, 가정이나 노래방에서 쓰일 수 있는 저렴한 버전이 곧이어 출시되었고, 이제는 널리 퍼져 있다.

음악업계에 종사하지 않는 대다수의 사람들이 이 음악을 처음으로 듣게 된 것은 영국의 인기 TV 오디션 프로그램인 엑스 팩터X Factor에서였다. 참가자들이 노래를 부를 때 오토-튠으로 좋아진 목소리를 가지게 되면서 거센 소란이 일어났다. 격렬한 항의가 이어지자 프로그램에서 이 장비의 사용이 금지되었고, 이제는 가수들이 라이브로 노래를 부르기가 훨씬 더 어렵게 되었다.

오토-튠 프로그램은 가수가 부른 음의 진동수를 가장 가까운 반음(피아노 건반에서 건반 하나하나)으로 고쳐주는 것만이 전부가 아니다. 소리 파동의 진동수는 그 파동의 속도에서 그 파동의 파장을 나눈 것과 같기 때문에 진동수의 변화는 그 파동의 속도와 지속되는 시간을 바꾸게 된다. 이는 음악 소리를 마치 점차 느리게 하거나 빠르게 하는 것인데, 진동수가 수정되고 말끔한 음악적 신호로 재구성된 후에도 소리가 제대로 들리게 하기 위해서 음악 소리를 불연속적인 소리 신호로 디지털화해 파동의 지속 시간을 바꾼다. 그것이 바로 힐데브랜드의 기술이었다.

이 과정은 꽤 복잡한데, 푸리에 분석으로 알려진 수학 방법에 바탕을 둔다. 푸리에 분석은 어느 신호든 다른 여러 사인파의 합으로 쪼개는 법을 제시해준다. 이는 간단한 파들을 기본 단위로 해서 이를 통해 어떤 복잡한 신호라도 만들 수 있다. 복잡한 음악 신호를 다른 진동수와 진폭을 가지는 기본 단위 파들의 합으로 쪼갬으로써 음정 수정과 지연된 시간의 보상이 효과적으로 아주 빠르게 이루어지게 된다. 그래서 음악을 듣는 사람은 그런 일이 일어났는지도 알아채지 못한다. 물론 가수의 가창력이 지나치게 완벽하다고 의심하지 않는다면 말이다.

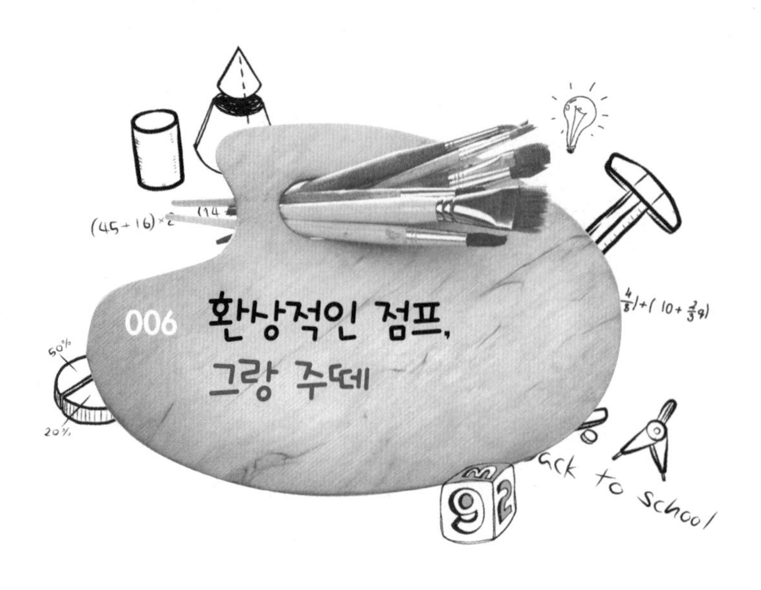

006 환상적인 점프, 그랑 주떼

발레리나는 점프할 때 중력을 무시하며 공중에 '걸려 있는' 것처럼 보인다. 물론, 발레리나가 실제로 중력을 무시할 수는 없다. 그렇다면 '공중에 걸려 있다'는 말은 단지 광신적인 열성 팬과 해설자들이 만들어낸 과장된 표현에 불과한 것일까?

이 물음에 회의적인 사람이라면 발사체, 그러니까 이 경우엔 사람의 몸이 땅으로부터 날아오를 때 (그리고 공기의 저항을 무시할 수 있다고 할 때) 그 발사체의 무게 중심은 포물선을 그리며 이동한다고 지적할 것이다. 발사체는 어떻게 해도 그 점을 바꿀 수는 없다. 하지만 역학의 법칙은 세세한 내용이 있다. 발사체의 무게 중심만이 포물선 궤도를 따른다는 것이다. 만약에 팔을 움직이거나, 무릎을 가슴 쪽으로 들어 올린다면 당신은 당신의 무게 중심으로부터 몸의 부위들의 상대적인 위치를 바꿀 수 있다. 비대칭적인 물체, 예를 들어 테니스 라켓을 공중으로 던져 보라. 그러면 당신은 라켓의 한쪽 끝이 공중에서 다소 복잡한 고리 모양의 경로로 움직이는 것을 볼 것이다. 그렇다고 해도 라켓의 무게 중심은 여전히 포물선 궤도를 따른다.

이제 전문 발레리나가 무엇을 해낼 수 있는지에 대해 알아보자. 발레리나의 무게 중심은 포물선 궤도를 따르지만 그녀의 머리는 이를 꼭 따를 필요가 없다. 발레리나는 자기 몸의 모양을 바꾸어서 머리가 움직이는 궤도를 눈에 띌 정도의 시간 동안 어느 높이에 머무르게 하는 것이 가능하다. 우리는 발레리나가 공중으로 뛰는 모습을 볼 때 발레리나의 머리가 어떻게 움직이는지를 알아채지, 그녀의 무게 중심을 관찰하지는 않는다. 발레리나의 머리는 짧은 시간 동안에 실제로 수평 궤도를 그린다. 이는 물리학의 법칙에 위배되는 착시가 아니다.

이런 묘기는 그랑 주떼grand jeté라고 불리는 멋진 발레 점프를 해내는 발레리나가 가장 아름답게 보여준다. 발레리나는 예술적인 이유에서 공중으로 힘껏 날아올라 공중에 우아하게 떠 있는 것 같은 환상적인 모습을 보여주려고 애를 쓴다. 떠 있는 동안 두 다리를 일자로 벌리고 팔을 어깨 위로 올린다. 이런 동작은 발레리나의 무게 중심 위치가 머리에 비해 상대적으로 올라가게 한다. 그러고 나서 곧바로 무대 바닥으로 다시 떨어지는 동안 다리와 팔을 아래로 내림에 따라 발레리나의 무게 중심은 머리에 비해 상대적으로 아래로 떨어진다. 발레리나의 머리는 공중에 높이 떠 있는 동안에 마치 수평으로만 움직이는 것처럼 보인다. 왜냐하면 점프를 하는 동안 발레리나의 무게 중심이 그녀의 몸을 위로 올리기 때문이다. 그녀의 무게 중심은 예상했던 대로 내내 포물선 궤도를 그리지만 그녀의 머리가 바닥으로부터 일정한 높이에서 약 0.4초 동안 머무르면서 떠 있는 것 같은 환상적인 모습이 탄생한다.

물리학자들은 센서를 이용해 댄서들의 움직임을 조사했고, 그 결과 아래의 그래프는 그랑 주떼와 같은 점프를 하는 동안 댄서의 머리가 지면으로부터 떨어진 거리의 변화를 보여준다. 점프의 중간 부분에서 마치 공중에 매달려 있는 것 같은, 무게 중심이 따르는 포물선 궤도와는 확연히 다르게 구분되는 평평한 고원 부분이 있다.

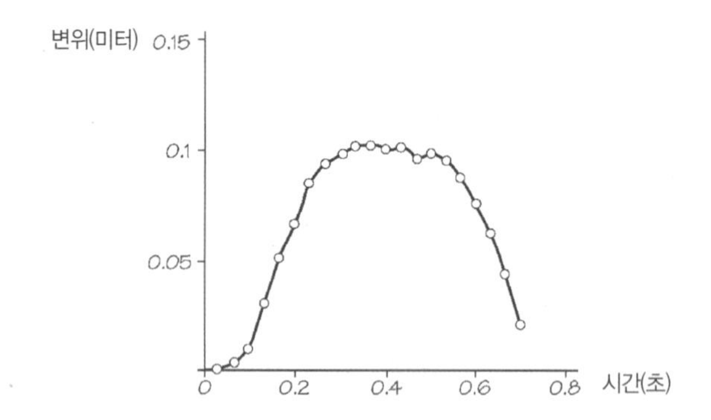

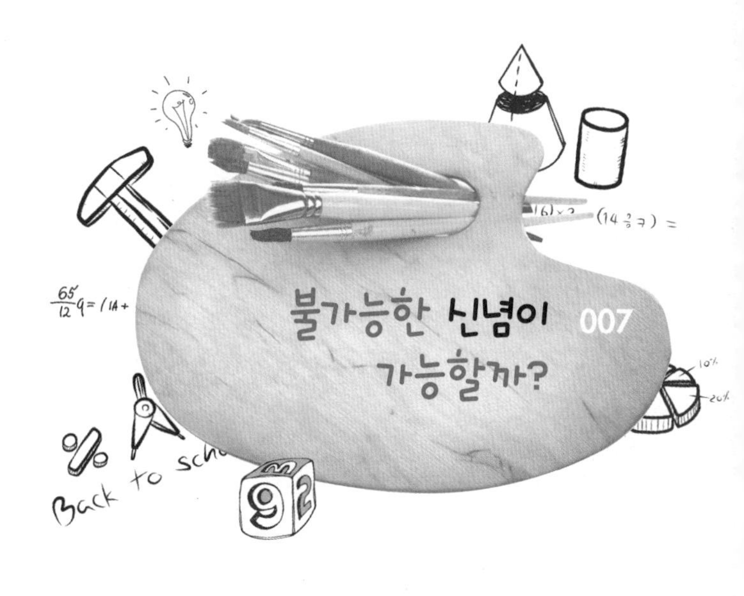

불가능한 신념이라는 것이 정말 가능한 것일까? 잘못된 신념을 말하고자 함이 아니다. 논리적으로 불가능한 것을 말하는 것이다. 철학자 버트런드 러셀Bertrand Russell은 수학은 단지 논리—'공리'(axiom: 수학이나 논리학에서 증명 없이 자명한 진리로 받아들이는 것으로, 다른 명제를 증명하는 전제가 되는 원리)라고 불리는, 전제가 되는 가정들의 집합으로부터 유도되는 추론들의 집합—그 이상이 아님을 증명하려는 수학자들에게 지대한 영향을 미친 유명한 논리적인 역설을 만들어냈다. 러셀은 모든 집합들의 집합이라는 개념을 우리에게 소개했다. 예를 들어, 집합이 책이라면 도서관의 목록은 모든 집합들의 집합으로 생각해볼 수 있다. 이 목록은 그 자체로 하나의 책일 수 있고, 동시에 모든 책들로 이루어진 집합의 원소이기도 한데, 꼭 그렇지 않을 수도 있다. 목록은 CD나 색인 카드의 집합일 수도 있으니까.

러셀은 자기 자신이 원소가 아닌 모든 집합들의 집합을 생각해볼 수 있는지를 우리에게 물었다. 혀가 꼬일 정도로 이상한 말이지만 해를 끼치지는 않는다. 좀 더 자세하게 알아보기 전까지는 말이다. 일단 당신이 이 집합의 원소라고 가정하면 정의에 따라서 당신은 그 집합의 원소가 아니다. 그리고 일단 당신이 그 집합의 원소가 아니라고 가정한다면 당신이 그 집합의 원소인 것으로 유도되는 것이다! 러셀은 좀 더 구체적으로 우리에게 자기 스스로 면도를 하지 않는 사람들 모두를 면도해주는 이발사를 상상해보라고 했다. 누가 그 이발사를 면도해줄 것인가? (그 이발사는 수염을 기르지 않으며 여성도 아니라고 가정한다!) 이것이 바로 그 유명한 러셀의 역설이다.

이런 유형의 논리적 역설은 서로에 대한 신념을 가진 두 명의 사람이 있는 상황으로 확장해볼 수 있다. 일단 그 두 사람을 앨리스와 밥이라고 하자. 다음을 상상해보라.

앨리스는

밥이

앨리스가 밥의 가정이 틀렸다고 믿는다고

가정한다고

믿는다.

이는 불가능한 신념이다. 왜냐하면 앨리스가 밥의 가정이 틀렸다고 믿는다면 앨리스는 밥의 가정, 즉 '앨리스는 밥의 가정이 틀렸다고 믿는다'는 게 맞다고 생각하는 것이 되기 때문이다. 이는 앨리스가 밥의 가정이 틀렸다고 믿지 않는다는 것을 의미하게 되는데, 이는 처음에 앨리스가 내린 가정과 위배된다. 또 다른 유일한 가능성은 앨리스가 밥의 가정—앨리스가 밥의 가정이 틀렸다고 믿는다는—이 틀렸다고 믿지 않는 것이다. 이 경우 앨리스는 밥의 가정—앨리스가 밥의 가정이 틀렸다고 믿는다는—이 맞다고 믿는 꼴이 된다. 그러나 이것 또한 다시 앨리스가 밥의 가정이 틀렸다고 믿는다는 얘기가 되기 때문에 모순이 생기고 만다.

지금까지 논리적으로 불가능한 신념을 살펴보았다. 이런 식의 난제는 지대한 영향을 주는 것으로 판명 났다. 이는 우리가 사용하는 언어가 단순한 논리를 포함한다면, 그 언어에는 일관되게 말이 안 되는 표현이 언제나 있을 수 있다는 의미이다. 우리가 살펴보았던 상황, 즉 앨리스와 밥이 서로에 대해 가진 신념의 경우에서, 자신의 언어로 다른 사람(아니면 신)에 대해서 생각하는 것은 불가능한 신념이 언제나 있다는 얘기이다. 그 언어를 사용하는 사람들은 이런 식의 불가능한 신념을 생각하거나 말할 수는 있지만 유지할 수는 없다.

이와 같은 딜레마는 배심원들이 다른 정보를 조건으로 하는 결론들에 대한 가능성을 평가해야 하는 법정에서 생겨나기도 한다. 배심원들은 자신들이 수용한 확률적 증거를 토대로 했을 때 논리적으로 불가능한 유죄 평결을 내리는 자신을 발견하기도 한다. 미국에서는 조건부 확률에 대한 기본적인 지침서를 안내해 이 문제를 해결하려는 시도가 성공적이었음에도 불구하고 영국에서는 법률 제도로 받아들여지지 않았다.

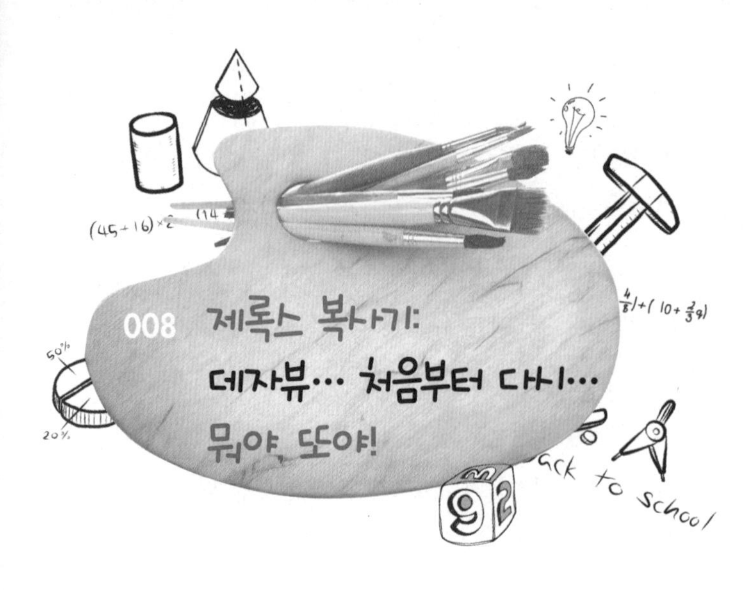

학교 교사들, 대학 강사들과 교수들은 한때 복사가 교육을 대신할 거라고 체념했던 적이 있었다. 최초로 복사기를 발명해서 이렇게 막대한 종이 소비를 촉발시킨 사람이 대체 누구일까?

체스터 칼슨Chester Carlson이라는 이름의 미국인 특허 관련 변호사이자 아마추어 발명가가 그 장본인이다(칼슨의 혁신적인 발명 이전에도 수동식 장비에서부터 먹지까지 기계적인 문서 복사에 대한 역사는 오래되었다. 이에 대해서 그림과 함께 보고 싶다면, http://www.officemuseum.com/copy_machines.htm 사이트의 '골동품 복사기Antique Copying Machines'라는 글을 보라). 칼슨은 1930년 물리학 전공으로 캘리포니아공대를 졸업했음에도, 안정적인 직업을 구할 수 없었고, 그의 부모님은 지속적인 건강 악화로 인해 궁핍한 생활을 하고 있었다. 당시 미국에 대공황이 왔기 때문에 칼슨은 찬밥 더운밥 가릴 것 없이 구할 수 있는 어느 직장에든 들어가야 했다. 그렇게 해서 그는 맬러리 전지 회사에 있는 특허부에서 한동안 일을 했다. 어떤 자리에서든 최선을 다해야 한다는 열망 때문에 야간 대학을 다니며 법률을 공부했고, 얼마 지나지 않아 특허부 책임자로 승진했다. 그 후 칼슨은 특허 문건의 복사본이 회사의 모든 조직에서 필요로 하는 것만큼 충분하지 않다는 데에 불만을 느끼기 시작했다. 그가 할 수 있는 일이란 특허 문건들을 비용이 상당히 드는 사진을 찍도록 내보내거나 손으로 직접 베끼는 것뿐인데 시력이 안 좋은 데다 관절염으로 고생하고 있던 그에게는 결코 유쾌하지 않은 일이었다. 그는 복사본을 만들 때 좀 더 비용이 저렴하고 덜 수고스러운 방법을 찾아야만 했다.

답은 쉽게 나오지 않았다. 칼슨은 한 해의 대부분을 골치 아픈 사진 기술을 연구하며 보냈다. 도서관 자료에서 '광전도성photoconductivity'이라는 새로운 성질을 찾아내기 전까지는 말이다. 광전도성은 헝가리 물리학자 폴 셀레니Paul Selenyi가 발견했다. 셀레니는 빛이 특정 물질의 표면에 닿으면 전자의 흐름(전기 전도성)이 커진다는 것을 알아냈다. 칼슨은 광전도성을 갖는 물질의 표면 위에 사진 이미지나 글자를 비추면 아래에 있는 표면에는 어두운 부분 말고 밝은 부분에서 전류가 잘 흐르게 되고, 그 결과 원본의 전기적 복사가 이루어질 수 있겠다는 생각이 들었다. 그는 뉴욕 퀸즈 지역에 있는 자신의 아파트 주방에 임시로 전기 실험실을 마련했고 밤을 새워가며 종이 위에 이미지를 복사하기 위한 여러 기술들을 실험했다. 그리고 1937년 10월에 첫 번째 특허를 신청했다. 아내가 주방에서 쫓아내자 그는 아스토리아 빌딩 근처에 있는 장모가 운영하는 미용실로 실험실을 옮겼고, 1938년 10월 22일에 처음으로 성공적인 복사가 이루어졌다.

칼슨은 황가루를 얇게 코팅한 아연판을 준비했고, 현미경용 유리 슬라이드 위에 까만 잉크로 '10-22-38 아스토리아'라고 날짜와 장소를 썼다. 불을 끈 다음 황가루가 코팅된 아연판이 정전기를 띠게 하려고(풍선을 모직 스웨터에 대고 문지르는 것처럼) 손수건으로 문질렀다. 그런 다음 아연판 위에 유리 슬라이드를 올려놓고 몇 초간 밝은 빛을 비췄다. 조심스럽게 슬라이드를 치운 후, 황가루 표면 위에 석송자(석송이라는 깊은 산에서 나는 여러해살이풀의 포자를 말린 것-옮긴이) 가루를 뿌렸다. 그리고 복사된 글자가 나오도록 석송자 가루를 불어서 없앴다. 복사된 이미지는 열을 가한 왁스 종이로 고정시켰다. 그래서 차가워진 왁스가 석송자 둘레에 굳어졌다.

칼슨은 자신의 새로운 기술을 '전자 사진술electrophotography'이라고 이름을 붙였고, 상용화하기 위해 IBM과 제너럴일렉트릭 같은 회사에 기술을 팔고자 애를 썼다. 더 이상 연구개발을 위한 자금이 없었기 때문이었다. 그러나 그 누구도 관심을 보여주지 않았다. 그의 장비는 조잡했고 절차가 복잡하고 엉망이었다. 어쨌건 모두들 먹지로도 잘 되고 있다고 말했다!

1944년에야 오하이오 주 콜럼버스에 위치한 바텔 연구소Battelle Research Institute가 칼슨에게 손을 내밀어 그의 조잡한 과정을 상업적인 수준으로 발전시키자는 데 합의를 보았다. 칼슨의 재료는 개선되어 황은 훨씬 좋은 광전도체인 셀렌으로, 석송자는 보다 선명한 복사를 위해 철가루와 암모늄염 혼합물로 대체되었다. 3년 후 사진 인화지를 제조하는 할로이드Haloid라는 회사가 칼슨의 발명에 대한 모든 권리를 사들였고,그의 복사 장비를 시장에 내놓을 계획을 세웠다. 바텔과 할로이드가 칼슨의 동의를 얻어서 처음으로 시도한 변화는 칼슨이 명명한 거추장스러운 명칭을 버리는 것이었다. '전자 사진술'은 오하이오 주립대학의 한 고전학 교수의 추천 덕분에 '제로그래피xerography'로 바뀌었다. 이 용어의 어원은 그리스어로 '건조 쓰기dry writing'라는 뜻이다. 1948년, 할로이드 사는 이를 다시 '제록스'라는 상표로 줄였다. 곧이어 출시된 제록스 복사기는 상업적인 성공을 거두었고, 1958년 회사 이름을 할로이드제록스로 바꾸었다.

1961년에 출시된 제록스 914 복사기는 일반 종이를 사용하는 최초의 복사기로 대박을 터트려 회사 이름에서 할로이드는 완전히 내려가고 제록스만 남게 되었다. 그 해 회사 매출이 6천만 달러에 달했고, 1965년까지 5억 달러에 이르는 등 회사 규모가 엄청나게 커졌다. 칼슨은 굉장한 부자가 되었지만 수입의 3분의 2를 자선 단체에 기부했다. 그의 첫 번째 복사는 전 세계적으로 노동 환경에 조용한 변화를 가져왔다. 정보 전달 면에서도 다시는 이전과 같지 않았다. 이제는 글자는 물론 사진까지도 일상적으로 복사할 수 있는 세상이 된 것이다.

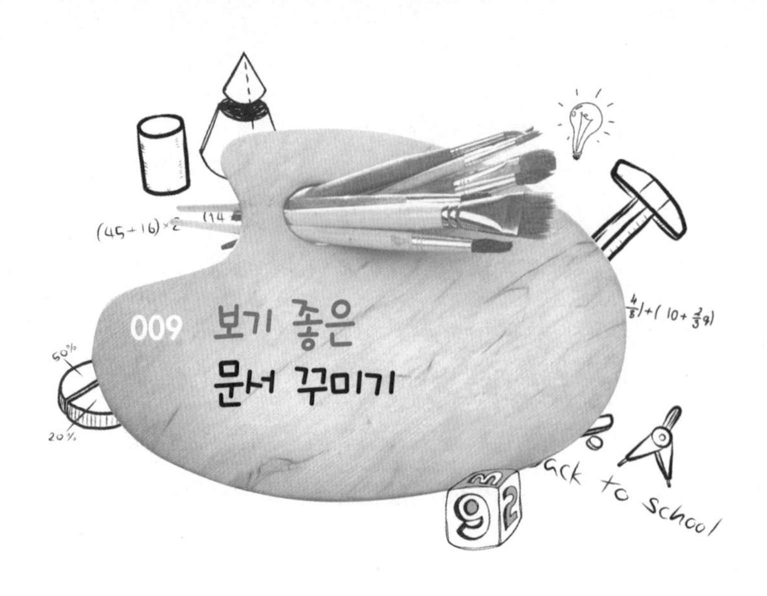

009 보기 좋은 문서 꾸미기

간단하면서도 값싼 컴퓨터와 프린터의 등장은 매력적인 문서를 만드는 데 있어서도 혁명을 몰고 왔다. 교정과 함께 몇 가지 키보드 클릭만으로도 우리는 글자꼴과 행간, 여백, 글자 크기, 색깔과 배치를 바꿀 수 있고, 그 문서를 프린트하기 전에 미리 볼 수도 있다. 문서는 매번 완전히 새로, 깔끔하게 프린트되어 나온다. 컴퓨터 시대 이전에 문서를 디자인하거나 책을 프린트하는 것이 얼마나 힘든 일이었는지를 이미 잊어버릴(아니면 당시 너무 어려서 알지 못할) 정도로 이 일은 매우 쉽다.

문서를 미적으로 보기 좋게 만들고 싶은 열망은 아주 오래전부터 중요한 문제였다. 구텐베르크 인쇄술 이후 서예가와 인쇄업자가 핵심적으로 고려한 것은 문서의 양식이었다. 한 면에서 글자가 차지하는 면적의 비율, 그리고 네 가장자리의 여백 크기에 대해서 말이다. 시각적으로 끌리는 배치를 만들어내려면 이들 비율을 잘 선택해야 한다. 이에 대해서 초기에는 작성하기에 간단한 선택을 하는 순수하게 실용적인 면과 더불어, 이 여백에 대한 비율들에다 특정한 수의 조화를 반영하려는 피타고라스적 열망(피타고라스는 수 이론을 만물의 근원이자 철학의 핵심으로 삼았다 — 옮긴이)이 있었다.

문서 페이지의 너비(W) 대 높이(H)의 비율을 1:R이라고 한다면, R이 1보다 커야 세로로 긴 문서potrait가 되고, 가로로 긴 문서landscape는 R이 1보다 작은 경우이다. 책 페이지에서 글자를 배치할 때 좋은 기하학적 구성이 있는데, 여기에서 책의 안쪽 여백(I), 위쪽 여백(T), 바깥쪽 여백(O) 그리고 아래쪽 여백(B)이라고 할 때 다음의 비율이 되는 것이다.

$$I:T:O:B=1:R:2:2R$$

전체 문서 영역의 비율(높이/너비=R)이 글자가 차지하는 영역의 비율과 동일하다는 것에 주목하자. 왜냐하면,

글자 영역의 높이/글자 영역의 너비=(H−T−B)/(W−O−I)=

(RW−R−2R)/(W−2−1)=R이기 때문이다.

이 같은 비율로 책 페이지를 설계하는 법, 또는 '카논canon'은 중세 시대 동안 업계 비밀이었던 것으로 보인다. 종이 크기 변수인 R을 얼마로 할 것이냐 하는 선택은 전통에 따라 달랐다. 인기 있는 값은 문서의 높

이 대 너비 비율이 3:2인, R=$\frac{3}{2}$인 경우였다. 네 여백의 비는 1:T:O:B=1 : $\frac{3}{2}$: 2 : 3이 된다.

이를 좀 더 자세하게 설명하면 안쪽 여백의 너비가 2라고 했을 때 위쪽 여백은 $\frac{3}{2}\times 2=3$이고, 바깥쪽 여백은 $2\times 2=4$, 아래쪽 여백은 $2\times 3=6$이 된다는 얘기이다.

아래 그림처럼 종이 두 장이 양쪽으로 펼쳐지는 양면 펼침의 경우에 이런 식으로 균형이 잘 잡힌 페이지 구성을 할 때 간단한 방법이 있다. 이와 비슷하게 중세 시대에 알려져 쓰인 간단한 양식을 사용하는 방법들도 그동안 제시되었다(이와 같은 문서 배치의 비율이 솔로몬 신전의 종교적 숭배로까지 거슬러 올라가는 음악과 건축에서 쓰인 비율과 연관이 있다는 주장도 있다). 이 방법들은 문서 제작자들이 직선자만을 이용해 얼마나 간단하게 문서의 페이지를 배치했는지를 보여준다.

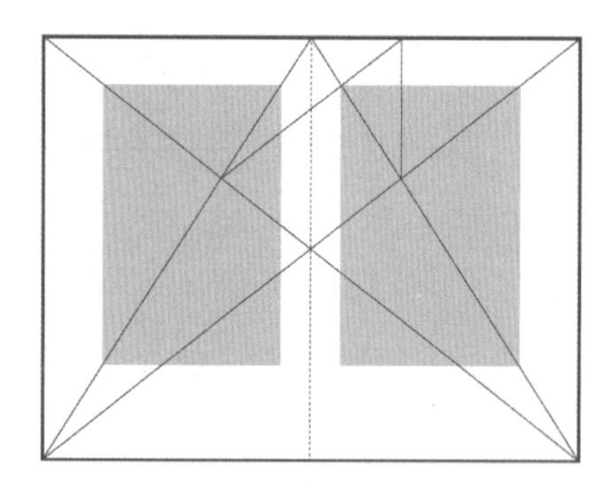

먼저 오른쪽과 왼쪽 아래 모퉁이에서 같은 페이지의 반대쪽 위 모퉁이를 잇는 대각선을 그린 후, 다른 쪽 페이지의 반대쪽 위 모퉁이를 잇는 대각선을 그린다. 그리고 오른쪽 페이지에서 두 대각선이 교차하는

지점에서 그 페이지의 윗부분으로 똑바로 위로 가도록 수직선을 그린다. 다음으로 이 수직선의 위쪽 맨 끝 지점에서 시작해 왼쪽 페이지의 대각선이 교차하는 지점까지 선을 그린다. 이 선이 같은 페이지에 있는, 왼쪽 상단부 모퉁이와 오른쪽 하단부 모퉁이를 잇는 대각선과 교차하는 지점을 주목해보라. 이 교차점은 페이지의 위쪽 여백이 맨 위쪽에서부터 얼마나 떨어져 있는지 알려준다. 이 교차점으로 알게 된 위쪽 여백의 가로선과 두 페이지에 있는 네 개의 대각선과 만나는 네 점은 두 페이지에서 글자가 차지하는 위쪽 모서리를 보여준다. 또한 이 교차점은 안쪽의 여백도 정해준다. 그리고 바깥쪽 여백을 결정하는 지점으로부터 아래로 수직선을 그리면 대각선과 교차하는 지점을 통해 아래쪽 여백이 어디까지인지도 나타난다. 이 그림은 $R=\frac{3}{2}$인 페이지 구성을 하는데 필요한 6개의 선을 그리는 순서를 보여준다. 이 경우, I와 O는 각각 페이지 너비의 $\frac{1}{9}$과 $\frac{2}{9}$ 비율이고, T와 B는 페이지 높이의 $\frac{1}{9}$과 $\frac{2}{9}$ 비율이다. 이렇게 해서 인쇄되는 면적과 페이지 면적도 같은 비율을 보인다. 이 원리는 좀 더 복잡하고 컴퓨터를 통해 자동으로 문서를 구성할 수 있는 현대의 책 디자인(리차드 헨델, 『북 디자인 이야기』, 국민출판, 2005)에도 여전히 영향을 주고 있다.

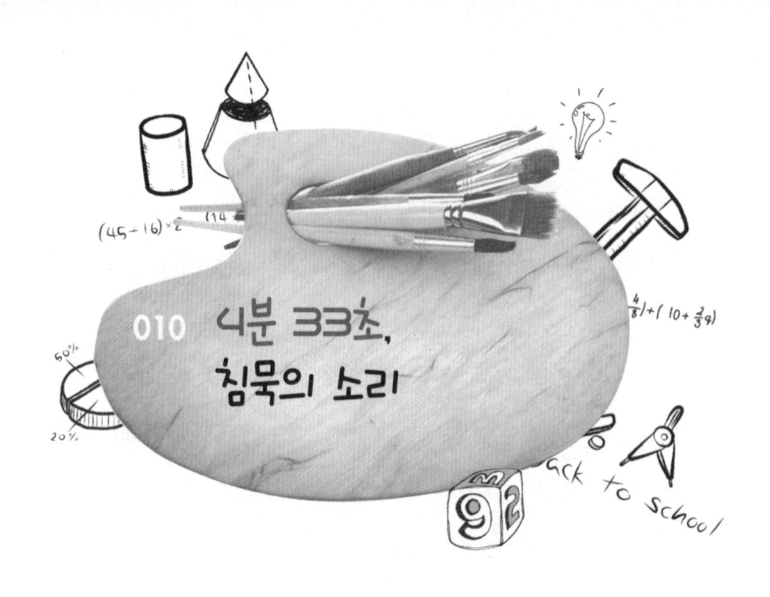

010 4분 33초, 침묵의 소리

2012년 3월 6일, 루도비코 에이나우디(Ludovico Einaudi: 이탈리아 현대 음악 작곡가이자 피아니스트. 그의 연주곡 가운데 영화 『언터처블: 1%의 우정』의 피아노 삽입곡 플라이〈Fly〉가 우리에게 친숙하다—옮긴이)와 나는 이탈리아 로마, 파르코 델라 뮤지카Parco della Musica 오디토리움에서 라 뮤지카 델 부오토La Musica del Vuoto라는 주제로 강연을 했다. 나는 과학과 음악에서 진공vuoto에 관해서, 그리고 수학에서 영(0)에 관한 고대와 현대의 의미에 대해 발표했다. 그리고 에이나우디는 음악 구성과 연주에서 침묵의 영향력과 타이밍을 보여주는 피아노곡을 연주했다.

'무無'와 음악에 대한 대화에서 존 케이지John Cage의 유명한 4분 33초를 언급하지 않을 수 없는데, 에이나우디는 로마의 이 오디토리움에서 사상 처음으로 이 곡을 공연할 수 있었다. 이 곡은 1952년에 작곡된 것으로—악보에는 어느 악기들의 합주로든 연주할 수 있다고 적혀 있다—세 개의 악장으로 구성되어 있다. 케이지는 4분 33초를 세 개의 악장으로 임의로 나누었는데, 1952년 8월 29일 뉴욕 주 우드스탁에서 미국의 피아니스트 데이비드 튜더David Tudor가 처음으로 '연주했을' 때 1악장은 33초, 2악장은 2분 40초, 3악장은 1분 20초였다.

에이나우디는 케이지가 애초에 작곡했던 대로, 각 악장이 연주되는 동안에 움직임 없이 피아노 앞에 앉아서 손가락을 건반 위에 올려놓았다. 그런 다음 이 곡이 끝나자 피아노 뚜껑을 닫았다. 그러고 나서 다음 곡을 연주하기 위해 다시 피아노 뚜껑을 열었지만 말이다. 이 곡의 원래 악보는 다음과 같이 단순하다.

I

타셋

II

타셋

III

타셋

여기에서 '타셋tacet'은 '조용히'라는 뜻인데, 보통 음악적으로 특정 악기가 악보에서 어느 부분 동안 연주되지 않을 때 이를 표시하기 위해 쓰이지만 여기에서는 그 누구도 어느 악장에서든 아무 때도 연주하지 않는다는 것을 의미한다!

4분 33초의 침묵 동안 청중들이 어떻게 반응하는지를 지켜보는 것은 아주 흥미로웠다. 완벽한 침묵은 만들어질 수 없다. 바스락거리고 기침을 하거나 간간이 속닥거리기도 하고, 웅얼거리는 낮은 소리들이 계속 나고 있었다. 하지만 몇몇 청중들이 킬킬거리며 웃자 이 웃음이 점점 커져 퍼져 나가면서 1분 이후부터 소음은 좀 더 요란해졌다. 케이지는 이처럼 우리가 요구되는 침묵을 얼마나 쉽게 지키지 못하는지를 깨닫게 하는 교훈을 주려고 했던 것 같다.

왜 그런가 하고 좀 더 깊이 생각해보면 이에 대한 설명이 필요하다. 누구나 침묵은 도달하기가 아주 어렵다고 얘기한다. 그리고 환경적으로도 주변 소음이 항상 존재한다. 그러나 우리는 경우에 따라서 침묵을 훨씬 더 잘 유지할 때가 있다. 시험장에 앉아 있거나, 절에서 예불을 하거나, 교회에서 추도 예배를 할 때에 당신은 이런 식의 음악 연주에서 얻을 수 있는 것보다 훨씬 더 완전에 가까운 침묵을 경험할 것이다. 왜 그럴까? 나는 그 답이 바로 케이지가 어떤 이유나 목적 없이 침묵을 내세우려고 했던 것이라고 생각한다. 그는 무언가 다른 것에 완전히 집중을 하기 위해 소음을 배제하려고 하지 않았던 것이다. 이렇게 집중할 거리가 없을 때 마음은 오락가락하고 침묵은 그다지 즐겁지 않다.

어쨌건, 케이지의 작품이 과학과 어떤 연관성이 있을까? 과연 있기는 한 걸까? 4분 33초라는 평범하지 않은 길이에 다시 주목해보자. 4분 33초는 273초다. 이는 물리학에서 의미가 있는 수이다. 절대 영도는 영하 273도이다. 그 지점은 분자의 움직임이 멈추는 것으로 어떻게 해도 온도를 더 떨어뜨릴 수 없다. 케이지는 이를 통해 절대 무음을 정의하려고 했던 것이다.

011 아주 이상한 케이크 조리법

아이스 웨딩케이크는 상당한 예술품이라고 할 수 있다. 표면은 부드러우면서도 몇 단으로 쌓을 수 있을 정도로 튼튼해야 하고, 설탕으로 만드는 정교한 얼음 꽃은 신부의 부케와 어울리는 색깔이어야 한다. 우리는 아주 이상한 웨딩케이크를 굽고 얼리는 문제를 생각해보려고 한다. 이 케이크는 여러 개의 층이 있다. 각각의 층은 원통형 모양이고 높이는 1이다. 처음 층에서 두 번째, 세 번째 층으로 위로 올라갈수록 케이크의 단은 크기가 줄어든다. 이때 첫 번째 층의 원통 반지름이 1이라면, 두 번째 층은 $\frac{1}{2}$이고, 세 번째는 $\frac{1}{3}$이며 n번째 층은 1/n이 된다.

반지름이 r이고 높이가 h인 원통은 면적이 πr^2인 원이 높이 h만큼 쌓여있는 것이므로 부피가 $\pi r^2 h$이다. 이 원통의 바깥쪽 표면적은 둘레가

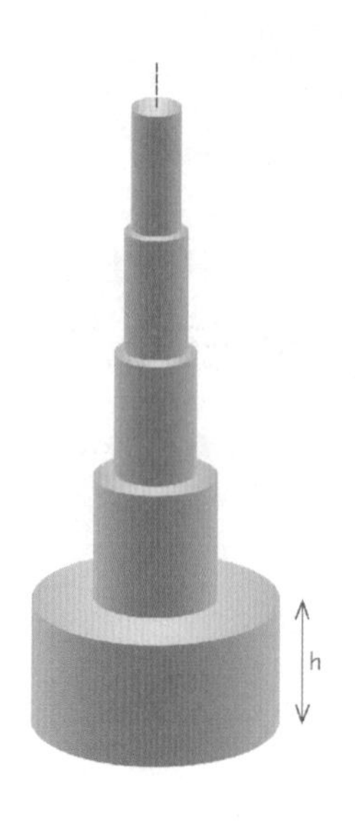

$2\pi r$인 원이 쌓여 있는 것과 같아서 $2\pi rh$가 된다. 이 공식으로부터 우리는 특별한 케이크의 n번째 층의 부피가 $\pi\times(1/n^2)\times1=\pi/n^2$이 되고, 얼려져야 하는 n번째 층의 바깥쪽 표면적은 $2\pi\times(1/n)\times1=2\pi/n$과 같다는 것을 알 수 있다. 그렇다면 층이 n개인 케이크의 전체 부피와 표면적을 구하려면 각각의 층(1, 2, 3, … n)의 부피와 표면적을 모두 더해야 한다.

이제 아주 이상한 케이크를 상상해보자. 바로 층이 무한개가 있는 케이크를 말이다. 이 케이크의 총 부피는 무한개의 층의 부피를 더하면 얻어질 것이다.

$$\text{총 부피}=\pi\times(1+\frac{1}{4}+\frac{1}{9}+\frac{1}{16}+\cdots)$$
$$=\pi\times\sum_{n=1}^{\infty}(1/n^2)=\pi^3/6=5.17$$

이와 같은 식의 무한개의 항의 합에서 놀랄 만한 것은 그 값이 유한한 수라는 것이다. 연속적인 항의 값이 $\pi^2/6$, 즉 약 1.64로 수렴을 한다. 이렇게 무한한 층을 갖는 웨딩케이크를 만들 때 우리는 유한한 양의 케이크 반죽이 필요할 뿐이다(여기서 얘기하는 케이크 디자인은 무게가 무작정 늘어나지 않으면서도 무한히 높은 빌딩을 지을 수 있게 해준다. 그렇지 않고 무게가 늘어난다면 아래 층의 분자결합이 깨져서 건물이 무너지거나 주저앉게 된다).

다음으로 우리는 이 케이크를 얼려야 한다. 먼저 얼마나 많이 얼려야 하는지를 알아야 하고, 이를 위해 바깥쪽의 총 표면적을 계산해야 한다(너비가 $1/n - 1/(n+1)$인 각각의 층 윗면의 작은 원형의 고리에 대해서는 무시할 것인데, 왜 그래도 되는지는 잠시 후에 알게 된다). 얼려야 할 총 면적은 층이 무한개인 케이크의 각 층의 바깥쪽 면적을 모두 더한 값이다.

$$\text{총 표면적} = 2\pi \times \left(1 + \frac{1}{2} + \frac{1}{3} + \frac{1}{4} + \cdots\right)$$
$$= 2\pi \times \sum_{n=1}^{\infty} (1/n)$$

이 합은 무한이다. $1/n$의 무한개의 항이 유한한 값으로 수렴하지 않는 것이다. 왜 이 무한개의 항이 유한한 값을 갖지 않는지를 알아보는 건 간단하다(이 증명은 14세기에 니콜 오렘Nicole Oresme이 처음으로 해냈다). 왜냐하면 이 무한한 항의 값이 $1+(\frac{1}{2})+(\frac{1}{4}+\frac{1}{4})+(\frac{1}{8}+\frac{1}{8}+\frac{1}{8}+\frac{1}{8})+\cdots$의 합(여기에서 그 다음 항은 $\frac{1}{16}$을 8개 더한 것이고 그 다음은 $\frac{1}{32}$을 16개 더한 것이다)보다 더 크기 때문이다. 여기에서 괄호 안에 있는 수의 총합은 각각 $\frac{1}{2}$과 같다. 따라서 이들을 합한 값이 무한대가 되는 것은 자명하기 때문에 결국에는 1에다가 $\frac{1}{2}$을 무한대로 더한 것과 같다. 그런데 우리가 구하고자 하는 총 표면적은 이보다 더 크다. 따라서 이 또한 무한한 값이 나올 수밖에 없다. 층이 무한대인 케이크의 표면적은 무한한 값을 갖는다(그래서 각 층의 윗부분에 있는 동그란 고리를 더할 필요가 없는 것이다).

이 결과는 아주 인상적이고(실제로 우리는 점점 크기가 줄어드는 어마어마한 개수의 층을 가진 케이크를 만들 수 없다. 만약에 우리가 10^{-10}m 크기의 원자 하나 정도로 작게 케이크 층을 만들 수 있고 맨 바닥의 층이 반지름이 1m라고 한다면 1백억 번째 층은 크기가 원자 하나쯤 된다) 직관에 완전히 어긋난다. 무한개의 층이 있는 케이크는 만들 때 유한한 부피를 필요로 하지만 무한한 표면적을 가지기 때문에 결코 얼릴 수가 없다.

012 롤러코스터는 어떻게 설계됐을까?

열차가 거꾸로 뒤집어졌다가 다시 아래로 내려오면서 한 바퀴를 완전히 도는 롤러코스터를 타 본 적이 있는가? 아마도 당신은 이 롤러코스터의 회전 부분이 동그란 원형일 것이라고 생각할지도 모르겠다. 그러나 그건 아니다. 탑승자들의 몸이 거꾸로 있는 맨 꼭대기에서 열차 아래로 떨어지지 않을 정도로(아니면 최소한 안전띠에만 의존하는 상황은 피할 수 있게) 충분한 속도로 지나가야 한다면 탑승자가 바닥으로 다시 되돌아왔을 때 몸이 받을 최고 관성력은 위험할 정도로 높아진다.

다음 페이지의 그림에서 고리 부분이 원형이고 반지름이 r이며 만원인 열차의 질량이 m이라고 했을 때 무슨 일이 일어나는지 알아보자.

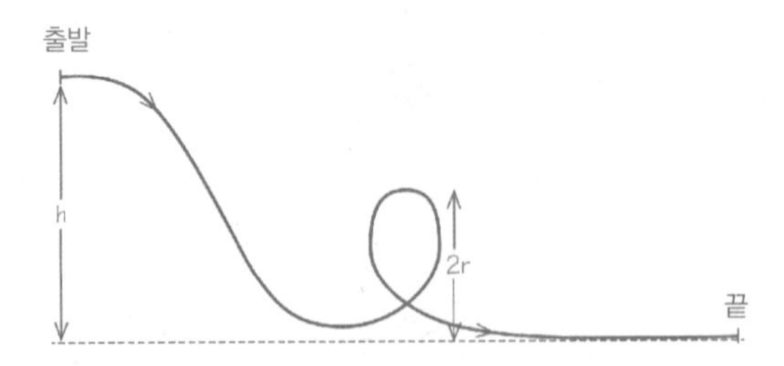

열차는 지면으로부터 (r보다 높은) 높이 h에서 부드럽게 출발해서 고리 부분의 아래쪽으로 가파르게 내려올 것이다. 만약에 마찰력과 공기 저항이 열차의 움직임에 영향을 주지 않는다고 가정할 경우, 고리 부분의 바닥에서 열차의 속도는 $V_b=\sqrt{2gh}$가 된다. 그런 다음 열차는 고리의 맨 꼭대기로 올라갈 것이다. 열차가 중력을 극복하고 높이 2r까지 올라왔을 때 속도가 Vt라면, 열차의 에너지는 위치 에너지와 운동 에너지를 합한 것으로 $2mgr+\frac{1}{2}mVt^2$이 된다. 총 에너지는 새로 생겨나거나 사라질 수 없기 때문에 출발했을 때와 고리 바닥에 있을 때, 그리고 고리 꼭대기가 있을 때의 에너지는 같다. 그렇게 해서 우리는 (모든 항에서 열차의 질량 m을 없애서) 다음의 관계를 얻게 된다.

$$gh=\frac{1}{2}V_b^{\ 2}=2gr+\frac{1}{2}Vt^2(*)$$

고리 부분의 맨 위에서 탑승자가 열차 아래로 떨어지지 않도록, 위로 향하는 힘은 반지름 r의 고리에서 움직일 때 받는 원심력에서 아래로 떨어지게 하는 자신의 몸무게에 의한 중력을 빼면 나온다. 따라서 탑승자의 질량을 M이라고 했을 때 그 값은 다음과 같다.

$$\text{맨 꼭대기에서 위로 향하는 힘} = M\,V_t^2/r - Mg$$

당신이 아래로 떨어지지 않으려면 이 힘이 양의 값이어야 하기 때문에 $V_t^2 > gr$이 되어야 한다.

이 부등식을 앞의 식(*)에 적용해보면, $h > 2.5r$이어야 한다. 따라서 열차를 아래로 끌어당기는 중력의 힘만으로 굴린다면, 열차를 고리 반지름의 최소 2.5배 높이에서 출발시켜야 고리의 맨 꼭대기를 지날 때 탑승객이 열차 아래로 떨어지지 않을 정도의 속도를 얻을 수 있다. 그러나 이는 큰 문제가 된다. 만약에 이렇게 높은 곳에서 출발한다면 당신은 고리의 바닥에 이르렀을 때 속도 $V_b = \sqrt{2gh}$는 $\sqrt{2g \times 2.5r} = \sqrt{5gr}$ 보다 큰 값이 된다. 따라서 동그란 고리 모양의 롤러코스터에서 움직인다면 탑승객은 자신의 몸무게에다 아래로 향하는 원심력이 더해진 힘이 아래로 잡아당기는 걸 느끼게 되는데, 이 값은 다음과 같다.

$$\text{바닥에서 아래로 향하는 힘} = Mg + MV_b^2/r$$
$$> Mg + 5Mg = 6Mg$$

따라서 바닥에서 탑승자가 아래로 받는 힘의 총합은 자신의 중력의 6배(가속도가 6g)에 이른다. 휴가 나온 우주 비행사나 내가속도복g-suit을 착용한 숙련된 전투기 조종사가 아니라면 대부분의 탑승자들은 이 힘을 받으면 의식을 잃고 만다. 뇌에 산소 공급이 부족해지기 때문이다. 일반적으로 놀이공원에 있는 기구들은 어린이용일 경우 가속도를 2g 이하로 유지하고, 어른용의 경우는 최대 4g 정도다.

이런 모델로는 고리가 원형인 롤러코스터가 사실상 불가능해 보인다. 그러나 두 가지 제약—꼭대기에서는 떨어지지 않을 정도로 충분한 힘이 위로 작용하면서도 맨 아래에서는 아래로 향하는 힘이 너무 세 의식을 잃는 경험을 하지 않아야 한다—을 좀 더 자세히 살펴본다면 이 두 제약 조건을 만족할 수 있도록 롤러코스터의 모양을 바꾸는 방법이 나오지 않을까?

반지름이 r인 원을 V의 속도로 움직일 때 당신이 느끼는, 밖으로 나가려고 하는 원심력은 V^2/r이다. 원의 반지름 r이 클수록, 그러니까 원의 곡면이 완만할수록, 당신이 느끼게 될 가속도는 작아진다.

롤러코스터를 탔을 때 맨 꼭대기에서의 가속도 Vt^2/r은 당신을 아래로 잡아당기는 중력, Mg을 이겨내서 당신을 아래로 떨어지지 않게 해주는 것이므로, 우리가 그 값이 큰 값이 되길 원한다면 맨 꼭대기에서의 r은 값이 작아야 한다.

반면에 바닥에 있을 때는 중력에 원심력이 더해져서 당신을 아래로 끌어당기기 때문에 이때의 반지름을 늘려서 완만한 곡면을 그리며 움직인다면 이 값을 줄일 수 있다. 따라서 너비보다 높이가 더 긴, 눈물방울 모양의 고리가 있는 롤러코스터를 만든다면 이 일은 가능해진다. 이때 눈물방울 모양의 고리는 두 개의 원의 일부로 이루어져 있다. 맨 꼭대기 부분은 반지름이 작은 원으로 된 곡면을 따르고, 아랫부분은 반지름이 큰 원의 일부가 되도록 하는 것이다.

이렇게 생긴 곡선을 '클로소이드clothoid'라고 하는데, 움직이는 거리에 비례해서 곡률이 줄어드는 곡선이다. 1976년 독일의 공학자 베르너 스텐겔Werner Stengel은 캘리포니아 주, 식스 플래그 매직 마운틴Six Flags

Magic Mountain 놀이공원에 있는 '레볼루션Revolution'이라는 놀이기구를 설계하면서 클로소이드 곡선을 처음으로 적용했다.

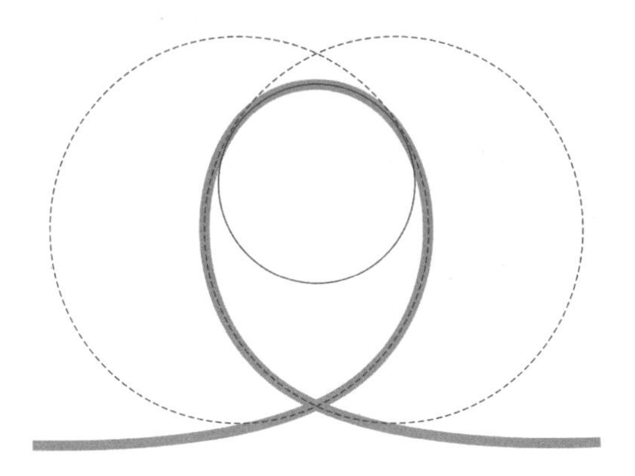

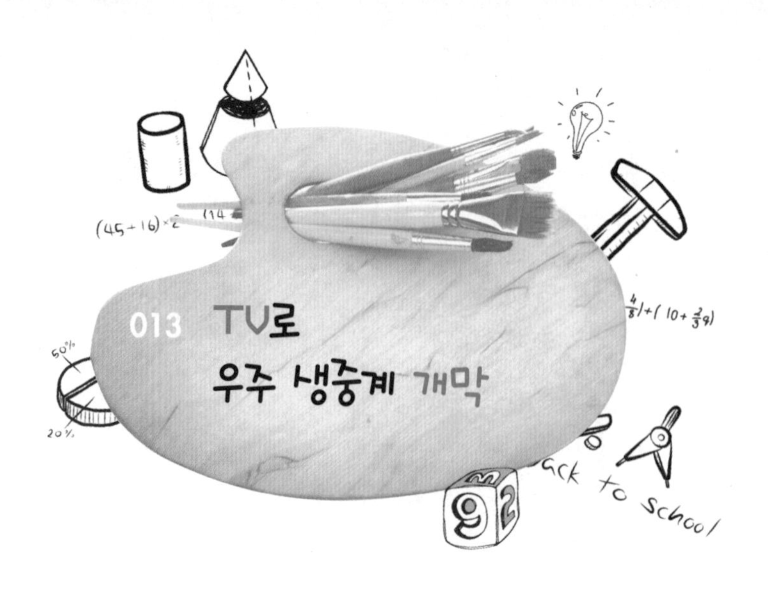

013 TV로 우주 생중계 개막

20세기 최고의 발견 중 하나는 우주 초기에 생겨난 열복사의 흔적('빅뱅의 메아리'라고 불리는)을 찾아낸 것이다. 규모에 상관없이 폭발이 일어났을 경우, 만약 당신이 나중에 폭발 현장을 조사한다면 폭발로 인해 발생한 열의 복사 잔해를 찾아낼 수 있을 것이다. 팽창하는 우주에서는 그 복사열이 어디론가 도망갈 수가 없다. 항상 존재하는 것은 물론 우주가 팽창하면서 점차 온도가 낮아질 뿐이다. 그 복사열을 이루는 빛(광자)의 파장은 팽창함에 따라 점점 늘어난다. 파장은 점점 길어지고, 온도는 점점 낮아지고, 진동수는 점점 작아지는 것이다. 오늘날 그 온도는 아주 낮아서 절대 영도에서 고작 3도밖에 높지 않은 섭씨 영하 270도로, 그 빛의 진동수는 라디오 주파수대에 속해 있다.

이 열복사는 1965년 아르노 펜지어스Arno Penzias와 로버트 윌슨Robert Wilson이 처음으로 발견했다. 당시 뉴저지 주 벨연구소에서는 에코 통신 위성을 추적하기 위해 아주 민감한 라디오파 수신기를 설계하고 있었는데, 여기에서 예상치 못한 잡음이 잡히는 것이었다. 펜지어스와 윌슨에게 노벨상을 안겨준, 우주 배경 복사Cosmic Background Radiation의 발견은 우주의 과거 역사와 우주의 구조에 대해서 우리가 알고 있는 가장 정확한 정보의 출처가 되었다. 연구기관들은 우주 배경 복사 연구에 막대한 지원을 했고, 지구 대기에 의한 교란을 받지 않는 위성을 기반으로 한 관측 장비로 전 우주에 걸쳐 온도와 여러 특성들에 대한 천체 지도를 그렸다.

우주의 역사와 구조를 이해할 때 우주 배경 복사의 엄청난 중요성을 생각해보면, 집에서도 TV 앞 소파에 앉아서 우주 배경 복사를 관측해볼 수 있다는 것은 정말 놀랄 일이다. 하지만 아쉽게도 조만간 그 일이 불가능해진다.

아날로그 구형 TV는 TV 회사의 송신기에서 내보내는 전파를 수신했다. 이때 사용되는 전파는 세계적으로 다양한데, 크게 두 종류가 있다. 하나는 40–250MHz 범위의 초단파(VHF)이고, 다른 하나는 470–960MHz의 극초단파(UHF)이다.

만약에 당신이 TV의 한 채널에 맞는 진동수를 수신하도록 TV를 맞추었다면(예를 들어, 영국 BBC2 채널은 진동수가 54 MHz인 전파를 사용해 왔는데, 이 전파는 파장이 5.5m이다) 그 전파의 신호가 높아서 TV는 그 전파에 있는 정보를 소리와 영상으로 바꾸어준다. 채널 간의 진동수는 서로 간섭이 일어나지 않도록 6MHz 간격을 두고 할당을 한다. 하지만 당신의 TV 수신 상태가 나빠지거나 채널이 없는 부분의 전파를 수신하도록 TV를 맞춘다면 TV 화면에 우리가 익숙한, 지지직거리는 '스노우snow' 현상이 나타난다. 이는 TV 수신기가 TV 채널의 강한 신호에 맞춰져 있지 않을 때 나타나게 되는 다양한 형태의 간섭 현상으로부터 생겨나는 노이즈다. 놀랍게도, 구형 TV에서 나타나는 이 지지직거리는 노이즈의 1%(절대온도 3도를 절대온도 약 290도인 안테나의 온도로 나누면 약 1.03%가 나온다)가 우주 초기에 발생한 우주 배경 복사다. 우주 배경 복사가 가장 절정을 이루는 진동수는 160MHz에 가깝지만 우주 배경 복사는 100MHz에서 300MHz까지 꽤 넓은 범위에서 강한 에너지를 갖고 있다.

그러나 아쉽게도, TV를 통해 우주 배경 복사를 볼 수 있는 기회는 아주 빠르게 줄어들고 있다. 여러 나라에서 아날로그 TV 신호를 디지털로 전환하고 있기 때문이다. 빅뱅으로부터 생겨난 전파를 수신해 지지직거리는 화면으로 내보내는 대신 당신의 디지털 TV는 0과 1의 디지털 신호를 받아서 소리와 영상을 내보낸다. 이 디지털 신호를 받으려면 당신의 구형 TV에는 디지털 디코더라는 장비가 필요하다. 그래야 디지털 신호를 받아서 아날로그 TV가 알아들을 수 있는 언어로 전환해준다. 만약에 당신이 TV에 연결된 디지털 디코더를 빼 버린다면 우주 배경 복사가 1% 포함되어 있는 스노우 현상이 나타나는 화면을 계속해서 볼 수 있다. 그러나 새로운 디지털 TV를 갖게 된다면 당신이 관측 천문학자가 될 기회는 사라지고 만다.

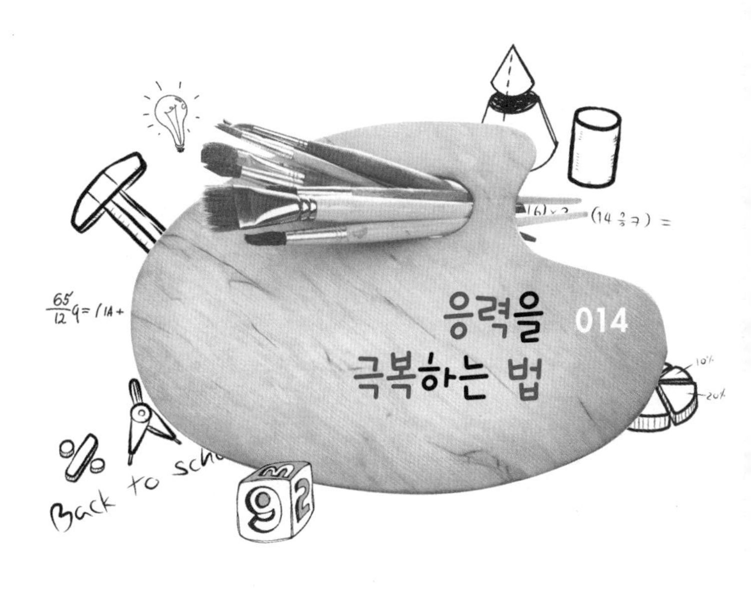

014 응력을 극복하는 법

당신이 짓고 있는 건물에 각진 모퉁이가 있다면 응력stress에 약하다는 점에서 좋은 소식이 아니다. 집을 한 번 둘러보자. 석고 벽면과 벽돌에 있는 작은 금들은 모두 모퉁이에서 시작한다. 경계부의 가장자리에서 휘어진 정도가 클수록 그 부분이 이겨내야 할 응력은 커진다. 응력을 직각의 출입구에 실리게 하는 대신에 아치 모양의 곡선 구조에 분산시키는 고딕식 아치가 발명되면서 대성당이 건축적으로 가능해진 것이다. 이 덕분에 건물은 뾰족한 모퉁이로부터 시작되는 구조적인 붕괴의 위험성을 극복하고 더 높이 지을 수 있게 되었다. 중세 시대 석공들은 이 교훈을 아주 빨리 받아들였고, 건축은 비교적 안전하게 성공적으로 발전을 거듭해 왔다.

그러나 이 오래된 지혜가 현대 기술에서 느리게 먹혀 들어간 영역이 있다. 드 하빌랜드de Havilland 항공사가 제작한 세계 최초의 제트 여객기 코메트Comet 두 대가 1954년에 공중에서 폭발해 56명의 인명을 앗아갔다. 높은 압력을 이용해 비행기 동체를 정밀하게 조사한 결과 비행기에서 처음으로 금이 간 곳이 창문에 있는 약한 부위였다는 것이 밝혀졌다. 비행기 객실의 창문들은 네모 모양이었고 조종실에 있는 창문들은 평행 사변형 모양이었다. 창문들은 모퉁이가 각이 져서 응력이 쌓였고, 그 결과 비행기에 균열을 일으켰다. 해법은 간단했다. 창문의 모퉁이를 둥글게 하는 것이다. 오늘날 비행기 창문들은 모두 모퉁이가 곡선을 이루고 있는데, 응력을 좀 더 골고루 분산시켜서 응력이 비정상적으로 커지는 각진 모서리가 생겨나지 않게 방지한다. 다른 주요 항공기 제작사들도 코메트 항공기의 사고가 일어나기 전까지는 이 문제를 알아채지 못했다. 다행히도 이들 회사들은 자신들에게 닥쳤을지도 모를 비극이 일어나기 전에 이 간단한 해법을 받아들였다. 우아한 선은 단순히 미적 이유만이 아닌 것이다.

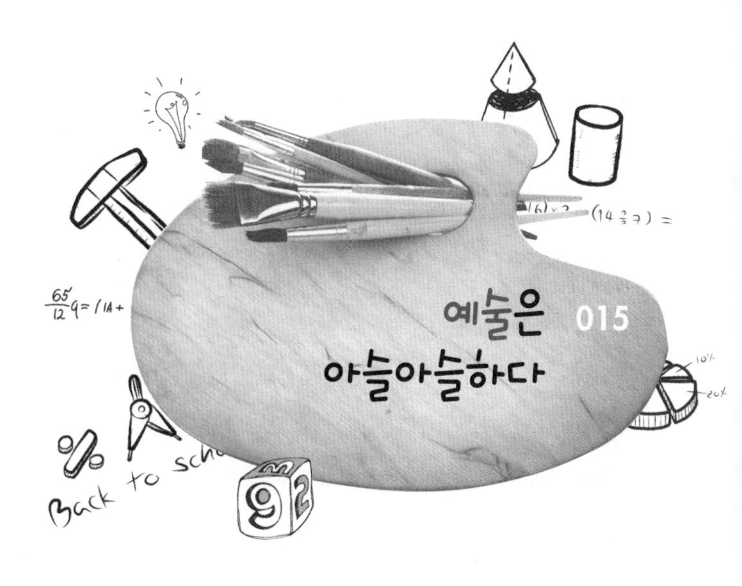

인간은 정해진 틀 안에서 창의적인 무언가를 찾아내는 걸 아주 잘한다. 예를 들어 네모난 틀 안에 그림을 그린다거나, 약강 오보격(iambic pentameter: 강세를 받지 않은 음절 다음에 강세를 받는 음절이 오는 '약강' 구조가 연속적으로 다섯 번 나타나는 영시의 운율법. 셰익스피어 희극 작품은 상당 부분이 약강 오보격 형식의 운문으로 되어 있다—옮긴이)으로 시를 쓴다거나, 아니면 소네트sonnet를 작곡하는 식으로 말이다. 이따금 과학자들은 그런 창의성이 어떻게 생겨나는지, 창의성으로 무엇을 얻게 되는지, 그리고 어디로 가야 영감을 구하는지를 연구하고 싶어 한다. 그리고 많은 예술가들은 과학적 분석에 대해 예민해한다. 특히 예술가들은 예술에 대한 과학적 설명이 성공할까 봐 두려워한다. 자신들의 예술적 행위의 심리적인 뿌리와 예술이 사람들에게 미치는 영향이 밝혀진다면 예술이 가진 자체의 힘을 잃게 되거나 자신들이 사라질지도 모른다고 걱정한다. 어쩌면 그들이 그렇게 걱정하는 게 맞을 수도 있다. 지나친 단순화를 하는 환원주의reductionism—음악은 공기의 압력이 커지고 작아지는 자취일 뿐이다라는 식—는 놀라울 정도로 보편적인 세계관으로, 어떤 격려와 위안을 주지 않는다. 하지만 누군가는 이와는 완전히 반대로, 과학이 예술에게 해줄 수 있는 것이 아무것도 없다며 역시 잘못된 생각을 한다. 예술은 예술을 객관적으로 이해하려는 노력들을 초월한다는 말이다. 실제로, 대다수 과학자들은 창의적인 예술을 주관적인 활동으로 보며 그냥 그 자체를 즐길 뿐이다.

과학에서 복잡성(복잡한 구조에 대한 상관성을 이해하려는 연구 분야. 단순화를 통한 과학적 설명의 한계를 극복하고자 출현한 과학 분야다—옮긴이)에 대한 연구를 시작하면서 과학이 음악이나 추상 미술과 같은 예술적 창조물과 만나게 되는 건 자연스런 일이 되었다. 왜냐하면 예술적 창조물은 우리가 아주 매력적이라고 보는 형태들 속에서 복잡성이 어떻게 발달하는지에 대해 우리에게 알려주는 흥미로운 점들을 지니고 있기 때문이다. E. O. 윌슨(Wilson: 미국 하버드 대학교 사회생물학자—옮긴이)은 저서에서 '단순화를 하지 않고 복잡성을 사랑한다면 예술이 되고, 단순화를 통해 복잡성을 사랑한다면 과학이 된다'(에드워드 윌슨, 최재천 옮김, 『통섭(지식의 대통합)』, 사이언스북스, 2005)라고 말했는데, 이는 과학과 예술 이 두 분야를 복잡성에 관한 연구와 이해의 관점에서 바라볼 때 이 둘의 관계가 가장 가까워질 수 있다는 의미의 말이다.

복잡한 현상에는 우리가 높게 평가하는 많은 예술적 형식들에 관해서 우리가 좋아하는 것이 무엇인지를 알려주는 흥미로운 점이 있다. 모래나 소금과 같은 알갱이들을 식탁 위로 똑바로 떨어뜨려 보면 알갱이들이 쌓여서 생긴, 산 모양의 더미가 점점 더 커진다. 떨어지는 알갱이들은 서로 굴러 떨어지면서 어떤 규칙 없이 마구잡이로 흐른다. 그러나 어떻게 떨어질지 예측이 안 되는 각각의 알갱이들의 움직임은 점점 모양을 갖춘 질서정연한 더미를 이룬다. 특정한 각도의 경사면에 이를 때까지 알갱이가 쌓인 더미의 경사면은 점점 가팔라진다. 그러고 나면 알갱이들은 더 이상 가파르게 쌓이지 않는다. 이 특정한 '임계' 경사각은 어떤 크기의 더미일지라도 계속 유지되는데, 만약 이 경사각보다 큰 각도로 모래 더미가 쌓여 있을 경우에는 한 알의 알갱이만으로도 이 더미가 무너질 수 있다. 마구잡이로 떨어지는 개별 알갱이들이 그 자체만으로도 안정적이고 질서 있는 더미를 만들어낸다는 결론은 놀라운 일이다. 이 임계 상태에서 전반적인 질서가 개별 알갱이의 혼잡스러운 움직임을 통해서 유지되는 것이다. 만약 테이블 위에 알갱이가 쌓여서 생긴 더미가 있다면 나중에는 더미를 이룬 알갱이들이 테이블 가장자리로부터 아래로 일정한 비율로 떨어지게 된다. 더미는 그대로인 것 같지만 늘 다른 알갱이들로 이루어져 있다. 즉 일시적으로 안정된 상태에 있는 것이다.

개별 알갱이들의 흐름이 혼돈스러움에도 불구하고 알갱이가 쌓인 더미의 모양은 일정하다는 점은 많은 예술품에서 우리가 좋아하는 것이 무엇인지에 대해 시사하는 바가 있다. '좋은' 책이나 영화, 아니면 연극이나 음악은 우리가 다시 느끼고 싶어 하는 것이다. '나쁜' 것들은 우리가 다시 느끼고 싶어 하지 않는 것이다. 왜 우리는 셰익스피어의 『템페

스트*The Tempest*』와 같은 연극을 다시 관람하거나 베토벤의 교향곡을 여러 번 듣고 싶어 하는 걸까? 이는 다른 배우와 다른 스타일의 감독, 또는 다른 오케스트라와 지휘 같은 작은 변화가 청중들에게 완전히 새로운 경험을 주기 때문이다. 대작은 우리에게 새롭고 즐거운 경험을 주는 방식으로 작은 변화에도 민감하다. 그러나 전반적인 질서는 유지된다. 마치 질서와 혼돈의 경계선에 서 있는 것처럼 보인다. 이런 식으로 예측의 가능성과 불가능성이 섞여 있는 조합이 바로 우리가 아주 매력적이라고 보는 것들이다. 예술은 그러한 경계선에 아슬아슬하게 서 있다.

칠면조 016
요리 시간

크리스마스 시즌이 되면 축제를 빛낼 커다란 칠면조나 거위를 요리하는 법에 대해 알려주는 요리 기사가 신문과 잡지에 많이 실린다. 누군가는 오래된 전설적인 비튼 부인의 요리책(『*Mrs Beeton's*』: 영국 빅토리아 시대인 1860년대, 요리 전문가 이사벨라 비튼 부인이 펴낸 살림과 요리 노하우가 담긴 책—옮긴이)을 의지하기도 한다. 대부분의 요리에 있어서 핵심적인 사항은 요리 시간이다. 아무리 다른 장식들이 화려해도 요리 시간을 제대로 맞추지 못한다면 크리스마스 저녁식사의 강한 인상을 남기지 못할 것이다.

칠면조 요리 시간에 대해 이해하기 힘든 점은 너무 많은 조언들이 있다는 것과 그 가운데 어느 것도 같아 보이지 않는다는 것이다. 여기에 한 예가 있다(http://britishfood.about.com/od/christmasrecipes/a/roastguide.htm).

섭씨 160도로 예열한다.

칠면조 무게가 8에서 11파운드 사이일 경우 2.5시간에서 3시간 동안 굽는다.

칠면조 무게가 12에서 14파운드 사이일 경우 3시간에서 3.5시간 동안 굽는다.

칠면조 무게가 15에서 20파운드 사이일 경우 3.5시간에서 4.5시간 동안 굽는다.

그런 다음에 각각 노릇노릇해지도록 섭씨 220도에서 30분 동안 더 굽는다.

이런 조언은 수학적으로는 이상하다. 왜냐하면 11과 12파운드의 칠면조 요리 시간이 둘 다 3시간이기 때문이다. 14파운드와 15파운드의 칠면조에서 3.5시간을 구워야 한다는 경우도 마찬가지다.

영국 칠면조 정보 서비스(BTIS: British Turkey Information Service)는 좀 더 세심한 조언을 하는데 여기서는 미터법을 사용한다(1파운드=0.45kg, http://www.britishturkey.co.uk/cooking/times.shtml).

무게가 4kg이 안 된다면? kg당 20분을 굽고 그런 다음에 추가로 70분을 더 요리한다.

무게가 4kg이 넘는다면? kg당 20분을 굽고 그런 다음 추가로 90분을 더 요리한다.

심지어 칠면조 무게를 집어넣으면 요리 시간을 자동으로 계산해주는 계산기도 있고, 2에서 10kg 사이의 칠면조에 대한 요리 시간을 알려주는 표도 있다.

요리 시간을 T(분 단위)라고 하고, 칠면조 무게를 W(kg 단위)라고 했을 때 BTIS의 안내는 다음의 두 식으로 나타낼 수 있다.

$$T_1=20W+70 \text{ if } W<4$$

$$T_2=20W+90 \text{ if } W>4$$

이 식은 미심쩍어 보인다. 만일 칠면조 무게가 4kg 가까이 될 경우에 T_1은 150분에 가까워지고 T_2는 170분으로 된다. 요리 시간에 대한 이 조언은 수학적으로 아주 중요한 특성이 결여되어 있다. 바로 연속성 말이다. W가 4가 될수록 T_1과 T_2의 값은 동일한 요리 시간을 제시해주어야 한다. 더 최악인 것은, W가 0이 되어도 요리 시간은 70분이나 된다는 것이다. 따라서 이 식은 완전히 잘못된 것이다.

영국 국립 칠면조 조합National Turkey Federation은 속을 채운 칠면조의 요리 시간에 대해서 다음의 표를 제시했다. 표에는 여러 무게 범위에 대한 안내가 나와 있는데, W〉4인 칠면조의 경우, 이 표에서 제시하는 요리 시간이 BTIS의 공식과는 일치하지 않는다.

무게 (파운드)	요리 시간 (시간)
8~12	3~3.5
12~14	3.5~4
14~18	4~4.25
18~20	4.25~4.75
20~24	4.75~5.25
24~30	5.25~6.25

이렇게 다양한 조언들 앞에서, 칠면조의 무게가 늘어남에 따라 요리 시간이 어떻게 달라질지를 계산할 수 있는 방법은 과연 없는 걸까? 요리가 제대로 되려면 단백질에 변형을 줄 만큼 높은 온도로 칠면조 겉에

서 속으로 열의 확산이 일어나야 한다. 열의 확산은 수학적으로 '무작위 행보(random walk, 랜덤 워크)'라고 부르는데 그것의 특징대로 제멋대로 움직이는 과정을 따른다. 즉 열이 어느 한 지점에서 다른 지점으로 이동할 경우, 그 열이 전달되는 과정에서 중간에 거치는 경로는 '무작위적이다'라는 것이다. 그 결과, 두 지점 간의 거리가 N번의 걸음을 걸은 것과 같다면 이 두 지점 사이에 열이 전달되는 시간은 N이 아니라 N^2에 비례하게 된다. 자, 그럼 우리가 공처럼 둥근 칠면조를 갖고 있다고 상상해 보자. 그것의 반지름이 R이라면 부피는 R^3에 비례하기 때문에 무게 역시 R^3에 비례한다. 물론 칠면조의 밀도가 고르게 분포되어 있다고 가정했을 경우에 말이다. 열이 겉에서 속으로 확산되는데 걸리는 시간 T는 칠면조 반지름의 제곱인 R^2에 비례하게 된다. 따라서 우리의 간단한 정리로는 칠면조의 요리 시간 T가 $W^{2/3}$에 비례하게 된다.

다시 말해서, 대충 어림잡으면 요리 시간의 세제곱이 칠면조 무게의 제곱에 비례하게 늘어나면 된다.

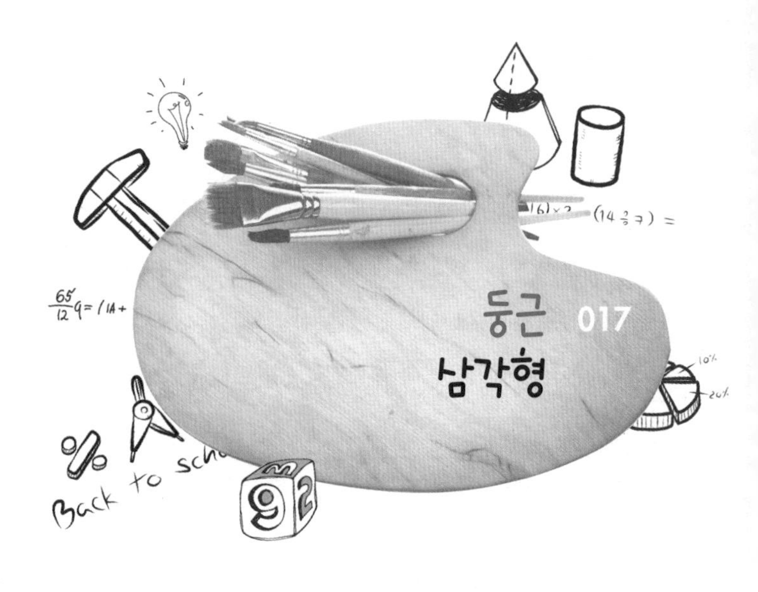

둥근 삼각형 017

몇 년 전 한 IT 회사 면접관들이 좋아했던 인기 있는 질문이 있는데, 그것은 바로 '왜 맨홀 뚜껑은 둥근가?'라는 것이다. 맨홀뿐만 아니라 뚜껑이나 덮개로 닫는 많은 다른 구멍들에도 동일한 질문을 할 수 있다. 물론 모든 맨홀 뚜껑이 둥근 건 아니지만 그래도 왜 동그란 것이 좋다고 생각하는지에 관한 재미있는 이유가 있다. 당신이 동그란 뚜껑을 어느 방향으로 향하게 하든지 상관없이, 뚜껑은 너비(어느 모양이든 뚜껑의 너비는 반대쪽 면에서 닿는 두 개의 평행하는 선 사이의 거리로 정의된다)가 항상 같아서 맨홀 아래 어두컴컴한 지하로 떨어지지 않는다. 원은 어느 방향으로든 너비가 같기 때문에 평평한 바닥 위를 쉽게 굴러갈 수 있다. 반면에 네모나 타원형의 바퀴는 평평한 길 위에서 잘 굴러가지 못한다(네모 모양이거나 다른 종류의 다각형은 바닥이 평평하지 않은 길에서는 잘 굴러갈 수 있다. 네모 모양의 바퀴는 양쪽 끝에 고정되어 매달려 있는 사슬이 아래로 처져서 그리는 곡선 모양인 현수선을 거꾸로 뒤집어 놓은 모양의 길에서는 잘 굴러간다). 이는 원이 지닌 분명한 특성이다. 게다가 원은 제작하기도 쉽다는 장점도 있다.

19세기 독일 공학자 프란츠 뢸로Franz Reuleaux는 기계에 대한 연구 분야에 선구적인 영향을 준 사람이다. 뢸로는 원처럼 너비가 일정하면서 잘 굴러가는 도형에 대한 중요성을 인식했다. 간단한 예로, 우리가 뢸로 바퀴 또는 뢸로 삼각형이라고 부르는 도형은 선이 둥근 삼각형이다. 이 삼각형은 그리기가 아주 쉽다. 일단 정삼각형을 그리고 난 후, 정삼각형의 꼭짓점 중 하나를 중심으로 삼아 세 개의 원을 그린다. 이때 중심이 되는 꼭짓점 외에 남은 두 개의 꼭짓점을 지나가도록 원호를 그리고 이렇게 해서 생겨난 세 개의 원호만 남기면 원호의 길이가 같은 둥근 뢸로 삼각형이 만들어진다. 왜냐하면 삼각형을 이루는 둥근 선은 반대편 꼭짓점을 중심으로 그려진 원의 일부이기 때문이다(정사면체의 꼭짓점을 중심으로 네 개의 구를 그리면 3차원의 뢸로 도형이 만들어진다. 이렇게 해서 만들어진 도형은 폭이 완전히 일정하지는 않다. 즉, 면에 따라서 2%의 차이가 있다. 테이블 위에서 굴러가는 이 3차원 도형 위에 평평한 디스크를 올려놓으면 아주 약간의 요동을 확인할 수 있다).

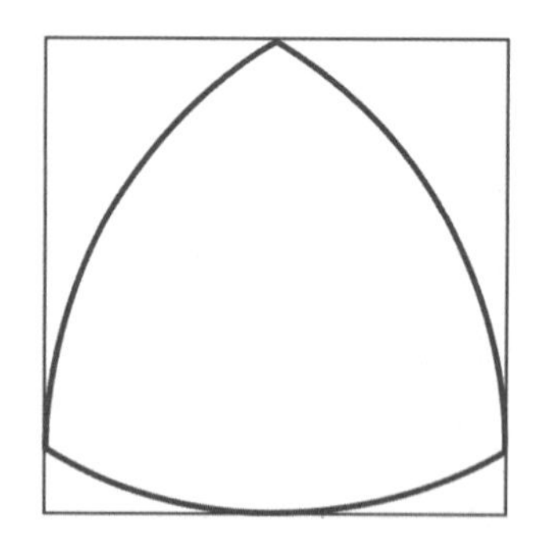

이런 모양의 맨홀 뚜껑은 맨홀 아래로 떨어질 일이 결코 없다. 변이 홀수 개인 어느 정다각형이든 이런 식으로 원호를 그리면 뢸로 다각형이 된다. 이때, 변의 수가 아주 커지면 원처럼 생긴 도형이 나온다. 오른쪽의 사진은 샌프란시스코의 미션 베이 지역 수도 밸브의 뚜껑이다.

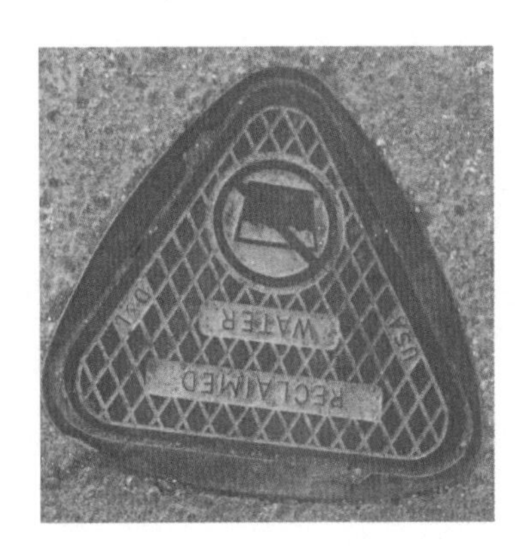

뢸로 삼각형의 면적은 기초 삼각법을 이용해 쉽게 계산할 수 있다. 정삼각형의 한 변의 길이, 그러니까 원호의 반지름이자 뢸로 삼각형의 폭을 w라고 하면, 뢸로 삼각형의 면적은 $\frac{1}{2}(\pi-\sqrt{3})w^2$이 된다. 만약에 우리가 너비가 w인 원을 사용했다면 그 원의 면적은 $\frac{1}{4}\pi w^2$이 된다. 이는 너비가 일정한 뚜껑을 만들어야 할 경우에 원형 대신에 뢸로 삼각형을 선택한다면 재료를 아낄 수 있다는 얘기이다(너비가 일정한 둥근 다각형은 모서리가 뾰족한 것도 있고 모서리가 둥근 것도 있는데, 가능한 수는 무한개이다. 그러나 뢸로 삼각형이 같은 너비일 경우 면적이 가장 작다). 왜냐하면 $\frac{1}{2}(\pi-\sqrt{3})$ =0.705로 $\frac{1}{4}\pi$=0.785보다 값이 작기 때문이다. 뢸로 삼각형은 작은 창문이나 맥주잔 받침과 같은 장식용 물건에서 가끔 발견할 수 있다.

변이 7개인 뢸로 칠각형은 영국인에게는 아주 친숙하다. 20펜스와 50펜스 동전이 바로 이 모양이기 때문이다. 너비가 일정한 모양은 금속 재료를 아낄 수 있다는 점과 슬롯머신에서 쓸 수 있는 점에서 이점이 있다. 영국의 3펜스짜리 옛날 동전은 원형도 아니고 너비가 일정한 것도 아니었는데, 변이 12개로, 마주 보는 변 사이의 거리가 21mm이고 마주 보는 꼭짓점 간 거리는 22mm였다.

뢸로 삼각형의 마지막 장점은 이 도형을 회전시켰을 때 사각형에 가까운 모양이 만들어진다는 것이다.

뢸로 삼각형은 너비가 뢸로 삼각형과 같은, 사각형 모양의 틀 안에서 자유롭게 회전할 수 있다. 이 네모 안의 뢸로 삼각형은 여유 공간 없이 딱 맞게 들어간다. 이는 뢸로 삼각형과 같은 모양의 드릴 비트로 오랫동안 드릴을 돌린다면 거의 네모에 가까운 구멍을 파낼 수 있다는 얘기가 된다. 여기에서 '거의'라고 말한 이유는 모서리 부분에 약간의 굴곡을 남겨서 완전한 사각형에 비해 98.77%만 깎이기 때문이다. 뢸로 삼각형 대신에 다른 뢸로 다각형을 회전시킬 경우에는 뢸로 다각형보다 변이 하나 더 많은, 선이 똑바른 다각형을 파낼 수 있다. 따라서 뢸로 삼각형으로 사각형이 만들어지는 것처럼(변이 7개인 영국의 50펜스짜리 동전과 같은) 뢸로 칠각형은 선이 똑바른 팔각형 구멍을 파낼 것이다. 즉, 당신이 네모난 구멍에 거의 둥근 말뚝을 박는 일이 불가능한 일이 아니라는 말이다.

아쉽게도 드릴이 이런 모양일 때는 복잡한 문제가 있고, 자전거 바퀴로도 쓰이지 않는 단점이 있다. 비록 뢸로 다각형이 정다각형 틀 안에서 잘 돌아가더라도 뢸로 다각형은 하나의 중심으로만 회전하지 않는다. 뢸로 삼각형이 회전할 때 그리는 '거의' 네모난(여기서 거의 네모난 모양은 면적이 일반 정사각형의 면적에 $(4-8/\sqrt{3}+2\pi/9)$배 한 것과 같다) 모양의 경우, 뢸로 삼각형이 회전하면서 회전축도 흔들리는데 이때 회전축이 그리는 모양은 네 개의 타원 궤도가 합쳐진 것과 같다. 이 문제는 요동 운동을 하는 특별한 도구를 발명함으로써 공학적으로 해결했다. 그러나 회전축이 하나로 고정되게 굴러가는 뢸로 삼각형 모양의 자전거 바퀴는 평평한 길에서 일정한 높이를 유지할 수 없다.

원래의 뚜껑 문제로 돌아가면, 뢸로 삼각형을 비롯한 둥근 다각형은 맨홀 아래로 떨어질 수 없기 때문에 모두 맨홀 뚜껑으로 쓸 수 있다. 뢸로 삼각형은 그 가운데에서도 가장 재료를 적게 쓸 수 있지만 그래도 여전히 원형의 뚜껑이 뢸로 삼각형보다 훨씬 만들기 쉽다는 장점이 있다. 원형의 뚜껑은 조금만 굴려도 간단하게 제자리에 집어넣을 수 있고, 모든 방향으로 힘을 받을 수 있어서 좀 더 안정적이다.

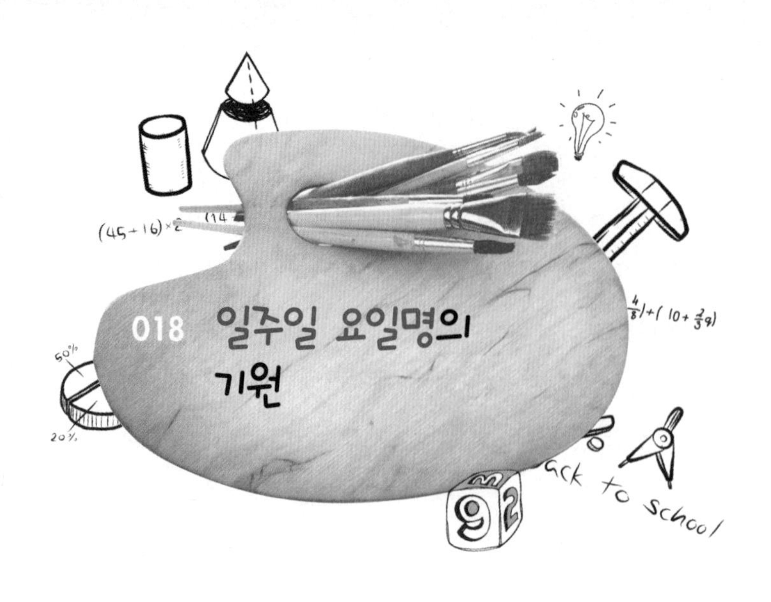

018 일주일 요일명의 기원

영어에서 일주일의 각 요일명은 복잡한 역사를 가지고 있다. 태양의 일요일Sunday, 달의 월요일Monday, 그리고 토성의 토요일Saturday은 명백하게 천문학적 명칭이지만 나머지 다른 요일들은 변화를 겪었다. 일주일은 고대 바빌로니아 천문학에서 비롯되었다. 옛날에 하늘을 가로질러 움직이는 천체가 7개 보였다. 이들 7개의 천체들이 천구에서 지구를 중심으로 완전히 한 바퀴를 도는 데 걸리는 시간에 따라 지구의 연수나 날수 단위로 긴 순서부터 나열해보면 다음과 같다. 토성(929년), 목성(12년), 화성(687일), 태양(365일), 금성(225일), 수성(88일), 그리고 달(27일)이다. 이들 천체의 수(7)가 일주일이 7일인 이유일 것이다. 이는 시간적으로 어떤 규칙 없이 임의로 나눈 것뿐이며, ('월'을 결정한) 달의 움직임이나, ('날'을 규정한) 지구의 자전이나, ('연'을 정의한) 태양을 중심으로 한 지구의 공전에 의해 영향을 받지도 않는다. 문화적 전통에 따라 일주일의 단위가 달라지기도 한다. 예를 들어, 고대 이집트에서는 10일을 단위로 일주일을 썼는데, 프랑스 혁명의 주도자들이 7일 단위의 일주일 제도를 없애 이 10일 단위의 일주일을 시민들에게 부과하려다가 실패했었다.

이렇듯 7개의 천체가 일주일의 요일명을 결정했다. 신성로마제국의 중심에서 멀어지면서 요일명의 일부는 이교도의 영향을 받았다. 그렇게 해서 영어에서는 화요일이 로마에서의 전쟁의 신 마르스(화성) 대신에 북유럽의 전쟁의 신인 티우Tiw의 날Tuesday이 되었다. 수성의 날인 수요일(프랑스어에서는 수요일이 merdredi로 여전히 수성의 날이다)은 로마의 신 머큐리에서 북유럽 신화의 오딘Woden 신의 날 Wednesday로 바뀌었다. 그리고 목성의 날인 목요일(프랑스어로는 여전히 jeudi)은 북유럽 신화에서 천둥의 신인 토르Thor의 날Thursday로 변했다(독일어도 천둥의 날로 donnerstag). 금성의 날인 금요일(프랑스어로는 vendredi로 여전히 금성의 날)은 북유럽 신화 속의 정력과 성공의 신인 프리가Fre의 날Friday이 되었다. 토요일은 북유럽 전통에서도 천문명 토성을 그래도 유지했지만 가톨릭을 믿는 곳에서는 일요일을 주님의 날인 주일Domine로 바꾸었다. 일요일에 대한 이 표현은 프랑스어dimanche , 그리고 이탈리어domenica와 스페인어domingo에서 찾아볼 수 있다. 이들 국가에서는 토요일까지도 유대인 안식일Jewish Sabbath을 기리기 위해 sabato(이탈리아어), samedi(프랑스어)로 바꾸었다.

7개의 천체는 궤도 변화의 길이에 따라 자연적인 순서가 생긴다. 그런데 왜 일주일의 요일 순서는 그 순서를 따르지 않게 된 걸까? 그 해답은 부분적으로는 수학적이고 부분적으로는 천문학적인 것으로 여겨진다. 각 천체들은 토성–목성–화성–태양–금성–수성–달의 순서로 하루의 시간들을 지배했다. 첫날의 첫 번째 시간에 토성을 시작으로 말이다. 하루가 24시간이니까 7 곱하기 3을 해서 7개의 천체들이 3번 돌고 난 다음 22시는 토성이, 23시는 목성이, 그리고 24시는 화성이 담당하고 그러고 나면 다음 날이 되어 첫 번째 시간은 태양의 지배를 받게 된다.

이렇게 순서를 돌리면 첫 번째 시간의 지배자가 세 번째 날에는 달이 되고, 네 번째 날은 화성이, 다섯 번째 날은 수성이, 여섯 번째 날은 목성이, 그리고 일곱 번째 날은 금성이 되는 것을 확인할 수 있다. 이는 7을 단위로 하는 산수이다. 24를 7로 나눈 다음에 나머지들에서 그 다음 날의 첫 번째 시간을 지배하는 천체가 결정된다.

이렇게 하루 24시간의 첫 번째 시간의 천문 지배자의 순서가 바로 토성, 태양, 화성, 수성, 목성, 금성이 되어 일주일 요일명의 순서를 결정했다. 그 결과, 우리는 토요일Saturday, 일요일Sunday, 월요일Monday, 화요일Tuesday, 수요일Wednesday, 목요일Thursday, 금요일Friday의 순서를 갖게 된 것이다. 영어에서는 뒤의 네 개 요일명이 북유럽식으로 바뀌었다.

프랑스어에서는 토요일과 일요일만 각각 안식일과 주일로 바뀌었고, 이런 천문학적 뿌리를 좀 더 잘 유지해서 samedi, dimanche, lundi, mardi, mercredi, jeudi, 그리고 vendredi로 천문학적 순서로 표현하고 있다.

019 미루기가 바람직한 경우는 언제일까?

효율성을 큰 동력으로 보는 현대 사회에서는 뭔가 미루는 것은 항상 안 좋은 일이라고 보는 경향이 있다. 기업가들은 가능한 한 언제나 빨리 행동을 취하는 박력가라는 인상을 준다. 다음번 모임까지 결정을 미루면 안 된다. 그냥 두고 보는 자세도 안 된다. 행동 계획이 있어야만 한다. 어떤 사안에 대해 좀 더 자세히 들여다보고 모든 요인들을 따져 보는 위원회는 안 된다.

'미루는 건 바람직하지 않다'는 생각이 항상 명확한 정답이라고 말할 수는 없다. 만약 당신이 하고 있는 일이 시간이 지나면서 점점 비용이 저렴해지는 과정이 포함된 대규모 작업이라고 상상해보자. 그 일을 하는 데 드는 비용이 나중에 덜 들기 때문에 일을 여유롭게 늦추었다가 나중에 천천히 시작하는 게 오히려 나을 수도 있다.

세계적으로 가장 중요한 산업을 예로 들어보자. 컴퓨터 프로세싱은 인텔 설립자인 고든 무어Gordon Moore가 처음으로 밝혀낸 거침없고 예측 가능한 방식에 따라 발전해 왔다. 무어의 이 직관은 무어의 법칙이라고 불리는 경험 법칙으로 정리되었다. 그 법칙은 같은 비용으로 살 수 있는 컴퓨터의 성능이 18개월마다 두 배로 늘어난다고 말한다. 즉, 월 단위 시간을 t라고 하고 지금을 $t=0$이라고 놓았을 경우, 시간 t가 흘렀을 때 컴퓨터 속도 $S(t)=S(0)2^{t/18}$이 된다는 얘기이다.

만약에 우리가 컴퓨터를 이용한 거대 프로젝트를 지금 당장 시작하는 대신에 D달 후로 그러니까 컴퓨터의 성능이 $S(0)$에서 $S(0)2^{D/18}$로 늘어날 때까지 연기한다면 무슨 일이 일어나는지를 살펴보자. 컴퓨터가 계산해야 하는 양이 같았을 때 동일한 프로젝트를 당장 시작하는 대신에 얼마나 미루어도 되는지, 즉 D가 얼마나 커질 수 있는지를 알아보려고 한다. 이에 대한 답은 우리가 당장 시작했을 경우에 걸리는 시간—A라고 하자—과 D달 후로 늦추었을 때 걸리는 시간을 같다고 하면 구할 수 있다.

$$A=D+(A\times 2^{-D/18})$$

위 식은 얼마나 오랫동안 뒤로 미루어도 원래 계획한 시간 안에 일을 마칠 수 있는지를 우리에게 알려준다. 물론 모든 일이 시작을 미루어도 같은 시간 안에 끝마칠 수 있는 건 아니니 안심해도 된다. 그렇지 않다면 우리는 어떤 일도 시작하지 않으려고 할 테니까 말이다. 단지 현재

18/ln(2)=18/0.69=26.1개월보다 길게 걸리는 컴퓨터 작업만 시작을 미뤄도 비용을 경제적으로 줄일 수 있다. 끝나는 시간이 현재 26개월보다 적게 걸리는 일이라면 지금 당장 시작하는 것이 최선이다. 앞으로 기술적인 진보가 이루어지지 않는다면 일은 빨리 시작할수록 좋다.

일을 지연시킴으로써 효과를 보는 대형 프로젝트들의 경우, 시작을 미룬다면 일의 양을 필요한 시간으로 나누는 것으로 정의되는 생산성이 훨씬 높아지게 된다.

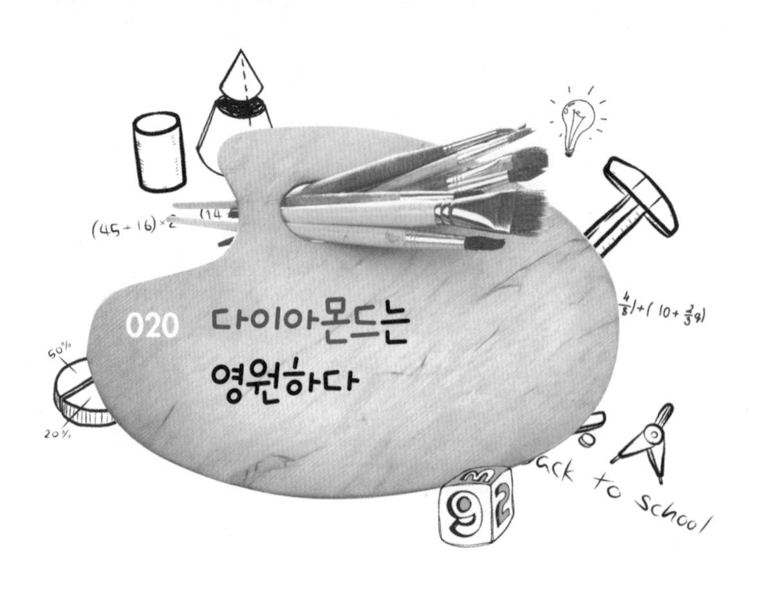

다이아몬드는 아주 특별한 탄소 덩어리이다. 다이아몬드는 자연적으로 생겨나는 물질 가운데서 가장 단단한데, 특히 가장 눈부신 특성은 광학적 성질을 가졌다는 것이다. 다이아몬드가 아주 특별한 광학적 성질을 지닌 이유는 굴절률이 2.4로, 1.3인 물이나 1.5인 유리와 비교해볼 때 큰 값이기 때문이다. 이는 광선이 다이아몬드를 통과했을 때 아주 큰 각도로 구부러진다(즉 '굴절된다')는 의미이다. 게다가 더 중요한 것은, 다이아몬드에 비춘 빛이 다이아몬드 표면의 수직선과 이루는 각도가 24도 이상이 되면 완전히 반사되어 다이아몬드를 통과하지 못한다는 점이다. 투과하지 않고 모두 반사되는(전반사) 이 임계각은 공기에서 물로 비추는 빛의 경우 약 48도이고, 유리의 경우 약 42도다.

또한 다이아몬드는 빛의 스펙트럼을 극적으로 보여준다. 아이작 뉴턴이 프리즘을 이용한 유명한 실험을 통해 처음으로 밝혀냈듯이 보통의 백색광은 빨주노초파남보의 다양한 파장의 빛의 스펙트럼으로 이루어져 있다. 이들 빛은 다이아몬드를 통과할 때 다른 속도로 이동하면서 다른 각도로 구부러진다. 빨간 빛이 가장 적게 굴절되고 보라색이 가장 많이 굴절된다. 다이아몬드는 '분산'이라고 하는 빛의 성질, 즉 가장 크게 굴절되는 빛과 가장 적게 굴절되는 빛 사이의 차이가 아주 크다. 그 결과, 잘 세공된 다이아몬드를 통과하면 빛은 그야말로 눈부시고 휘황찬란하다. 다른 어떤 보석도 이렇게 큰 분산 능력을 지니고 있지 않다. 따라서 보석 세공사는 다이아몬드에서 반사된 빛이 최대한 눈부시게 밝고 휘황찬란하게 손님의 눈에 비칠 수 있도록 다이아몬드를 세공하는 일이 매우 중요하다.

다이아몬드 세공은 수천 년 동안 이어져 왔는데 다이아몬드를 어떻게 해야 최고로 잘 깎을 수 있는지와 그 이유를 우리가 잘 이해할 수 있도록 기여를 한 사람이 있다. 마르셀 톨코프스키Marcel Tolkowsky는 1899년 네덜란드 안트베르펜Antwerp의 다이아몬드를 세공해 판매하는 집안에서 태어났다. 그는 재능이 있었고, 대학을 졸업한 후에 런던 임페리얼 칼리지에서 공학을 공부하러 유학을 떠났다(그의 박사 학위 논문은 다이아몬드의 외형에 관한 것보다는 다이아몬드 연마와 광택이 주제였다). 그리고 임페리얼 칼리지에서 대학원생으로 공부하던 중인 1919년에 『다이아몬드 디자인 *Diamond Design*』이라는 제목의 주목할 만한 책을 내놓았다. 다이아몬드에서 빛의 반사와 굴절에 대해 연구함으로써 최대 밝기로 빛나게 하는 다이아몬드 세공법을 알려준다는 것을 이 책에서 처음으로 보여주었다.

톨코프스키는 다이아몬드 안에서 광선이 어떤 경로로 지나가는지를 정교하게 분석함으로써 가장 빛나고 이상적인, 그래서 현재 원형 다이아몬드에서 인기 있는 스타일인 새로운 종류의 다이아몬드 세공법인 '브릴리언트brilliant' 또는 '아이디얼ideal'을 고안해 냈다. 그는 다이아몬드의 위쪽 평평한 표면에 부딪치는 광선의 경로를 따져 보면서 빛이 다이아몬드 뒷면에서 첫 번째와 두 번째에서 전반사를 하는 각도를 찾아냈다. 그 결과, 다이아몬드 전면을 통과한 빛 대부분이 다시 되돌아 나오는, 가장 눈부신 외형을 갖는 다이아몬드가 탄생했다.

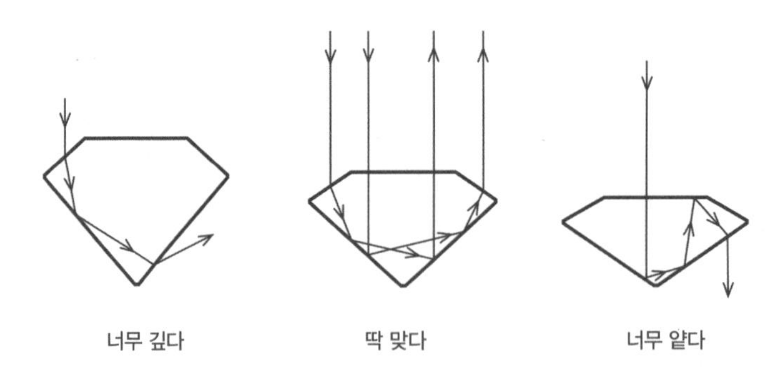

톨코프스키는 다이아몬드 내에서 반사에 의한 반짝임과 분산 현상으로 나타나는 휘황찬란한 빛의 스펙트럼 간의 최적의 균형을 고려해 다양한 면을 갖는 최적의 모양을 찾아나갔다(톨코프스키는 다이아몬드 안으로 투과된 빛이 첫 번째 면과 만났을 때 전반사가 일어나기 위해서는 경사진 면의 각도가 수평면에서 48°52′ 이상이어야 한다는 점을 보여주었다. 첫 번째 전반사가 된 후에 빛이 두 번째 경사면과 만나 다시 전반사가 되려면 이때 면의 각도는 수평면에 대해서 43°43′ 이하여야 한다. 빛이 (다이아몬드의 면과 수평이 아니라) 수직에 가깝게 이동하고 밖으로 나오는 빛이 가능한 최대로 분산이 이루어지게 하려면, 경사각의 최적 값이 40°45′라는 것도 밝혀졌다. 오늘날 보석 세공에서는 이 수치들을 바탕으로 값을 조금씩 바꾸어서 개별 보석의 특성과 스타일에 맞게 적용시키고 있다).

광선에 대한 간단한 수학을 이용한 톨코프스키의 분석은 면이 58개인 '브릴리언트 커트', 즉 다이아몬드를 눈앞에서 조금 움직여 가장 화려한 시각적 효과를 보여줄 때 필요한 특별한 비율과 각도의 범위에 대한 아름다운 다이아몬드 커팅법을 내놓았다. 그러나 여기에는 눈에 보이는 것 이상의 기하학이 숨어 있다.

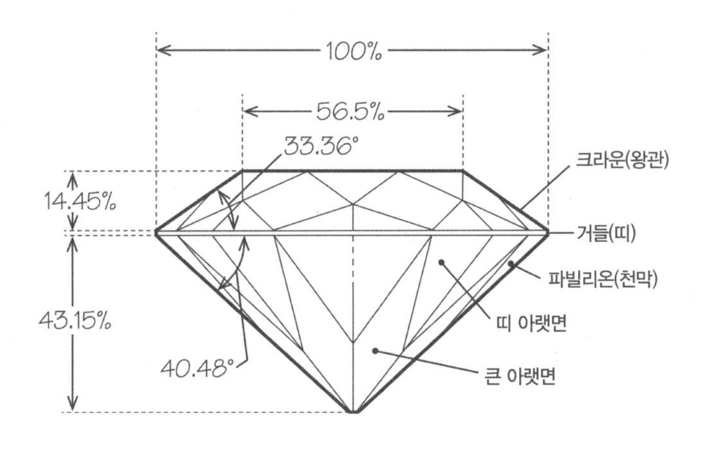

이 그림을 통해서 톨코프스키가 다이아몬드의 광채가 최적이 되는 좁은 범위 안에 있는 각도로 이상적으로 절단하는 법을 제안한 고전적인 형태를 볼 수 있다. 특정한 명칭을 가진 다이아몬드의 각 부위에 나타낸 비율은 지름이 최대인 부분인 갖는 거들(띠)의 지름을 기준으로 했을 때의 퍼센트 값이다(거들에 두께가 있는 이유는 모서리를 날카롭지 않게 하기 위함이다).

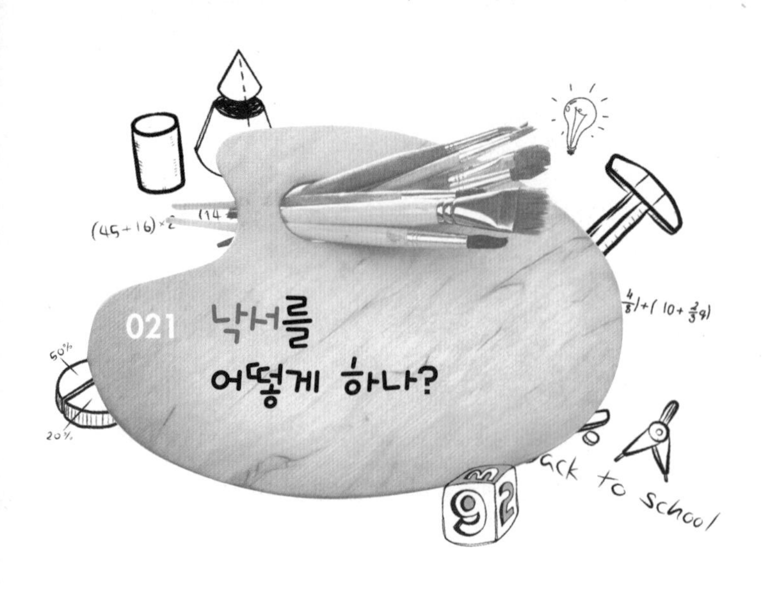

내 백과사전에 '낙서doodle는 사람의 관심이 다른 곳에 쏠려 있는 동안에 집중을 하지 않고 끄적거린 그림'이라고 쓰여 있다(http://en.wikipedia.org/wiki/Doodle). 원래 doodle은 좀 바보스런 사람을 표현하는 무례한 말이었다. 〈양키 두들 댄디Yankee Doodle Dandy〉는 미국 혁명 이전에 양키 미국인들을 경멸하는 영국 군인들이 좋아했던 모욕적인 노래였다. 여전히 많은 사람들이 창의적인 예술가에 가깝게 되는 건 끄적거리며 낙서할 때이다. 아무런 목적 없이 노트에 끄적거린 낙서는 위대한 추상화처럼 자유롭게 만들어진 걸까? 때때로 나는 정말로 이런 구불구불한 낙서가 아무런 의도가 없는 건지 궁금했다. 그리고 내가 끄적거린 낙서와 다른 사람들의 낙서에서 일반적인 특징들을 감지하기도 했다. 낙서에도 사람들이 좋아하는 어떤 유형이 존재하는 것일까? 끄적거린 낙서에 형태가 없고 강아지나 인간의 얼굴과 같은 특정한 것을 그리려는 어떤 의도가 없는 한 그럴 수 있다고 나는 생각한다.

전해져 오는 얘기에 따르면 알브레히트 뒤러(Albrecht Dürer: 독일 르네상스 시대의 화가이자 판화가—옮긴이)는 손만으로 완벽한 원을 계속해서 그릴 수 있었다고 한다. 대부분의 사람들에게 원은 그리기 힘든 모양이다. 우리가 제멋대로 낙서를 할 때 특별히 집중력이 요구되는 원을 그리지는 않을 것이다.

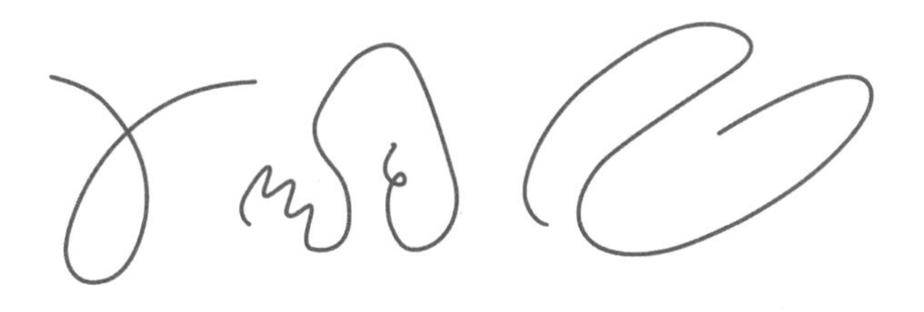

차라리 우리는 눈물방울 모양인 닫히지 않은 고리 모양을 훨씬 더 쉽게 그린다. 이런 그림은 롤러코스터나 고속도로에서 빠져나오는 진출입로의 고리 모양과 좀 비슷하다. 롤러코스터와 고속도로 진출입로 둘 다 커브길에서 안정적인 원심력을 느낄 수 있도록 하기 위해 공학자들이 가장 편한 커브길을 찾은 결과이기 때문이다. 가장 지배적인 모양은 움직이는 거리에 비례해서 곡률이 줄어드는 곡선인 '클로소이드'이다. 이 곡선은 앞에서 롤러코스터 디자인을 설명할 때 소개했다. 운전자가 일정한 각속도로 핸들을 돌렸을 때 자동차가 일정한 속도로 움직이면서 그리는 경로이기도 하다. 만약에 고속도로 진출입로가 원형인 커브길에서 핸들을 일정한 각속도로 돌리고 싶으면 자동차 속도를 잘 조절

해야만 한다. 그럴 경우 자동차가 덜커덩거려서 승차감이 떨어질 것이다. 클로소이드 모양의 길은 승차감이 부드럽고 안정감을 준다.

이와 비슷한 점이 낙서에도 나타난다. 우리는 연필로 둥근 모양을 그릴 때 일정한 각속도를 유지하려고 한다. 이는 클로소이드 나선에서만 가능하다(얼마나 빨리 끄적거리고 싶은지에 따라 다른 모양들도 많이 있긴 하지만 말이다).

따라서 우리가 그리는 낙서에서는 눈물방울 모양의 고리가 막혀 있지 않은 모습이 많이 나타난다. 이것이 바로 가장 그리고 싶게 '느껴지는' 곡선인 것이다. 이런 곡선을 그릴 때는 의식적인 노력도 별로 안 하고, 손가락에 힘을 조금만 줘도 된다.

022 달걀은 왜 달걀 모양일까?

달걀은 왜 달걀 모양인 것일까? 달걀은 구형이 아니다. 럭비공처럼 생기지도 않았다. 대개가 타원 모양도 아니다. 달걀은 특유의 '난형ovoid', 즉 달걀 모양이다. 한쪽 끝부분, 달걀의 아래쪽 부분은 좀 더 길쭉한 반대편에 비해 평평하고 덜 구부러진 모양이다. 이 같은 비대칭적인 모양은 아주 중요한 하나의 결과를 가져온다. 만약에 달걀을 평평한 표면 위에 놓으면 달걀은 질량 중심이 기하학적 중심에 있지 않기 때문에 길쭉한 쪽 끝이 바닥 쪽으로 약간 기울어진 상태로 평형을 이루며 자리를 잡는다. 완벽한 타원 모양의 알은 질량 중심이 기하학적 중심에 있기 때문에 가장 긴 축의 선이 바닥과 평행을 이룬다.

이제 난형의 달걀이 가만히 놓여 있는 표면을 몇 도만 약간 기울여보

자. 달걀이 굴러가기 전까지 말이다(표면은 너무 미끄럽지 않아야 한다. 달걀이 구르기보다는 미끄러지거나 가만히 멈춰 있을 수 없기 때문이다. 그리고 삶은 달걀을 쓰면 안 된다. 삶은 달걀의 내용물은 고체로 액체인 생달걀과 다르게 행동하기 때문이다. 경사도 너무 심하면 안 된다. 35도 이상이면 달걀이 아래로 달아나 버리고 만다). 다음에 일어날 일은 매우 중요하다. 달걀은 구형이거나 타원형 물체가 구르는 것처럼 경사면을 구르지 않는다. 심하게 휘어지며 돌다가 마치 부메랑처럼 출발한 곳에 가깝게 되돌아오는데, 이때 길쭉한 쪽은 경사면 위쪽을 향하고 평평한 쪽은 아래를 향한다. 원뿔형의 물건을 경사가 약한 곳에서 굴렸을 때 보게 되는 움직임과 같다.

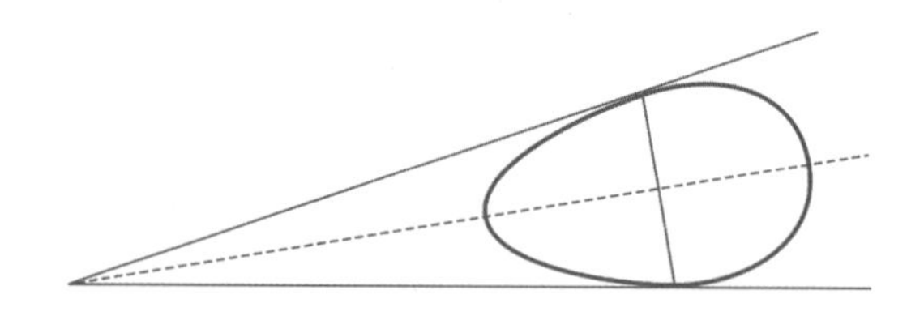

난형의 달걀이 보이는 이 특징적인 움직임이 중요한데, 만약에 당신이 울퉁불퉁한 바위 벼랑에 알을 낳고 새끼를 키우는 새라면 알이 구형이거나 타원형일 경우 새끼의 미래는 암울할 것이다. 알을 품고 있는 동안에 알들을 움직여서 알의 온도를 일정하게 유지시키고 바람과 외부의 온갖 방해물로부터 알을 보호했을 때 구형의 알은 이 움직임을 받으면 비탈면을 따라 아래로 계속 굴러가 벼랑 끝을 넘어가 버릴 수 있다. 난형의 달걀은 이 경우에 다시 안으로 굴러 들어오게 되어 살아남게 된다(2005년 일본 오사카로부터 날아와 캠브리지 대학을 방문해 있는 동안에 달걀 모양의 수학에 대해서 알려준 유타카 니시야마에게 매우 감사한다).

모든 새의 알들이 난형인 건 아니다. 새의 알은 옆에서 본 단면의 모양에 따라 원형, 타원형, 난형, 그리고 서양배 모양, 이렇게 네 가지 일반적인 모양이 있다. 난형이나 서양배 모양의 달걀은 평평하지 않은 바위 표면에서 살짝 밀면 짧은 원을 그리며 구르기 시작하다가 출발했던 곳으로 되돌아오지만(이런 알들은 달걀 모양이다) 원형과 타원형의 알은 그렇지 않다. 바위투성이인 환경에서 알을 낳는 새들은 난형이나 서양배 모양의 알을 갖는 경향이 있다. 이 새들은 알을 품고 있는 동안에 일정한 온도를 유지하기 위해 알을 굴려야 하는데 알 하나가 멀리 굴러가 버리면 그 알을 되찾기 위해 다른 알들을 방치해야만 한다. 반면 둥지가 깊은 곳에 알을 낳은 새들은, 예를 들어 일부 부엉이들은 가장 둥근 알을 낳는 편이다. 구형의 달걀은 가장 강하다. 왜냐하면 모든 표면에서 곡률이 같아 약한 부분이 없기 때문이다.

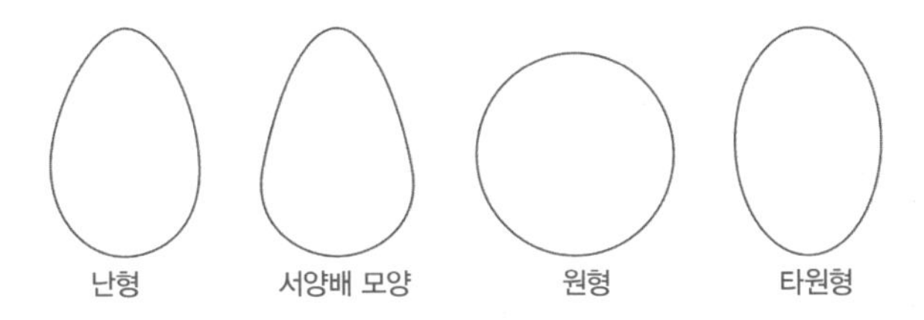

새들의 알 모양에 영향을 주는 다른 기하학적 요인들이 있다. 바다오리처럼 유선형으로 빨리 날아가는 새들은 긴 타원형의 알을 낳는 편이다. 끝이 길쭉한 알은 서로 가깝게 다닥다닥 붙을 수 있어서 알 사이에 찬 공기가 덜하다. 덕분에 좀 더 쉽게 알들을 품을 수 있고 온기를 유지하기도 쉽다.

알을 낳는 과정에서 난형의 알을 선호하는 해부학적 이유도 있긴 하다. 알은 껍질이 부드럽고 구형의 형태다. 새의 수란관을 통과해 바깥 세상으로의 여행을 시작할 때 수란관 내부의 이완(알의 앞부분)과 수축(알의 뒷부분)에 의해서 알에 힘이 가해진다. 수축의 힘이 알의 뒷부분을 좀 더 좁은 원뿔 모양으로 만든다면 이완하는 근육은 알의 앞부분을 거의 구형으로 유지하게 해준다. 이는 압력을 이용해 무언가를 밖으로 쏘아 내보내기에 간단한 방법이다.—손가락 사이에 포도 알을 넣고 손가락을 눌러 씨를 밖으로 빼내려고 해보자—결국, 알이 밖으로 나오면서 껍질은 재빨리 석회화되어 단단해지면서 알 모양이 고정된다. 나머지는 자연 선택의 몫이다.

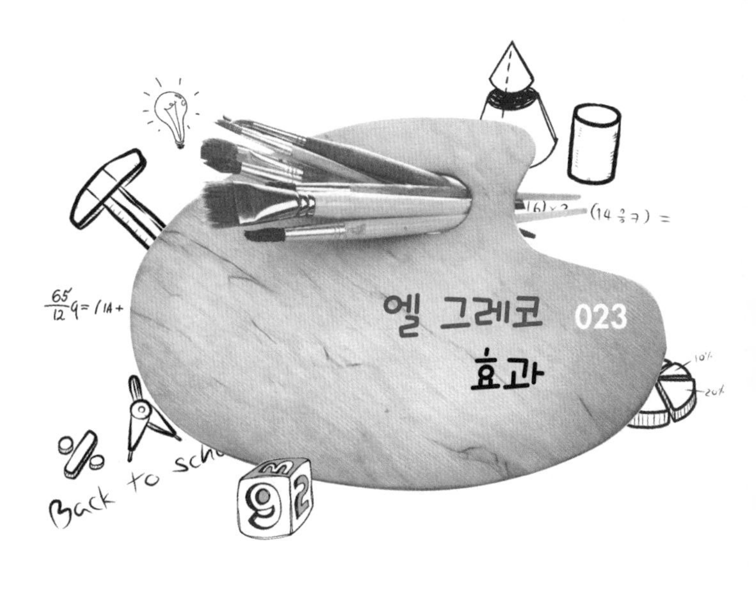

엘 그레코 효과 023

크레타 섬 출신의 화가 도메니코스 테오토코폴로스Doménikos Theotokópoulos는 1541년에 태어나 1614년에 세상을 떠났다. 그는 엘 그레코(El Greco: 그리스인이라는 뜻)라는 스페인식 이름과, 반종교 개혁(Conter-Reformation: 종교 개혁 세력이 커지자 가톨릭 내부에서 개혁을 일으켜 가톨릭의 부흥을 꾀한 운동. 1522년에서 1648년 사이에 일어난 가톨릭 개혁이다—옮긴이)이 일어났던 시기에 스페인의 정신을 담은 그의 그림 속에 나오는 인상적인 색채와 비정상적으로 길쭉하게 뒤틀린 사람 묘사로 더 잘 알려져 있다. 1913년에 한 안과 의사가 엘 그레코의 그림에 나오는 기하학적 뒤틀림은 눈의 각막 이상으로 인해 나타나는 시각 장애인 난시 때문일 수 있다고 처음으로 주장했다. 그 결과 정상적인 비율의 사람이 엘 그레코의 눈에는 키가 크고 마르게 보여 그렇게 그림을 그렸다는 것이다. 티치아노와 홀바인, 그리고 모딜리아니와 같은 화가들이 그린 독특한 이미지도 이와 비슷한 이유라는 주장도 있다.

이 생각이 다시 수면 위로 올라온 건 1979년으로, 피터 메더워(Peter Medawar: 영국의 생물학자, 적응 면역관용의 발견으로 1960년 노벨생리의학상을 수상했다—옮긴이)는 자신의 저서인 『젊은 과학자를 위한 조언*Advice to a Young Scientist*』에서 간단한 지능검사 유형으로 이 내용을 담았다. 그는 많은 사람들이 이전에 인식했던 점에 주목했다. 그 안과 의사의 이론은 간단한 논리 검사에서 실패했다. 이를 이해하는 간단한 방법은 엘 그레코가 난시 때문에 우리가 원으로 보는 것을 타원형으로 보았다고 상상해보는 것이다. 하지만 만약에 그가 그림을 그릴 때 자신이 본 것을 충실히 묘사했다면 본인은 원을 타원형으로 보고 타원형을 그렸다고 생각하겠지만 우리에게는 원으로 보일 것이다. 따라서 논리적으로 따졌을 때 우리가 보기에도 그가 묘사한 그림이 뒤틀리게 보이기 때문에 불완전한 시각이 엘 그레코의 회화 양식의 이유가 될 수는 없다.

실제로 우리에겐 엘 그레코의 작품에 대한 설명으로 난시를 무시해도 되는 다른 이유들이 있다. 그의 캔버스 천을 X선으로 분석해 보면 연필로 그린 밑그림이 드러나는데 그림 속 인물들이 정상적인 비율이었다. 물감을 바르면서 길쭉하게 늘어나게 되었던 것이다. 게다가 모든 인물들이 같은 방식으로 길게 늘어난 것도 아니고(천사는 죽을 수밖에 없는 인간과 비교했을 때 더 많이 늘어나 있다), 그의 화법이 이런 방향으로 발전하는 데 기초가 되었던 비잔틴과 같은 역사적인 양식이 있었다.

이런 증거를 한쪽으로 밀어 놓자. 최근 미국의 심리학자 스튜어트 앤티스Stuart Antis는 두 가지의 교육적인 실험을 했다. 첫 번째 실험에서 그는 자원자 다섯 명을 데리고 각 자원자의 한쪽 눈은 가리고 다른 한쪽 눈은 특별히 변형된 망원경 렌즈를 끼운 안경을 착용하게 했다. 그 망원경 렌즈는 정사각형이 직사각형으로 보이게 만들어졌다. 그러고는 이 실험 대상자들에게 기억을 통해서 정사각형을 그려 보라고 요구했고, 다음에는 그들에게 앤티스가 그린 진짜 정사각형을 따라 그려 보라고 했다.

기억으로 정사각형을 그려 보라는 주문을 받았을 때 각 실험 대상자는 망원경을 통해서 보였던 것과 거의 비슷하게 찌그러져 있는 긴 직사각형을 그렸다. 손으로 그린 이 그림은 그들의 홍채에서 정사각형으로 보이는 모습을 그대로 보여준 듯하다. 하지만 그들에게 앤티스의 정사각형을 따라 그리라고 했을 때 그들은 언제나 진짜 정사각형을 그렸다. 그 후 앤티스는 딱 한 명의 실험 대상자만 데리고 실험을 계속했다. 앤티스는 그 실험 대상자가 뒤틀린 모습을 보여주는 망원경 렌즈를 이틀 동안 계속 착용하게 했다. 밤에는 눈가리개로 바꿨다. 그러고 나서 그는 하루에 네 차례씩 실험 대상자에게 다시 기억을 통해서 정사각형을 손으로 그려 보도록 했다. 결과는 상당히 놀라웠다. 처음에는, 원래 다섯 명의 실험 대상자들이 보였던 것처럼 정사각형을 그리라는 주문에 길게 늘어진 직사각형의 모양을 그렸다. 그러나 계속 그림을 반복해 그려 가면서 점점 더 정사각형에 가까워졌다. 하루에 네 번 정사각형 그림을 그리는 것을 이틀 동안 한 후에 그 실험 대상자는 망원경 렌즈에 의해 생겨난 뒤틀림에 완전히 적응되어 진짜 정사각형을 그렸다.

이를 통해서 알 수 있듯이 우리는 엘 그레코의 그림이 기억을 통해서 그려진 것이든 모델을 세워서 그려진 것이든 그의 난시로 인해서 생겨난 것이라고 생각할 이유가 없다. 이것은 의도적인 예술 표현이었던 것이다.

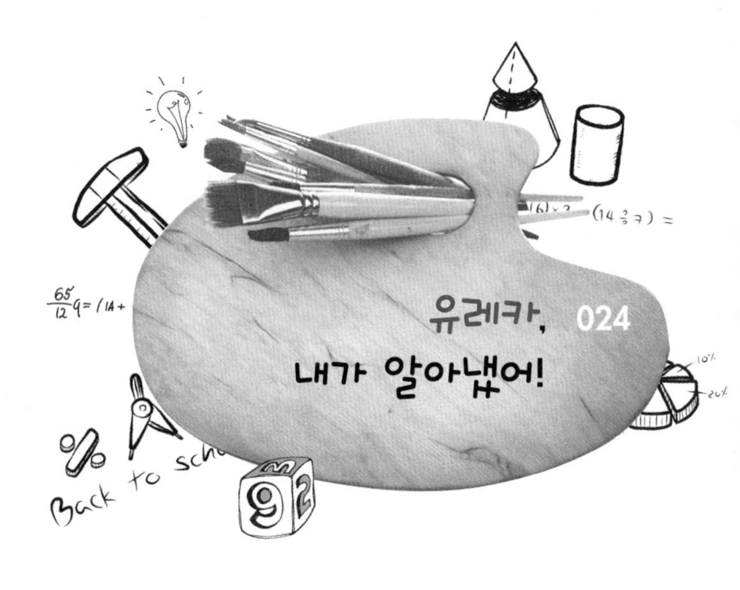

위대한 시칠리아 수학자 아르키메데스(Archimedes: 기원전 287~212년)가 '유레카(알아냈어)' 하고 외치며 벌거벗은 채로 거리로 뛰쳐나왔다는 전설이 있다. 그러나 많은 이들이 왜 그런지는 잘 알지 못한다. 이 전설은 로마의 건축가 비트루비우스Vitruvius가 기원전 1세기경에 이야기한 것이었다. 전설에 따르면, 시칠리아 왕 히에론 2세가 대장장이에게 신전에서 신에게 바칠 예식용 왕관을 만들라고 명령했다. 이런 식의 제물은 신의 상 머리에 얹어지는데 보통 금으로 만들었다. 히에론 왕은 부하를 신뢰하는 왕이 아니어서 대장장이가 금의 일부를 은과 같은 좀 더 싼 금속으로 바꿔치기를 하고선 남은 금을 빼돌렸다고 의심했다. 왕은 기술적 발명과 수학적 발견을 통해서 당대에 가장 위대한 지성으로 알려져 있던—당시 과학자들 사이에서 '알파'라고 불렸던—아르키메데스에게 왕관이 전부 금으로 만들어졌는지를 밝혀내라고 했다. 대장장이는 자신이 받았던 금과 왕관의 무게가 같기 때문에 확실하다고 주장할 것이다. 신에게 바칠 신성한 물건을 파괴하지 않고 순수한 금인지 아닌지를 어떻게 알아낼 수 있을까?

아르키메데스는 좌절하지 않았다. 전설에서는 아르키메데스가 욕조에 몸을 담글 때 물이 수면 아래로 들어간 물체에 의해 넘치는 걸 보면서 어떻게 할지 깨달았다고 한다. 금은 은보다 밀도가 높다. 밀도는 질량을 부피로 나눈 것이기 때문에 왕관에 금과 은이 섞인 경우 무게가 같더라도 순수한 금보다 부피가 더 클 것이다. 만약에 왕관에 은이 섞여 있다면 가득 찬 물에 넣었을 경우 같은 무게의 순수한 금보다 물이 더 많이 넘칠 것이다.

왕관이 무게가 1kg이고 대장장이가 금의 절반을 은으로 바꿔치기 했다고 가정해보자. 금의 밀도는 19.3g/cc이고 은의 밀도는 10.5g/cc이므로 순수한 금 1kg의 부피는 1,000g/19.3g/cc=51.8cc가 된다. 무게가 반이 금이고 반이 은인 왕관의 부피는 $\frac{500}{19.3}+\frac{500}{10.5}$=73.52cc가 된다. 21.72cc는 상당한 차이다. 이제 순금 1kg을 15cm×15cm=225cm^{2}의 네모난 탱크에 넣은 다음 물을 가득 채운다. 그러고 나서 순금을 꺼내고 왕관을 물에 집어넣는다. 만일 탱크의 물이 넘치면 대장장이는 곤란해진다! 21.72cc가 추가된 물은 $\frac{21.72}{225}$=0.0965cm(약 1mm)의 수면을 높이기 때문에 물은 넘치고 만다.

비트루비우스는 아르키메데스가 왕관과 같은 무게의 금을 그릇에 넣은 다음 흘러넘치는지를 확인했다고 우리에게 말한다. 아르키메데스가 물체가 액체에 잠겨 있을 때 부력에 대한 그의 설명을 잘 보여줄 좀 더 절묘한 방법을 썼을 것이라는 얘기도 있다. 아래 그림에서처럼 양팔 저울 끝에 순금과 왕관을 매달아 보자.

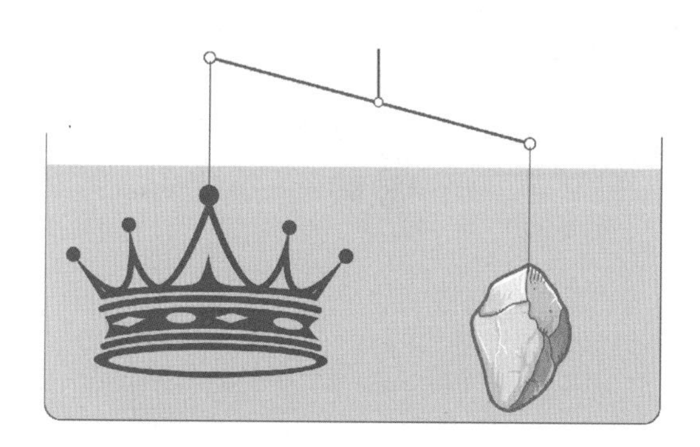

공기 중에서는 순금과 왕관이 확실히 평형을 이룬다. 이제 순금과 왕관을 물에 담그면 금과 은이 섞인 왕관은 부피가 더 크기 때문에 순금보다 더 많은 물을 대체한다. 즉 왕관이 좀 더 잘 뜬다는 얘기가 된다. 따라서 왕관 쪽 팔이 좀 더 올라가고 순금 쪽 팔은 좀 더 내려가 균형을 이룬다. 물의 밀도가 1g/cc이므로 부피 차이로 인해 은이 섞인 왕관은 순금에 상대적으로 21.72g의 추가적인 힘으로 더 올라가게 된다. 이렇게 큰 불균형은 눈으로 훨씬 쉽게 보인다.

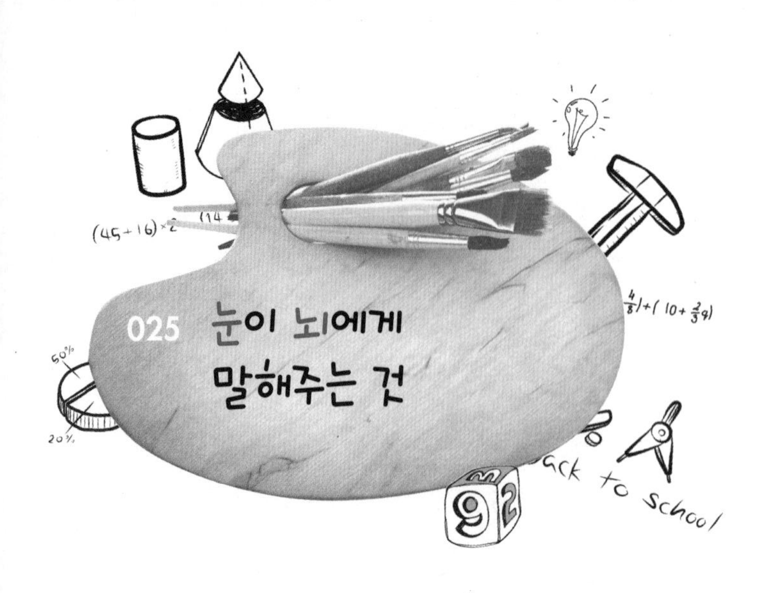

025 눈이 뇌에게 말해주는 것

인간의 눈은 패턴을 아주 잘 본다. 너무 잘 봐서 가끔씩 패턴이 없는데도 패턴이 보이기도 한다. 사람들은 달의 표면에서 얼굴을, 화성에서 운하를 보았다고 주장했다. 옛날 사람들이 눈에 띄는 별들에 동물이나 사물, 신화 속 인물 등을 붙여 만든 별자리는 하늘에 이정표를 세우려는 욕구와 활발한 상상력의 결과물이다.

어떤 면에서는 분명치 않은 광경 속에서, 심지어 있지도 않은 선이나 패턴을 보는 우리의 경향은 전적으로 놀랍기만 한 일은 아니다. 우리가 살아남는 데 도움을 준 특성이기 때문이다. 덤불 속에서 호랑이를 보는 사람은 그렇지 않은 사람에 비해 오래 살아서 자손을 낳고 번성할 가능성이 높다. 사실, 당신이 덤불 속에 있지도 않은 호랑이를 보았다고 했을 때 식구들이 당신을 겁쟁이라고 생각할 수도 있지만, 있는 호랑이를 못 보는 경우라면 죽음이 닥칠 것이다. 있지도 않는데도 무늬를 보는 과도한 예민함이 둔함보다 더 감내할 만하다.

그림 속 무늬는 중심이 같은 동심원들로 이루어져 있다. 각각의 원은 점선으로 그려져 있고, 모든 원에는 점의 수가 같다. 그러나 그 그림에 얼굴을 대고 들여다보면 뭔가 다른 게 보인다. 중심 가까이는 동심원들이 보이지만 그림의 바깥쪽으로 갈수록 휘어진 초승달 모양이 더 많이 보인다. 무슨 일이 벌어진 걸까? 그림의 바깥쪽으로 갈수록 왜 초승달 모양의 곡선이 보이는 것일까?

뇌와 눈이 점들의 배열을 이해하려고 하는 방법 중 하나는 점들을 선으로 연결하는 것이다. 이때 점들을 잇는 가장 간단한 방법은 점과 그 점에서 가장 가까운 점 사이에 가상의 선을 만드는 것이다. 원의 중심쪽에서는 각각의 점과 그 점과 가장 가까운 점이 같은 원에 있어서 우리 마음의 눈은 그 점들을 연결해 동그란 무늬를 '본다'(반지름이 r과 R이고

$R>r$인 두 원이 있고, 각각 동일한 개수인 N개의 점으로 이루어져 있다. 이 두 원에서 점 간 거리는 각각 $2\pi r/N$과 $2\pi R/N$이다. 대략 $2\pi r/N<R-r$, 즉 내부 원을 이루는 점 간 거리가 내부 원의 점과 외부 원의 점 사이 거리보다 짧으면 원이 보이게 된다. 하지만 $2\pi r/N>R-r$이면 초승달 모양의 곡선을 보게 된다). 같은 원상에 있는 이웃하는 점들 간의 간격이 바깥쪽으로 갈수록 커지면서 원상에 이웃한 점들의 거리가 이웃한 원의 점과의 거리보다 더 멀어진다. 그렇게 되면 가까운 이웃 점을 잇는 선의 무늬가 갑자기 바뀐다. 이제 눈은 다른 원에 있는 가장 가까운 이웃 점들로 이어진 새로운 곡선을 그려서 초승달 모양이 나타난다.

만약에 책을 들고 이 그림을 다시 들여다보면, 그러나 대신 이번에는 똑바로 위에서가 아니라 옆으로 기울여서 보면 기울기가 커지면서 무늬도 바뀐다. 이렇게 투영도로 이 점들을 보고 있으면 가장 가까운 이웃 점들 간 거리가 달라진다. 눈은 이제 다른 선을 '그려가고', 그러면서 그림의 모습도 다시 바뀐다. 만일 이 그림을 약간 다르게 프린트를 한다면, 그러니까 점이 큰 것도 있고 작은 것도 있게 한다면 이에 따라서 눈은 가까운 점을 찾는 게 더 쉬워지거나 더 어려워지면서 선의 느낌이 새로워진다.

이렇게 간단한 실험을 통해서 눈과 뇌의 패턴을 인식하는 '소프트웨어'의 한 가지 면이 드러난다. 그림이 중요한 패턴을 정말 담고 있는지 판단하는 것이 얼마나 어려운지를 보여준다. 눈은 특정한 유형의 패턴을 찾으려고 하는데 그런 일에 능숙하다. 천문학자들이 처음으로 우주에 있는 은하들에 대한 3차원 지도를 만들어내던 1980년대에 나는 이 문제와 마주했다. 이전의 천문학자들은 하늘에 있는 은하들의 위치에 대해서만 알고 있었다. 은하들이 우리로부터 얼마나 떨어져 있는지를 측정하는 일은 아주 느리고 지루한 작업이었기 때문이다. 그런데 새로운 기술이 등장하면서 갑자기 그 일은 쉽고 빨라졌다. 그 결과로 만들어진 3차원 지도는 아주 놀라웠다. 은하들이 우주 공간에 무작위적으로 분포해 있기보다는 마치 우주에 거대한 거미줄을 쳐 놓은 듯이 퍼져 있는 것처럼 보였다. 우리는 무리를 이루는 패턴에 대한 새로운 기준을 고안해야 했지만 눈이 일으키는 착각에 대해서도 인지할 필요가 있었다. 우리는 인간이 예술 분야에서 이러한 패턴을 찾아내는 성향을 가장 재미있게 이용한다는 것을 볼 수 있다. 19세기에 조르주 쇠라Georges Seurat의 점묘법에서처럼 말이다. 그는 색을 표현하기 위해서 다른 색의 물감을 섞는 대신에 주요 색깔의 작은 점들만으로 우리 눈이 색의 혼합을 보도록 했다. 그 결과 질감은 약해졌지만 색감이 밝아졌다.

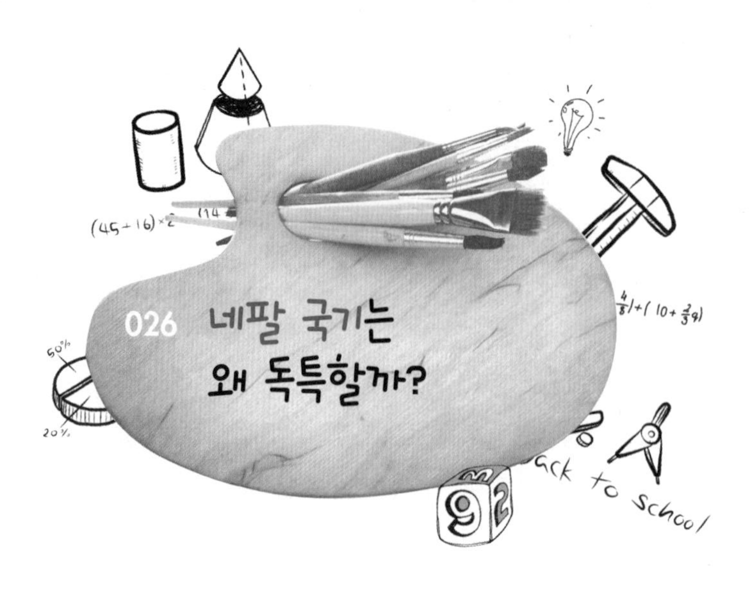

026 네팔 국기는 왜 독특할까?

국기의 모양이 (스위스처럼) 정사각형도 아니고 (영국처럼) 직사각형도 아닌 나라가 딱 한 곳 있다. 네팔 국기는 1962년 새로운 입헌 정부가 출범하면서 채택했는데, 19세기를 지배했던 두 가문의 기를 합쳐 놓은 것이다. 이런 삼각형 기는 이 지역에서 수백 년 동안 흔히 볼 수 있었다. 네팔 국기는 빨간색인데, 나라의 꽃이자 전쟁에서 승리를 상징하는 진달래꽃의 색과 같다. 그리고 평화를 상징하는 파란색을 테두리에 둘러서 균형을 이루었다. 마지막으로 국가의 영원한 지속을 상징하기 위해서

두 삼각형에 각각 초승달과 태양이 들어갔다. 2007년에 네팔 왕실이 무너지면서 새로운 정부의 출범을 상징하는 쪽으로 국기를 바꾸어야 하는지를 두고 네팔 정부에서 상당한 논란과 논쟁이 벌어졌고, 일반적인 네모 모양의 국기가 제안됐지만 채택되지 못했다.

이렇게 독특한 모양의 국기에서 가장 놀라운 점은 삼각형의 빗면이 되는 두 개의 대각선이 평행하지 않는다는 것이다. 1962년 이전의 국기는 훨씬 단순해서 대각선이 평행했고, 태양과 달도 두 개의 삼각형이 겹치지 않는 내부에 자리를 잡고 있었다. 나중에 만들어진 기하학적 구조로 인해 이 국기를 정확하게 그리는 일은 까다로워서, 네팔 헌법에 상당한 기하학적 설명이 기술되어 있다. 아래의 내용은 네팔 대법원이 공포한, 네팔왕국 헌법 1조 5항을 약간 수정한 것이다. 여기에는 24단계의 수학적인 과정이 자세하게 서술되어 있다. 직접 한 번 그려 본 다음 두 삼각형의 꼭짓점의 각도를 구할 수 있는지를 알아보자(아래쪽 삼각형은 정확하게 45도이고 위쪽 삼각형은 약 32도다. 탄젠트 값이 $4/3 - 1/\sqrt{2}$이다). 달과 태양을 그리려면 6단계부터 24단계까지 훨씬 더 긴 기하학적 지시를 따라야 한다.

국기

(A) 외각 안쪽 모양을 그리는 방법

(1) 빨간색 천 아랫부분에 왼쪽에서 오른쪽으로 필요로 하는 길이의 AB 선을 그린다.

(2) A에서 시작해서 AB와 수직인 AC 선을 그린다. 이때 AC의 길이는 AB의 길이에 AB의 길이의 1/3을 더한 것과 같다. AC 위에 AB와 같은 길

이에 해당하는 지점 D를 표시한다. BD를 연결한다.

(3) BD 선 위에 AB와 길이가 같게 E를 표시해 BE를 그린다.

(4) E 점을 지나도록 AC 선 위에 있는 F 점으로부터 시작해 AB 선과 평행한 FG를 그린다. FG는 길이가 AB와 같도록 한다.

(5) CG를 연결한다.

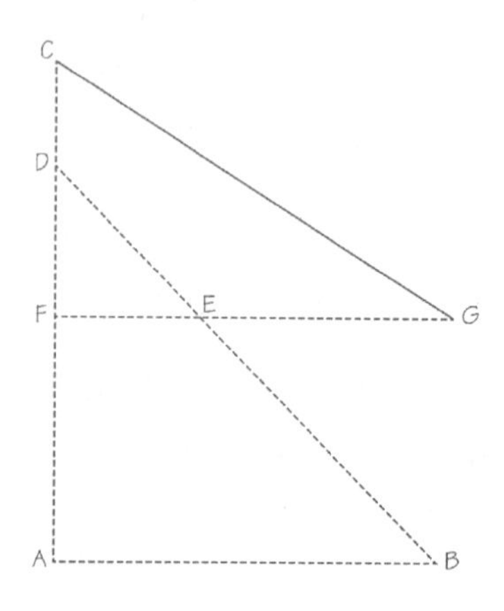

국기의 외곽선은 C→G→E→B→A→C를 연결하는 직선을 통해 그려진다. 네팔은 모든 국민들이 어느 정도의 기하학적 이해가 있어야 하는, 전 세계에서 유일한 국가일 것이다. 그리고 그건 그렇게 나쁜 것은 아니다.

027 인도인 밧줄 묘기의 현실적인 방법

인도인 밧줄 묘기는 19세기 전문 마술가들이 가짜 얘기로 치부해 버렸음에도 불구하고 가장 어렵고 환상적인 마술이나 아니면 아주 교묘한 속임수의 대명사가 되었다. 인도인 마술사가 꼰 밧줄을 하늘로 세워 하늘 높이 올린 다음 어린 소년이 허공에 서 있는 밧줄을 타고 시야에서 사라질 때까지 올라가게 했다는 것이다. 영국의 마술사 협회는 1930년대에 이 묘기를 증명해 보이는 시연에 대해서 상당한 현금을 내걸었지만 그 상이 수여된 적은 결코 없었다. 1996년 네이처Nature 지에 불가사의한 현상에 관한 연구에 상당한 노력을 기울인 두 명의 저자가 이와 비슷한 묘기를 분석한 것과 이 묘기를 해냈다는 그동안의 명백한 사기성 주장들에 대해서 글을 게재했다.

수학적으로 보면 이 묘기에는 흥미로운 면이 있다. 놀랍게도 밧줄 끝이 어디에 매달려 있지 않아도 밧줄이 안정적으로 서 있는 자세를 유지할 수 있다는 것이다. 만약에 우리에게 딱딱한 막대가 있고 그 막대를 마치 뒤집어진 시계추처럼 바닥에 닿는 곳만 고정시키고 윗부분은 자유롭게 원을 그리며 움직일 수 있게 한다면 우리는 그 막대를 수직으로 세워 놓았을 때 금방 그 막대가 쓰러져 버린다는 것을 안다. 거꾸로 세워져 있는 처음 자세가 불안정하기 때문이다. 하지만 만일에 그 막대를 지지해 주는 바닥을 위아래로 아주 빠르게 움직이게 한다면, 바닥이 충분히 빠르게 위아래로 진동하는 한 그 막대는 안정적이고 수직인 형태로 서 있을 수 있다(똑바로 서 있지 못하고 약간 옆으로 기울어져도 금방 다시 바로 선 자세로 돌아온다). 톱날이 위아래로 빠르게 진동하는 전기톱의 톱날 끝에 막대의 바닥을 고정시켜서 실제로 이를 구현해볼 수 있다.

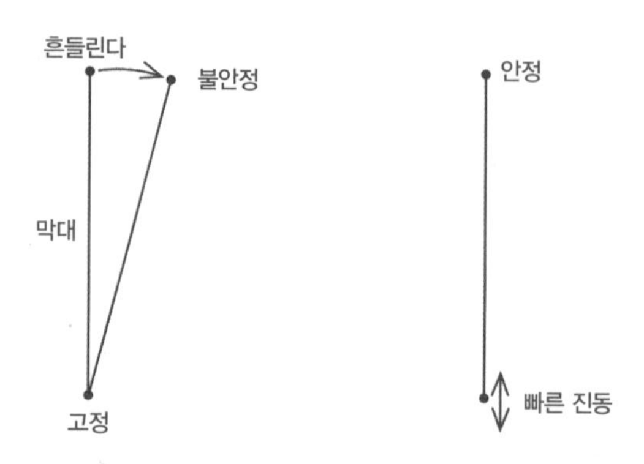

왜 이런 일이 생기는 걸까? 막대의 질량 중심은 막대의 질량의 무게에 의한 중력 mg(막대의 질량이 m이고 지구의 중력 가속도 $g=9.8m/s^2$일 때), 그리고 막대 선을 따라 위아래로 계속해서 변화하는 힘을 받는다. 이 두 가지

힘 때문에 막대의 질량 중심은 곡선을 그리며 움직이고, 부분적인 원운동을 하는 것처럼 이 곡선 경로를 따라 앞으로 뒤로 왔다 갔다 하면서 진동을 한다. 따라서 운동의 중심은 원심력에 의해 이러한 움직임의 중심 방향으로 움직인다. 이 힘은 mv^2/L로(2L은 막대 길이), 위아래로 진동하는 속도의 제곱의 평균 값 v^2에 따라 값이 달라진다. v^2이 충분히 크면 이 힘은 막대를 아래로 끌어내리려는 중력 mg보다 커진다. 그래서 v^2이 gL보다 크면 막대는 계속 서 있게 된다.

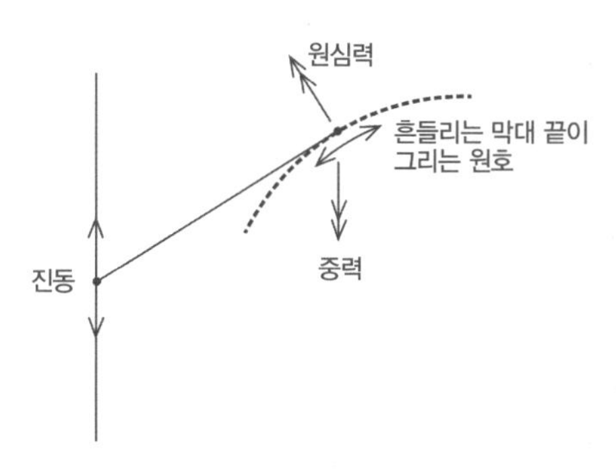

따라서 막대가 똑바로 위로 서 있을 뿐만 아니라 막대를 옆으로 밀어내도 그대로 유지할 수 있는 상황이 가능하다. 이것이 인도인 밧줄 묘기의 가장 현실적인 방법이다. 만약에 막대가 사다리라면 당신은 그 사다리를 타고 올라갈 수도 있다. 이렇게 위아래로 진동하는 막대가 지닌 놀라운 특성은 노벨상을 수상한 물리학자 피터 카피차Peter Kapitsa가 1951년에 처음으로 발견했고, 영국의 물리학자 브라이언 피파드Brian Pippard가 정교하게 다듬었다. 정말 뜻밖의 얘기이다(데이비드 애치슨의 저서에서 수학적 관점으로 전개한 흥미로운 글을 볼 수 있다. 『수학 세상 가볍게 읽기』, 한승, 2010).

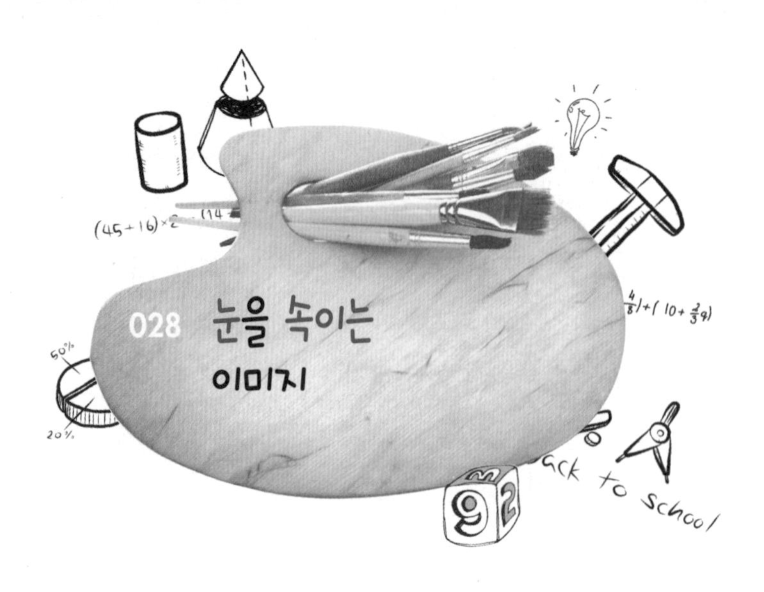

028 눈을 속이는 이미지

고대 문명시대 사람들은 기하학적 모양에 매혹되었다. 기하학적 모양이 완전히 단순하거나 대칭적인 복잡성을 띠기 때문에 신성한 무언가를 나타낸다고 믿었던 것이다. 이런 모양들은 어떤 본질적인 의미를 지니고 있고, 여기서 나타나는 기하학과 조화를 이루는 더 깊은 실재로 안내하는 매개자 역할을 한다고 믿었다. 심지어 오늘날에도 뉴에이지 작가들과 신비주의 사상가들은 한때 레오나르도 다빈치 같은 사상가들과 예술가들이 매료되었던 고대 문양들에 여전히 마음이 끌리고 있다.

흑백으로 그렸을 때 인간의 시각 체계에 의미 있게 도전한다는 점 때문에 인상적인, 주목할 만한 한 가지 예가 있다. '생명의 꽃(Flower of Life: 이 기하학적 문양이 갖는 명칭은 함축적 의미와 더불어 최근에 생겨났다. 뉴에이지 작가인 드

룬발로 멜기세덱Drunvalo Melchizedek이 만들어냈다)'은 꽃이 특이하게 겹쳐 있는 모양이다. 이 모양은 누구나 세계 어느 곳에서나 본 적이 있을 것이다. 하지만 그 모양에 원이 몇 개 들어 있는지 세어 보기 위해 계속 뚫어지게 쳐다보며 집중하기가 어렵다. 만화경으로 보았을 때 나타나는 것 같은 겹쳐진 원과 원호에 의해 압도되고 만다. 앞에서 보았듯이, 의도적으로 그려진 모양에서 지배적으로 나타나는 가장 가까운 거리와 시각적인 단서에 의해 혼란이 야기되는 것이다.

생명의 꽃은 고대 이집트와 아시리아의 장식물에서 볼 수 있는데, 그 모양에서 알 수 있듯이 꽃과 같은 패턴에서 이런 명칭이 생겨났다. 생명의 꽃은 가장 바깥쪽에 있는 큰 원 안에 서로 맞닿게 여섯 개의 원을 대칭적으로 그림으로써 만들 수 있다. 이들 여섯 개의 원이 바깥을 둘러싼 큰 원 안쪽에서 서로 닿아 있다. 이들 원의 중심은 두 개의 중심 사이에 있는 지름이 같은 여섯 개의 원의 둘레와 만난다. 생명의 꽃에는 19개의 원과 36개의 원호가 있다.

그림을 다 그리고 난 다음에 이 모양을 만들 때 들어간 세부 요소들이 몇 개인지를 세어 보기는 아주 어렵다. 쉽게 세는 방법은 외부의 큰 원과 안쪽의 여섯 개의 원이 서로 만나는 여섯 개의 점에서 세기 시작하는 것이다. 이 여섯 개의 원 사이에 똑같은 크기의 원이 여섯 개가 있는데 여섯 개의 원이 만나는 지점이 바로 또 다른 여섯 개의 원의 중심이 된다. 그리고 이렇게 그려진 여섯 개의 원과 처음의 원이 만나는 여섯 개의 점은 또 다른 여섯 개의 원의 중심이 된다. 이렇게 해서 6+6+6의 원에다 가운데 원 하나를 더해 총 19개의 원이 되는 것이다. 각각의 여섯 개 원을 구분하기 위해서 색을 달리해서 그리면 훨씬 쉽게 셀 수 있다.

마지막으로, 책의 페이지를 비스듬하게 아래쪽에서 보면 눈은 전혀 다른 모양을 보게 된다. 눈물방울들이 늘어서 있는 줄이 평행하게 일곱 개가 있다. 페이지를 비스듬하게 아래쪽에서 보면서 책을 돌리면 이번에는 이런 줄들을 네 세트 보게 된다. 그림을 경사지게 보면 점들과 선들 사이의 거리가 달라져 눈이 점을 연결하는 가장 가까운 거리도 달라져서 이런 무늬가 지배적으로 보인다. 안경알의 가장자리처럼 구부러진 표면 위로 이 페이지를 구부려 보면 전혀 새로운 무늬를 보게 될 것이다. 비스듬하게 기울여서 페이지를 보면 V자 모양으로 서로 마주 보는 타원 모양이 전개된다.

이 신성한 기하학적 모양의 단순 버전은 기독교와 이교도의 상징으로 쓰이는, 생명의 삼각대Tripod of Life라고 불리기도 하는 보로메오 고리Borromean Ring이다. 크기가 같은 두 개의 원이 교차하는 점이 세 번째 같은 크기 원의 중심이 된다.

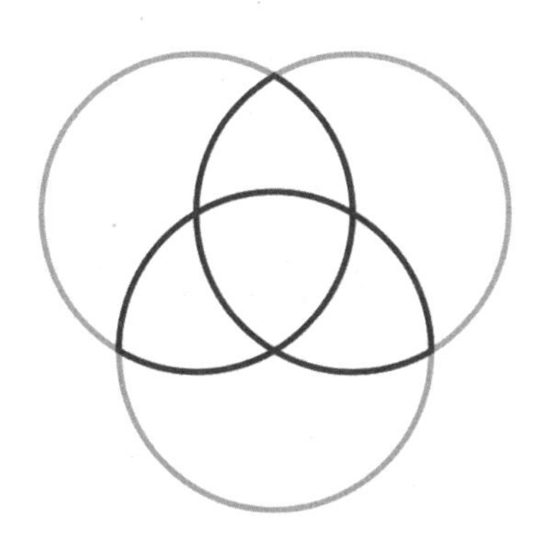

이 모양은 고대 불교와 북유럽의 문화에서도 볼 수 있는데, 성 아우구스티누스 시대 이후부터 삼위일체의 상징으로 그리스도교의 성상에 쓰여 왔다. 하지만 이탈리아 북부 보로메오 귀족 가문의 문장으로 훨씬 더 유명해졌다. 12세기 이전에 출현한 보로메오 가문은 가톨릭교회의 교황과 추기경, 대주교를 여럿 배출했다. 심지어 오늘날 이탈리아의 대기업 아넬리의 상속인도 이 가문 출신이다. 세 개의 고리 모양으로 된 이 보로메오 가문의 문장은 1442년에 밀라노를 지켜낸 공로를 인정받아 훗날 밀라노의 군주가 되는 프란체스코 스포르자Francesco Sforza가 선물로 준 것이었다. 이 문장은 비스콘티와 스포르자, 그리고 보로메오 가문이 끊임없는 반목을 극복하고 혼인으로 서로 끈끈한 관계를 맺게 되면서 이들 세 가문의 화합을 상징했다. 이 세 가문의 영향은 지금도 여전히 밀라노에서 많이 볼 수 있다. 나중에 이 고리는 보다 더 넓은 단결과 화합의 상징이 되었다.

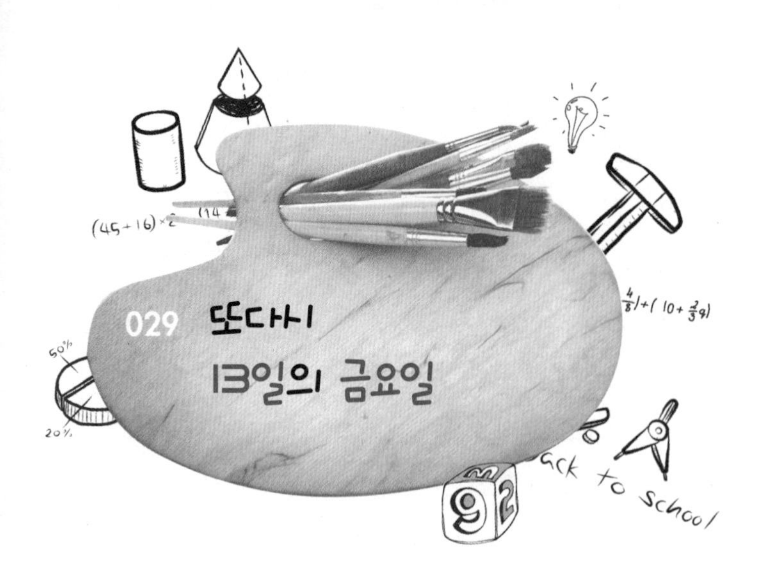

029 또다시 13일의 금요일

숫자 13에 대한 공포증(triskaidekaphobia: 이 말은 '3tris'과 '그리고kai'와 '10deka', '공포phobia'를 뜻하는 그리스어에서 유래했다)은 서구 전통에 뿌리 깊이 박혀 있다. 나는 오래된 거리에서 13 대신에 $12\frac{1}{2}$을 쓰는 집과 13층이 없는 빌딩을 보았다. 이것은 불길한 숫자로 오명을 쓴 13을 강박적으로 피하려는 것이다. 어떤 사람들은 이러한 편견이 13명이 마지막 만찬을 한 데서 유래했다고 믿는다.

더욱 더 좋지 않은 것은, 어느 달에 13일이 금요일이면 우리는 언어적으로 더 어려운 말, 즉 13일의 금요일에 대한 공포증(paraskevidekatri-phobia: 그리스어로 금요일이 'paraskevi'이다)에 사로잡히고 만다. 이것 역시 종교 전통에 뿌리를 두고 있다. 이브가 에덴 동산에서 추방당한 날과 솔로몬 신전이 무너진 날, 그리고 예수 그리스도가 죽음을 맞은 날이 모두 금요일이었다. 그래서 13일의 금요일은 염세주의자들에게는 이중으로 불운한 날인 셈이다. 그 결과 지난 세기 동안 그 날 배가 출항한다거나, 13일의 금요일이 중간에 끼어 있을 수 있는 중대한 프로젝트에 착수할 때 매우 예민해 했다. 오늘날에도 미신을 잘 믿는 사람들은 13일의 금요일에 주목하고 그런 일이 달력에서 흔치 않은 특별한 것으로 믿는다. 그러나 이건 사실이 아니다. 실제로는 완전히 거짓이다. 13일은 다른 어떤 요일보다 금요일에 더 많다.

지난 세기 동안 수학자들은 달력과 관련 있는 문제들을 계산해 달라는 요구를 많이 받았다. 특정한 날짜가 과거에 언제 있었고, 미래에는 어떻게 되는지를 계산해 달라는 것이다. 3월 21일 춘분날 이후에 첫 번째 보름달이 뜨고 나서 첫 번째 일요일을 부활절로 정하는 것처럼 아주 중요한 날짜에 대해서 말이다. 위대한 독일의 수학자이자 천문학자이며 물리학자인 카를 프리드리히 가우스Karl Friedrich Gauss는 1800년에 그레고리력(Gregorian calendar: 1582년에 교황 그레고리우스 13세가 10월 4일 다음 날을 10월 15일로 선포함으로써 시행된 달력. 이탈리아, 폴란드, 포르투갈, 스페인에서 동시에 채택되었다. 다른 나라들은 나중에 이를 도입했다)에서 어떤 날짜가 무슨 요일이 되는지를 보여주는 간단하면서도 아름다운 공식을 만들어냈다. 가우스는 모든 요일 이름을 간단한 숫자로 바꿨다. 월요일은 W=1이고, 화요일은 2, 수요일은 3, 그래서 일요일은 7까지 요일을 숫자로 표현할 수 있게 했다. 한 달의 날짜들을 나타내기 위해 D=1, 2,…, 31로 나타내고, 달들은 1월부터 M=1에서 12월의 12까지 나타냈다. 연도 Y는 2013년과 같이 4개의 숫자로 나타냈다. 세기인 $C=\lfloor Y/100 \rfloor$로, 여기에서 반 괄호는 그

안의 숫자와 같거나 작은 가장 큰 정수(따라서 $\lfloor \frac{2013}{100} \rfloor$=20이 된다)를 표현한 것이다(엄밀히 말해 C는 '세기-1'이다—옮긴이). 세기 Y 안에서 두 자리까지의 연도 G=Y−100C로 나타내고 0부터 99 사이의 값이다. F라는 값은 C를 4로 나누고 남은 나머지를 나타내는 것이다. 이때 나머지가 0, 1, 2, 3 중 하나면, F는 각각 0, 1, 2, 3과 같다. 마지막으로, 열두 달 M=1, 2,…,12를 각각 대응해서 나타내는 색인 E가 있는데, (M, E)=(1, 0), (2, 3), (3, 2), (4, 5), (5, 0), (6, 3), (7, 5), (8, 1), (9, 4), (10, 6), (11, 2) 그리고 (12, 4)이다.

이렇게 해서, 가우스의 '수퍼 공식'은 다음의 값을 7로 나누었을 때 나머지가 바로 요일 W의 값을 구하게 해준다.

$$N=D+E+F+G+\lfloor G/4 \rfloor$$

이제 한 번 계산해보자. 만약 오늘이 2013년 3월 27일이라면 D=27, E=2, Y=2013, C=20, F=0, G=13으로 따라서 N=27+2+0+13+3=45가 된다. N을 7로 나누면 몫이 6이고 나머지인 W=3이 나온다. 이 나머지 값으로 우리는 이 날이 바로 수요일임을 알 수 있다. 당신이 태어난 날이나 앞으로 크리스마스 날이 무슨 요일인지에 대해서도 계산해볼 수 있다.

이 공식으로 우리는 매월 13일이 각 요일마다 얼마나 자주 나오는지 구할 수 있다. 이 일을 하는 데에는 400년의 기간만 필요하다. 왜냐하면 그레고리력은 400년에 146,097일이 있고 400년마다 반복되기 때문이다(그레고리력에서 100으로 나누어지고 400으로 나누어지지 않는 해는 윤년이 아니다. 따라서 2100년은 윤년이 아니다. 이에 따라 400년 동안의 그레고리력에서 날짜의 수는 100(3×365+366)−3=146,097일이다). 이 숫자는 7로 나누어지기 때문에 요일들의 날짜가 똑같다. 400년을 한 주기로 했을 때 400×12=4800달이 있고 매월 13일의 숫자도 이와 같다. 그렇게 해서 매월 13일이 요일에 따라 얼마나 자주 나타나는지를 계산해보면 금요일에 688번, 수요일과 일요일에 687번, 월요일과 화요일에 685번, 그리고 목요일과 토요일에 684번이다. 결국 13일의 금요일은 전혀 특별하지 않은 것이다.

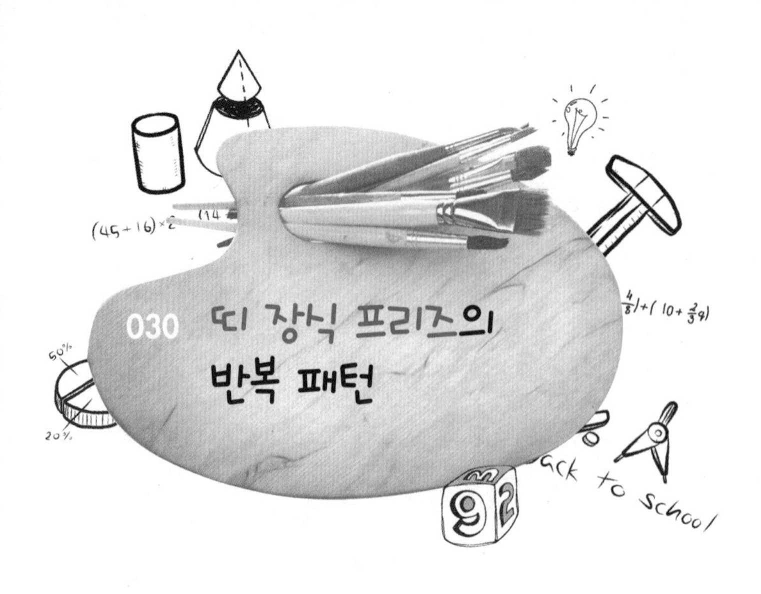

030 띠 장식 프리즈의 반복 패턴

방이나 건물의 윗부분에 그림이나 조각으로 꾸민 띠 모양의 장식인 프리즈frieze는 수천 년 동안 인기를 끌었다. 요즘의 프리즈는 일반적인 벽지와 어울릴 수 있도록 다양한 스타일과 색깔이 있다. 그러나 카탈로그에 다양한 프리즈가 있다고 해도 실제로 선택할 수 있는 폭은 아주 좁다. 프리즈는 기본적으로 일곱 가지의 반복 패턴이 있을 뿐이다.

반복적인 프리즈 패턴을 만들기 위해 흰 종이에 검은 펜으로 그릴 경우 처음 모양을 반복적인 패턴으로 만드는 기법은 오직 네 가지뿐이다. 첫 번째는 '평행 이동translation'으로, 단순하게 프리즈 띠를 따라서 패턴 모양을 묶어서 옮기는 것이다. 두 번째는 수직이나 수평축을 따라 패턴이 거울에 반사되듯 대칭이 되는 '반사reflection'다. 세 번째는 어떤 점을 기준으로 180도 패턴 모양을 돌리는 '회전rotation'이다. 네 번째는 '활공 반사glide reflection'로, 앞쪽으로 이동이 이루어짐과 함께 이동하는 방향을 따라 패턴이 반사되는 것이다. 이 마지막 움직임은 수직으로 배열되지 않고 서로 약간 엇갈리는 거울 이미지를 만든다.

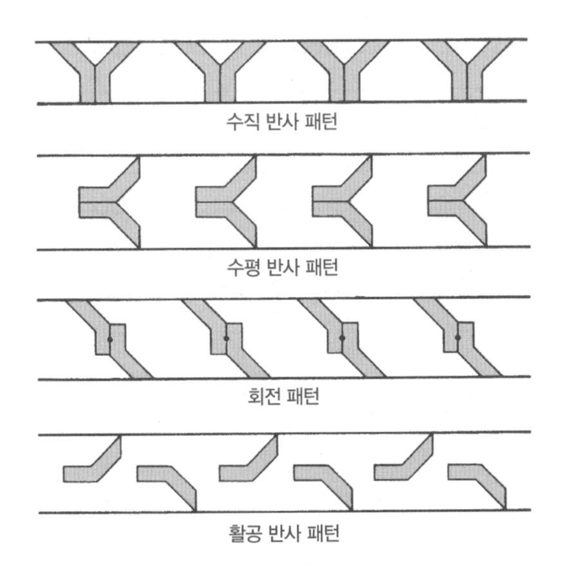

이 네 가지가 결합되어 첫 모양으로부터 반복적인 디자인이 되는데 오직 일곱 가지의 유형이 만들어진다. 우리는 첫 모양을 갖고 ⓐ 평행 이동, ⓑ 수평 반사, ⓒ 활공 반사, ⓓ 수직 반사, ⓔ 180도 회전, ⓕ 수평과 수직 반사, 그리고 ⓖ 회전과 수직 반사를 통해 프리즈 반복 패턴을 만들어낼 수 있다. 이렇게 만든 결과는 다음 페이지의 그림과 같다.

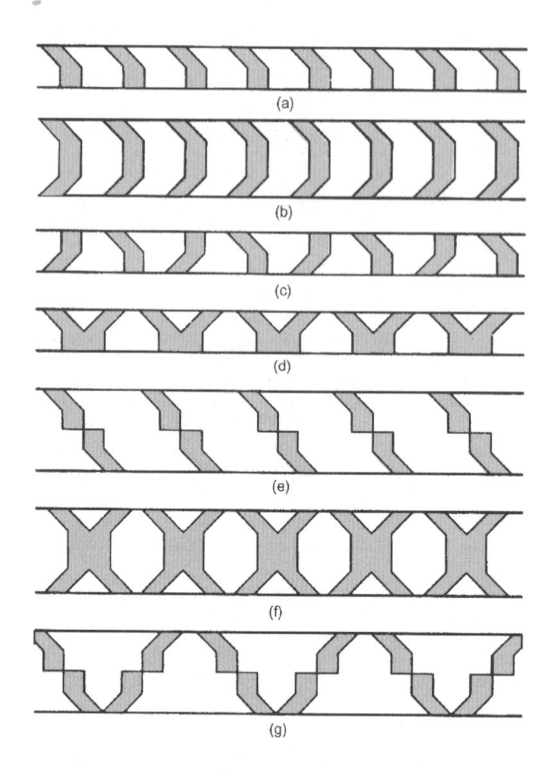

반복적인 패턴과 한 가지 색으로 된 세상의 모든 프리즈는 이 일곱 가지 기본 유형 중 하나에 들어간다. 여기에 각각 다른 문화적 전통에서 비롯된 예들이 있다. 물론, 일곱 가지 유형 중 하나인 기본 모양에 복잡함을 더할 수 있다. 단순한 V자 모양이거나 좀 더 장식적인 것일 수 있다.

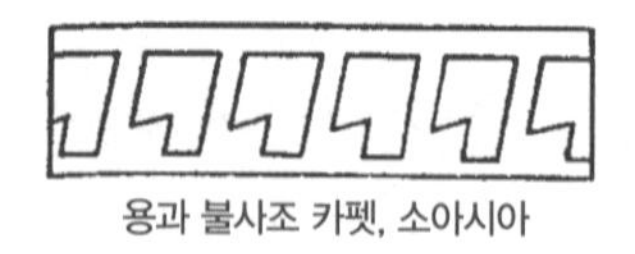

용과 불사조 카펫, 소아시아

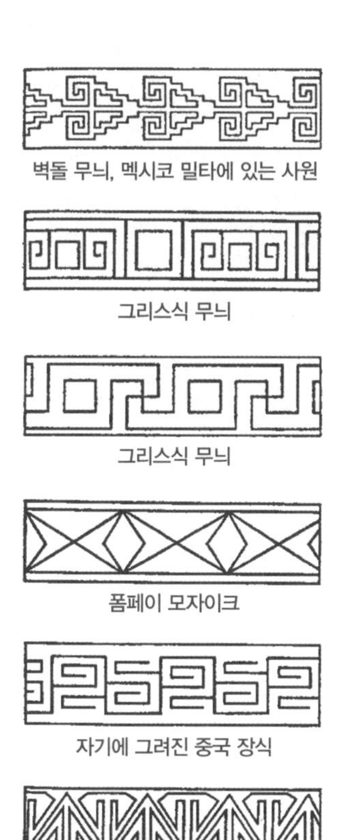

벽돌 무늬, 멕시코 밀타에 있는 사원

그리스식 무늬

그리스식 무늬

폼페이 모자이크

자기에 그려진 중국 장식

현대 깔개

우리는 하나의 색(흰 종이에 검은색)으로 된 프리즈에만 관심사를 제한했다. 만약에 색을 추가한다면 좀 더 많은 가능성들이 있을 수 있다. 색의 수가 홀수일 경우(우리가 사용한 검은색처럼 한 가지인 경우처럼) 구분되는 프리즈 패턴의 수는 그대로 일곱 가지이다. 색의 수가 4로 딱 나누어질 경우에는 열아홉 가지 가능한 프리즈가 있지만 색의 수를 4로 나누었을 때 나머지가 2가 되면 가능한 프리즈의 수는 열일곱 가지로 줄어든다.

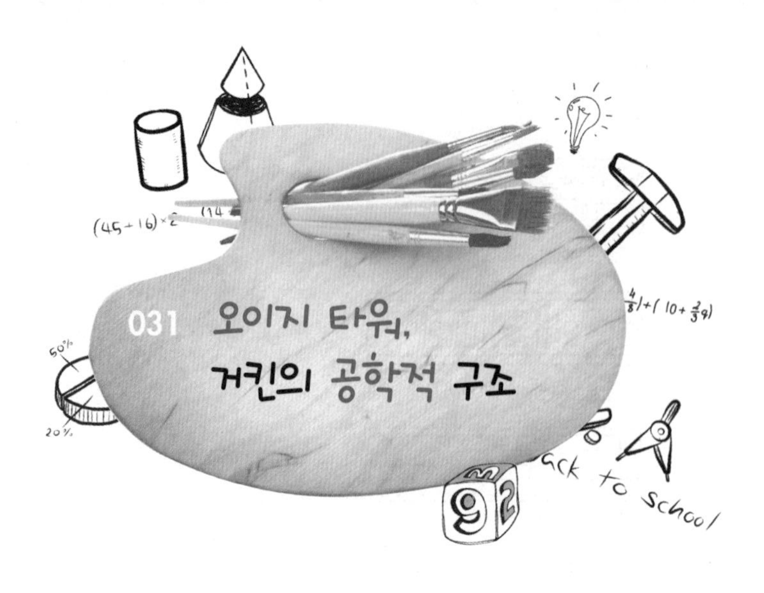

031 오이지 타워, 거킨의 공학적 구조

런던이란 도시에서 가장 현대적인 건물은 30 세인트 매리 액스30 St Mary Axe로, 2006년 6억 파운드에 매각되기 전까지 스위스 리 보험사 건물로 알려져 있었다. 이제는 솔방울을 의미하는 파인 콘Pine Cone 또는 절임 오이 모양이라는 의미의 거킨Gherkin으로 불린다. 찰스 왕자는 이 건물을 런던의 얼굴에 눈에 거슬리는 뾰루지들이 연이어 올라올 징후로 보았다. 이 건물을 지은 노먼 포스터 & 파트너Norman Foster and Partners 건축 회사는 이 건물이 현시대를 위한 상징적인 건물이라고 발표했고, 그들의 웅장한 창조물로 2004년 영국왕립건축가협회RIBA의 스털링상Stirling Prize을 수상했다. 이 건물은 스위스 리 보험사가 대중들의 시선을 사로잡는 데에도 성공했고 (그리고 스위스 리 보험사는 3억 파운드의 판매 차익도

남겼다) 수평적인 런던의 전통적인 도시 경관에 고층 건물이 바람직한지에 대한 광범위한 논쟁을 일으켰다. 거킨의 미적인 성공에 대한 논쟁은 여전히 진행 중이지만, 초기에는 스위스 리 보험사가 상업적으로 실망스런 결과를 거두었다는 것에는 논란의 여지가 별로 없다. 그들은 34층 가운데 아래 15층만 차지했고, 다른 기관에 건물의 절반을 임대하는 데 실패했다.

가장 눈에 띄는 거킨의 특징은 높이가 180m로 아주 크다는 것이다. 이 정도 규모의 고층 건물의 출현은 구조적이고 환경적인 문제를 야기하는데, 수학적인 모델링의 도움으로 심각성을 줄일 수 있다. 곡선의 우아한 외형은 단지 미관이나 오이지를 아주 좋아하는 설계사가 장관을 연출해 논란을 불러일으키려는 바람의 결과는 아니다. 오늘날 공학자들은 거대한 건물에 대한 복잡한 컴퓨터 모델을 제작해 건물이 바람과 열에 어떻게 반응하는지, 외부로부터 신선한 공기를 어떻게 유입시킬 것인지, 그리고 지상의 보행자에게 어떤 영향을 미치는지 연구한다.

2013년 9월 2일, 워키토키라고 불리는 펜처치 스트리트Fenchurch Street 20번지에 있는 새로운 런던의 고층 빌딩이 반대편에 주차된 재규어 자동차의 차체를 녹일 정도로 햇빛을 강력하게 반사했다. 외벽의 햇빛 반사 정도처럼, 설계할 때 한 가지 면에 어설프게 손을 대면 많은 다른 영역에 영향을 미치게 된다. 내부 온도와 냉난방의 요구 정도가 달라지는 것이다. 그리고 모든 결과들은 그 건물에 대한 복잡한 컴퓨터 시뮬레이션을 이용함으로써 한꺼번에 알아볼 수 있다. 현대의 건물처럼 복잡한 구조를 설계할 때는 '한 번에 하나씩' 하는 접근 방식은 별로 좋지 않다. 한꺼번에 여러 가지 것들을 해야만 한다.

지상부에서 가장 가늘고 올라갈수록 불룩해져서 16층에서 가장 튀어나오다가 다시 꼭대기 층으로 갈수록 계속 가늘어지는 거킨의 모양은 이런 식의 컴퓨터 모델에 따라 정해진 것이었다. 일반적인 고층 건물은 (마치 정원의 호스 구멍에 손가락을 올려놓았을 때 호스 구멍의 제한된 공간이 가져오는 높아진 압력으로 인해 물의 흐름 속도가 빨라지는 것처럼) 지상부에서 바람이 건물 주위 좁은 공간으로 지나가게 하고, 이로 인해 건물을 드나드는 사람과 지나가는 사람들을 못살게 구는 결과를 낳을 수 있다. 사람들은 마치 바람굴에 있는 것처럼 느낀다. 지상부의 건물이 가늘면 반갑지 않은 바람의 효과를 줄일 수 있다. 왜냐하면 지상부에서 공기의 흐름이 압박을 덜 받기 때문이다. 위쪽 부분에서 가늘어지는 모양 역시 중요한 역할을 한다. 만약에 당신이 일반적인 고층 건물 옆에 서서 위를 올려다본다면 건물이 하늘을 상당히 가려 버리기 때문에 그 건물로 인해 자신이 왜소하게 느껴질 것이다. 상층부에서 가늘어지는 모양은 하늘을 넓게 열어 그 건물에서 지배적인 인상을 줄여준다. 왜냐하면 당신이 서 있는 건물 가까이의 지상부에서는 꼭대기를 볼 수 없기 때문이다.

이 건물 외관의 또 다른 독특한 점은 건물 단면이 정사각형이나 직사각형이 아닌 원형이라는 것이다. 그 결과 건물 주변 공기의 흐름을 부드럽고 느리게 하는 장점이 있다. 또한 상당히 친환경적인 건물이 되도록 해주었다. 삼각형 모양의 여섯 개의 거대한 쐐기는 매 층마다 바깥쪽에서 안쪽으로 잘려져 있다. 이 때문에 건물 내부 깊숙한 곳까지 빛이 들어오고 자연적으로 통풍이 잘 된다. 그 결과 같은 규모의 보통 건물에 비해서 이 건물은 에너지 효율이 두 배나 된다. 이들 쐐기는 위아래 층에 대해서 수직이 아니라 약간씩 돌아가 있다. 덕분에 내부로 공기가 잘 유입된다. 게다가 바깥에서도 눈에 띌 정도로 나선 모양의 외관을 탄생시켰다.

먼 거리에서 둥그런 외관을 쳐다보고 있으면 당신은 외벽의 유리판들이 제조할 때 복잡하고 비용이 많이 드는 휘어진 모양일 거라고 생각할지도 모른다. 그러나 실제로는 그렇지 않다. 외벽은 작업이 용이한 사각형 유리판들로 이루어진 모자이크로 되어 있고, 유리판의 크기는 먼 거리에서 보면 곡면이 있는 것처럼 보일 수 있을 정도이다. 유리판의 크기가 작을수록 외벽의 곡선 모양을 더 잘 구현할 수 있다. 외벽 방향의 모든 변화는 유리판을 연결할 때 각도를 조절한 결과다.

032 양쪽으로 내기를 걸면 항상 이길까?

당신이 어떤 결과를 두고 예측을 다르게 하는 둘 이상의 사람과 내기를 한다고 할 때, 여러 쪽으로 나누어서 내기를 건다면 결과가 어떻게 나오든 항상 이길 수 있다. 안톤이란 사람은 맨체스터 유나이티드가 FA컵 결승전에서 이길 확률이 $\frac{5}{8}$라고 생각하고 벨라라는 사람은 맨체스터 시티가 우승할 확률이 $\frac{3}{4}$일 거라고 생각한다. 안톤과 벨라는 둘 다 각자 우승을 예상하는 결과에 돈을 걸 것이다.

유나이티드 팀이 이기면 당신이 안톤에게 2파운드를 주고 그렇지 않으면 그가 당신에게 3파운드를 주는 내기를 한다고 치자. 안톤은 이 제안을 받아들인다. 왜냐하면 기대되는 수익이 $2\times\frac{5}{8}-3\times\frac{3}{8}$=0.125파운드로 이득을 보기 때문이다. 이제 벨라에게는 맨체스터 시티가 우승할 경우 그녀에게 2파운드를 주겠다고 하고 아니면 자신에게 3파운드를 달라고 제안한다. 벨라 역시 예상되는 수익이 플러스($2\times\frac{3}{4}-3\times\frac{1}{4}=0.75$파운드)이기 때문에 이 거래를 수용한다.

여기에서 당신이 손해 볼 일은 없다. 유나이티드든 시티든 어느 쪽이 FA컵 결승전에서 우승을 한다고 해도 당신은 안톤이나 벨라 중 한 명에게서 3파운드를 받게 되고 나머지 사람에게 2파운드만 주면 된다. 당신은 어느 경우라도 1파운드가 남는다. 왜냐하면 한쪽에서 난 손실은 반대 결과에 건 내기로 항상 보상이 되는 식으로 '양쪽으로 내기를 걸었기'(hedging your bets: '양쪽으로 내기를 건다'는 영어 표현은 역사가 400년에 이른다. hedge는 울타리라는 말인데, 자신의 토지에 울타리를 치고 토지를 지켰던 것처럼 경제적인 위험이나 손실을 장점이 되는 것 속에 한데 몰아넣음으로써 안전을 지킨다는 생각에서 이런 표현이 나온 것 같다) 때문이다. 이는 오늘날 헤지펀드라는 경제 투자의 기초이다. 물론 컴퓨터를 이용해서 엄청나게 큰 규모와 보다 복잡한 방식으로 이루어지겠지만, 기본적으로는 동일한 사건에 대한 예측에서의 차이를 탐구해서 전체적인 손실의 위험에 대비하는 것이다. 불행하게도 이 전략을 대중들이 눈치채면 아주 부도덕하다고 말하지는 않더라도 꽤 불만스러울 것이다. 골드만 삭스가 자기들은 회피하고자 하는 위험들에 고객들의 투자를 독려하는 중에 그 점이 드러나게 되었을 때 바로 그랬던 것처럼 말이다.

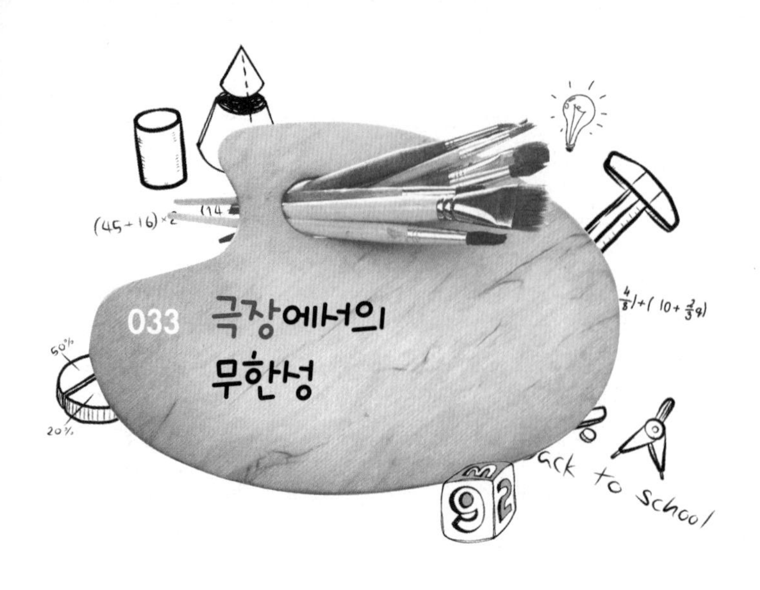

033 극장에서의 무한성

어느 적극적인 극장이 판매된 모든 티켓에 쿠폰을 주는 방법으로 새로운 관객을 끌어모으기로 결정했다. 쿠폰 두 장만 모으면 아무 쇼나 공짜표를 받을 수 있다는 것이다. 이는 어떤 티켓을 구매했을 때 그 티켓의 실질적인 가치가 하나 반에 해당한다는 얘기이다. 그러나 그 반짜리 티켓은 또한 절반짜리 쿠폰을 얻게 해주므로 절반짜리 쿠폰은 가치가 4분의 1의 티켓과 같다. 다시 이 4분의 1짜리 티켓은 8분의 1의 티켓 값어치가 되는 식으로 계속해서 이어진다. 이와 같은 특판은 처음 한 장의 쿠폰이 가진 실질적인 가치가 $\frac{1}{2}+\frac{1}{4}+\frac{1}{8}+\frac{1}{16}+\frac{1}{32}+\cdots$ 티켓에 해당한다는 뜻이다. 처음 하나가 그 다음의 절반에 해당하는 것으로 끝이 안 나는 무한개의 합이 되는 것이다. 이 무한급수의 합이 친구 두 명과 함께 극장의 매표소를 들르는 것보다 더 수학적인 무엇인가를 하는 것은 아닐 것이다.

만약에 내가 친구 두 명을 데리고 그 극장에 가서 두 장의 티켓을 구매한다면 그 후 내가 받은 두 장의 쿠폰은 티켓 두 장 값으로 세 번째 티켓을 얻게 해줄 것이다. 따라서 두 장의 쿠폰이 하나의 티켓의 가치를 하기 때문에 우리가 위에서 구하려고 하는 무한급수의 합은 1과 같아야 한다. 즉 $1=\frac{1}{2}+\frac{1}{4}+\frac{1}{8}+\frac{1}{16}+\frac{1}{32}+\cdots$여야 한다.

이 점은 1×1의 사각형 종이로 시각적으로 직접 증명해볼 수 있다. 이 종이를 반으로 나누고, 그런 다음 그 반짜리 하나를 또 반으로 나누고 이렇게 계속 반으로 자른다고 생각해보자. 조각들의 전체 면적은 $\frac{1}{2}+\frac{1}{4}+\frac{1}{8}+\frac{1}{16}+\frac{1}{32}+\cdots$의 무한급수가 되고 따라서 그 사각형 종이의 면적과 같은 1이 되는 것이다.

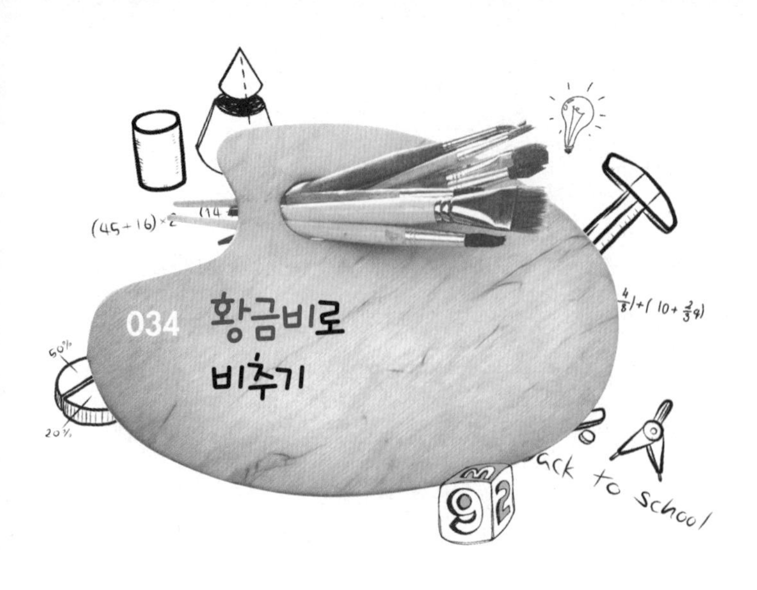

100와트짜리(전구에 쓰여 있는 공칭 전력은 전구가 공칭 전압에 연결되어 쓰일 때 나오는 전력이다. 이는 전구가 연결된 전기 회로와는 관계가 없다는 얘기로, 동일한 공칭 전압에 쓰이도록 제작된 두 개의 전구가 있을 경우, 낮은 저항을 가진 전구가 더 높은 전력을 낸다) 전구의 판매 중단은 나처럼 독서를 많이 하는 사람들에게는 나쁜 소식이었다. 같은 전구로 다른 밝기를 내는 밝기 조절 전구가 있다. 이런 전구는 전구 안에서 40와트와 60와트짜리 필라멘트를 하나씩 또는 같이 쓰이는 방식으로 두 개의 필라멘트를 이용해 밝기를 달리한다. 즉 40와트, 60와트, 그리고 40+60와트로 밝기를 세 단계로 쓸 수 있게 해준다. 이런 전구의 핵심적인 점은 (고, 중, 저) 세 단계 밝기가 확연히 달라 보이도록 적당한 와트의 필라멘트를 선택하는 것이다. 100와트와 120와트의 밝기는 확연하게 구분하기 어렵기 때문에 적절하지 않다. 내가 알고 있던, 낮은 단계와 중간 단계 밝기로 쓰였던 60와트와 100와트 필라멘트의 경우 높은 단계가 160와트가 된다. 과연 몇 와트짜리 필라멘트를 골라야 최적의 선택이 되는 걸까?

두 개의 필라멘트로 나오는 전력을 A, B, 그리고 A+B와트라고 해보자. 밝기(출력 전력이 우리가 감지하는 밝기와 같은 것은 아니다. 밝기는 전력 값에 따라 달라지므로, 최적의 전력의 비율은 최적의 밝기 비율과 같다)의 간격이 적절하기 위해서 B에 대한 A+B의 비율이 A에 대한 B의 비율과 같기를 원한다고 했을 때 다음과 같다.

$$(A+B)/B=B/A$$

이를 다시 정리하면 다음이 된다.

$$(A/B)^2+(A/B)-1=0$$

따라서 우리는 A/B의 값에 대한 이차 방정식의 해를 풀 수 있다. 그 답은 다음과 같다.

$$A/B=\frac{1}{2}(\sqrt{5}-1)=0.62$$

소수점 두 자리까지만 나타낸 이 유명한 무리수(끝도 안 나는 이 무리수는 0.61803398875…이다. 위의 값은 소수점 두 자리까지만 반올림한 것으로 1/g과 같다)는 바로 신비롭고 오랜 역사를 가진 '황금비'라고 하는 불리는 g에서 1을 뺀 값이다. 여기에서는 황금비가 세 단계로 구분되는 조화로운 밝기를 내는 전구의 이상적인 비율로 나타난 것이다. 만약 62와트와 100와트의 필라멘트로 이루어진 전구가 있다면 62와트, 100와트, 그리고 162와트의 밝기를 내는 것이 가능하다. 실제적으로는 62를 60으로 반올림하면 60, 100, 그리고 160와트로 황금비에 아주 가깝게 된다.

만약에 세 가지 다른 전력의 전구를 이용해 5단계로 밝기를 조절하기를 원한다고 가정해보자. 최적의 전구 조합을 이루기 위해서 우리는 동일한 원리를 이용할 수 있을까? 각각의 전구의 전력을 A, B, C라고 한 다음, A, B, A+B, C, 그리고 B+C, 이렇게 다섯 개의 값이 좋은 비율이 되는 값을 찾아보자. 이미 우리는 $A/B=g-1$임을 알고 있기 때문에 원래 조건에 맞게 $B/C=(A+B)/(B+C)$의 값을 구하면 된다.

이에 따라 $B=(g-1)^2C=0.38C$가 되어야 하고, 그래서 새로운 전구 C는 263와트가 되어 황금비를 갖는 다섯 단계의 밝기는 A=62, B=100, A+B=162, C=263, 그리고 B+C=425와트로 이루어진다. 각각은 다음으로 밝은 단계의 0.62배가 된다.

여기에서 쓰인 원리는 전구보다 더 광범위하다. 음악과 건축 그리고 예술의 여러 방면에서 조화로운 구조를 밝혀주고 있다.

035 예술에서 찾을 수 있는 마법의 수, 마방진

1514년 알브레히트 뒤러는 유명한 판화 멜랑콜리아 I Melancholia I에서 처음으로 유럽 예술계에 마방진magic square을 소개했다. 이 마법적인 구성은 기원전 7세기 중국과 이슬람 문명에서 볼 수 있고, 초기 인도 예술과 종교 전통에서 정교하게 발전했다. 마방진에는 각각의 칸에 1부터 시작해 숫자가 순서대로 하나씩만 들어가게 되어 있다. 그러니까 사각형 칸의 배열이 3×3인 경우 1부터 9까지의 수가 들어간다. 4×4의 경우 1부터 16까지 처음 16개 수가 들어가는 식이다. 이때 이 사각형 칸에 들어가는 숫자들이 가로와 세로, 그리고 대각선에서 합이 모두 같으면 마방진이 된다. 다음은 3×3 마방진의 두 가지 예다.

4	9	2
3	5	7
8	1	6

2	7	6
9	5	1
4	3	8

위 예에서 보면 가로와 세로, 그리고 대각선의 숫자들의 합이 모두 15임을 확인할 수 있다. 실제로 이 두 마방진은 다른 것이 아니다. 두 번째 마방진은 첫 번째 마방진을 시계 반대 방향으로 90도 돌린 것에 불과하다. 그러니까 3×3 마방진은 오직 하나만이 존재하는 것이다.

만약에 n×n 마방진을 만들 수 있다면 한 줄에 들어 있는 숫자들의 합은 다음의 '마법의 수'와 같다(1부터 k까지의 수의 합은 $\frac{1}{2}k(k+1)$이므로 n×n 마방진의 가로줄이나 세로줄이나 대각선 줄의 합은 이 공식에서 $k=n^2$을 넣고 그런 다음 n으로 나누면 나온다. 그렇게 해서 나온 식이다).

$$M(n)=\frac{1}{2}n(n^2+1)$$

그리고 n=3인 마방진의 경우 앞서 보았듯이 마법의 수는 15이다.

3×3 마방진은 오직 하나뿐이지만 4×4의 마방진은 880가지, 5×5 마방진은 275,305,224가지, 6×6 마방진은 10^{19} 이상의 해가 있다.

몇몇 문명에서 오래전부터 알려진 해가 있긴 해도 4×4 마방진을 짜는 건 다소 어렵다. 인도 카주라호에 있는 자인교 파르쉬바나트 Parshvanath 사원에는 잘 알려진 10세기 4×4 마방진이 있다. 이 마방진은 우주와 종교의 의미를 조화로우면서도 그 자체로 증명이 되는 이 수학적 대상에 대한 묵상으로 돌렸다는 증거이다. 뒤러의 작품 멜랑콜리아 I 에서 나오는 예술적인 예도 한 줄에 있는 숫자들의 합, 즉 마법의 수 M(4)=34인 4×4 마방진(3차원으로 차원을 확장하면 입체 마방진을 만들 수 있다)이다.

뒤러의 방진에는 또 다른 세심한 면이 들어 있다. 맨 아래 줄의 가운데 두 숫자는 합쳐서 이 작품을 만든 해인 1514가 되고, 그 양쪽에 있는 4와 1은 네 번째 알파벳(D)과 첫 번째 알파벳(A)으로 표현하면 뒤러, 알브레히트의 첫 글자가 된다.

16	3	2	13
5	10	11	8
9	6	7	12
4	15	14	1

마방진에 대한 숭배는 종교적인 작품과 상징주의를 통해 오늘날에도 이어지고 있다. 바르셀로나에 있는 미완성 건축물 사그라다 파밀리아 Sagrada Familia 성당에는 주세프 수비라치Jeseph Subirachs가 새긴 성당 서쪽 벽, 수난의 파사드에 한눈에 봐도 보이는 마방진이 있다.

이 마방진은 가로, 세로, 대각선의 숫자들의 합이 33이다. 예수가 고난을 당하던 내용이 조각되어 있는 수난의 파사드에는 당시 33세였던 예수의 나이가 들어 있는 것이다. 그러나 다시 보면, 그 사각판은 마방진이 아니다(마방진이라면 숫자들의 합이 34이어야 한다). 숫자 10과 14가 두 번 나오고 12와 16이 빠져 있다.

1	14	14	4
11	7	6	9
8	10	10	5
13	2	3	15

수비라치가 여기에서 다르게 했더라면 숫자가 중복해서 나오는 것을 피할 수 있었다. 마방진에 들어 있는 수에 동일한 양, 즉 Q라는 값을 더하면 마방진의 가로줄과 세로줄, 그리고 대각선 줄에 있는 숫자들의 합

은 여전히 같지만 1부터 시작하는 숫자들이 채워지는 건 아니다. 3×3 마방진의 모든 칸에 Q를 더하면 새로운 마법의 수는 15+3Q가 되는데 Q=6이면 이 값이 33이 된다. 이 새로운 마방진은 중복을 피할 수 있고, Q+1=7부터 시작되는 연속적인 9개의 수가 마방진을 채운다. 앞에 있던 3×3 마방진의 예에다 모든 칸에 6을 더하면 새로운 마방진이 된다. 어떤 의미 있는 숫자에 대한 유도는 독자들을 위한 연습용으로 남겨두겠다. 어쨌거나 당신이 오늘날 신문에 나오는 스도쿠 퍼즐을 풀려고 한다면 마방진이 수많은 사람들에게 얼마나 많이 퍼져 있으며, 매혹시키고 있는지를 알게 될 것이다.

10	15	8
9	11	13
14	7	12

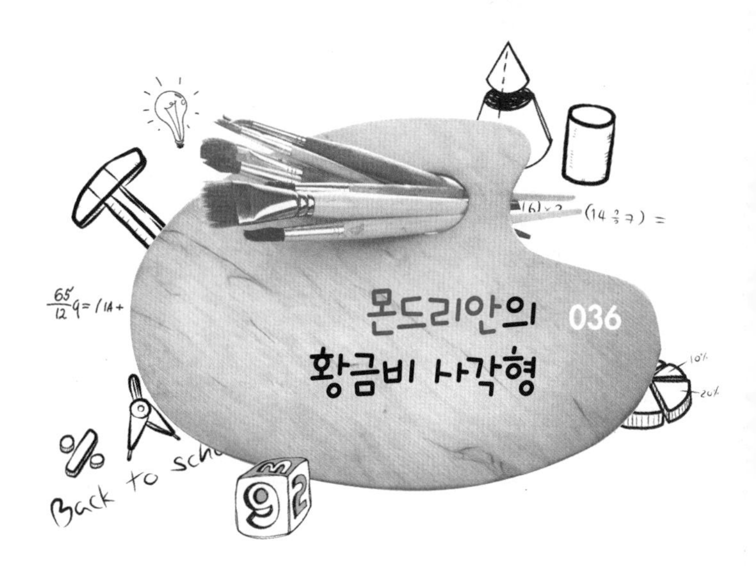

036 몬드리안의 황금비 사각형

네덜란드 화가, 피에트 몬드리안Piet Mondrian은 1872년에 태어나 예술사에서 대변화가 이루어졌던 시기에 활동했다. 몬드리안은 풍경 화가로 경력을 쌓기 시작한 후에 입체파와 야수파, 점묘법, 그리고 추상화의 다른 형식들에 영향을 받았지만 마치 수학의 공리처럼 미리 정한 원칙에 따라서 예술적 기하학과 색채에 대한 새로운 시도를 선구적으로 해나갔다. 그럼에도 그의 작품은 20세기 후반에 엄청나게 인기를 끌었고, 때때로 그의 그림 속의 단순한 패턴 구조는 수학자들의 관심을 끌어당기곤 했다. 몬드리안의 다른 예술 방식에 대한 관심은 점차 신지학(theosophy: 일반적인 현상에서 보편적인 특성을 찾아내 신과 하나가 될 수 있다고 믿는 종교철학—옮긴이)으로 빠져들었다. 신지학의 영향을 받은 몬드리안은 1906년

'스타일(the Style, 네덜란드어로는 데 스틸, De Stijl)'이라고 하는 예술 철학을 창안해냈다. 이는 그가 신조형주의neoplasticism 라고 했던 추상주의의 원리였다. 그리고 그는 이 예술 철학을 건축과 가구 디자인, 그리고 무대 장치 제작에까지 적용시켰다.

1. 빨강, 파랑, 노랑 3원색이나 검은색, 회색, 흰색의 무채색만을 쓴다.
2. 평면과 입체 형상에는 사각형의 판과 기둥만을 사용한다.
3. 직선과 사각형만으로 구성한다.
4. 대칭은 피한다.
5. 미적 균형을 이루기 위해 대비를 쓴다.
6. 균형과 리듬감을 부여할 수 있도록 비율과 위치를 사용한다.

이런 원리는 순색으로 이루어진 순수한 기하학적 예술 양식에 대한 탐구로 이끌었다.

제2차 세계대전 초기에 2년간 런던에서 지낸 몬드리안은 화가로서의 마지막 몇 해를 뉴욕 맨해튼에서 활동했고 1944년 그곳에서 사망했다.

몬드리안의 그림은 굵은 검은색 수직선과 수평선이 주를 이룬다. 이 선들이 교차하면서 사각형의 격자 구조가 생긴다. 격자 구조에 쓰인 황금비(34장 참조)는 몬드리안의 작품에서 아주 흔하게 볼 수 있다. 그의 작품에는 $(1+\sqrt{5})/2$ =1.618의 그 유명한 황금비에 가까운 많은 황금비 사각형이 포함되어 있다. 앞의 그림을 살펴보면 우리는 황금비 사각형의 근사를 찾아볼 수 있다. 이들 사각형은 네 면이 끝이 없는 피보나치 수열을 이루는 연속적인 숫자들의 비로 이루어져 있다. 피보나치 수열은 앞에 두 숫자의 합이 다음 수가 되는 숫자들의 나열이다.

1, 1, 2, 3, 5, 8, 13, 21, 34, 55, 89, 144, 233, 377, …

이들 연속적인 숫자의 비율은 수가 커질수록 점점 더 황금비에 가까워진다(예를 들어 $\frac{3}{2}$=1.5이고, $\frac{21}{13}$=1.615이고, $\frac{377}{233}$=1.618인 것처럼 말이다). 따라서 칠해진 선의 두께는 몬드리안의 사각형 거의 대부분이 황금비를 이룬다는 의미이다. 피보나치 수열의 숫자들을 써서 옆 길이(선의 두께)를 정의했다면 말이다. 실제로 피보나치 수열에 의한 이런 특성은 피보나치 수열이 가진 보다 일반적인 특성에 대한 특별한 경우이다. 만약에 피보나치 수열에서 D만큼의 거리가 떨어진 수에 대해서 비율을 따져본다면(예를 들어 D=2라고 하면 다음에 2/1, 3/1, 5/2, 8/3 … 이렇게 한 다리 건너 수의 비율을 따져보는 것이다) 그 비율은 수가 커지면서 1.618^D가 된다(Fn이 n번째 피보나치 수이고 G가 황금비이며 D가 정수일 경우에, F_{n+D}/Fn의 값은 n이 점점 커질수록 G^D로 수렴한다).

이 점을 이용해 이제 당신은 몬드리안의 그림 속 사각형들을 분석해 볼 수 있고 종이나 화면에 자신만의 그림을 그려 볼 수 있다(아이들에게는 멋진 활동이다).

몬드리안은 자신의 사각형에 색을 칠했지만 대부분은 하얀색으로 놔

두었다. 색채는 그의 균형의 원리가 적용된 것이다. 색은 대비적으로 쓰였고 뭉쳐 있지 않은데, 이는 캔버스의 어느 한 곳에 눈이 주목하게 하려는 의도다. 그 결과, 몬드리안의 작품은 수비학(numerology: 숫자와 사람, 장소, 사물 등의 사이에 숨어 있는 의미와 연관성을 알아보는 학문—옮긴이)에 의해 스스로를 제약하는 창의성이 낳은 특이한 조합물이 되었다.

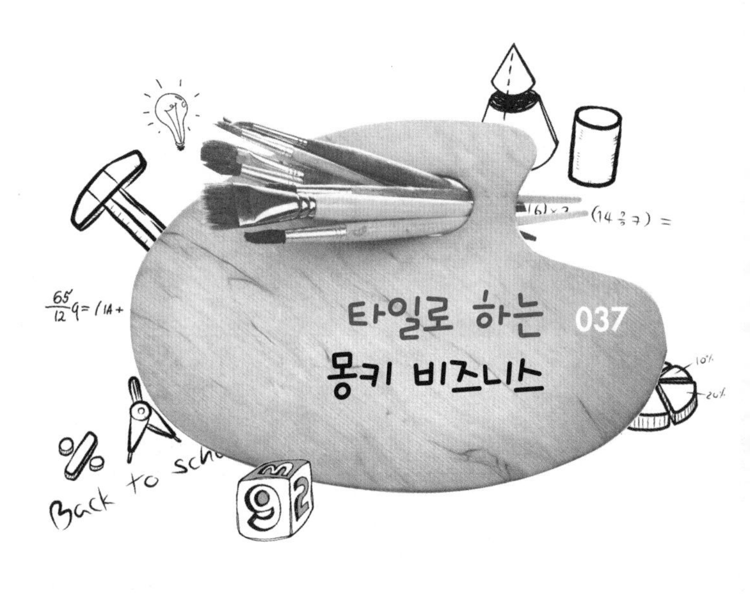

037 타일로 하는 몽키 비즈니스

우리는 화장실이나 베란다의 바닥, 벽면에 붙이는 종류의 타일에 익숙하다. 보통 그런 타일들은 정사각형이나 직사각형이어서 그것들을 배치하는 데 별 어려움이 없다. 물론 타일을 서로 맞추어야 하는 그림이 없을 때 말이다. 이런 경우는 바닥에 깔고 노는 루비큐브의 전신이라고 할 수 있는, 예전에 어린아이들이 갖고 놀던 퍼즐과 같다.

'원숭이 퍼즐'은 원숭이 몸의 절반 네 개가 각각 다른 색으로 그려져 있고 각각 다른 색의 원숭이가 두 방향 중 하나로 되어 있는 9장의 정사각형 카드로 구성되어 있다.

이 게임은 몸이 두 개로 나누어진 원숭이들이 같은 색으로 연결되도록 카드를 맞추는 것이다. 대부분은 몇 번 시행착오를 하면 이 문제를

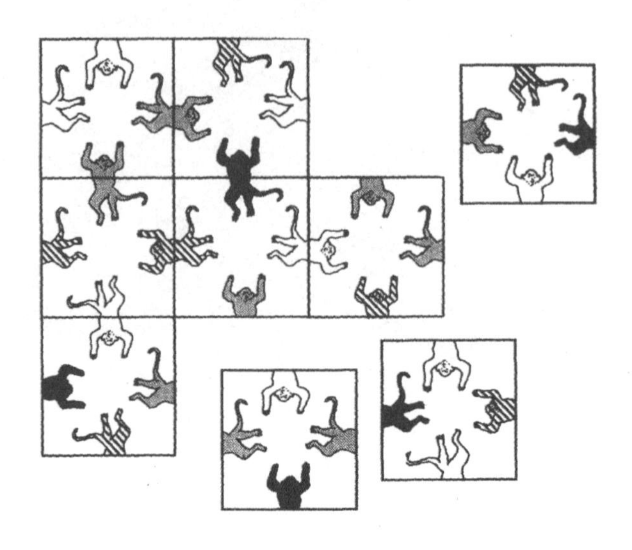

풀 수 있지만 처음 하는 사람은 꽤 오래 걸릴 수 있다. 우선 얼마나 많은 경우의 수가 있는지를 고려해보자.

먼저 첫 번째 카드를 고르는 데 있어서 아홉 가지 경우의 수가 있고, 그런 다음 그 선택에 대해 각 경우마다 두 번째 카드를 고를 때 여덟 가지 경우의 수가 있으며, 세 번째 카드를 고르는 데는 일곱 가지 경우의 수가 있다. 그러나 각 카드가 결정이 되면 네 방향 중 어느 한 방향으로 카드를 놓을 수 있으므로 첫 번째 카드가 어떤 모습일지는 총 $9 \times 4 = 36$ 가지가 있게 된다. 따라서 전체적으로는 3×3 판에 카드를 놓는 방법이 $9 \times 4 \times 8 \times 4 \times 7 \times 4 \times 6 \times 4 \times 5 \times 4 \times 4 \times 4 \times 3 \times 4 \times 2 \times 4 \times 1 \times 4 = 362,880 \times 4^9 = 362,880 \times 262,144 = 95,126,814,720$(950억 이상)가지나 된다(N개의 카드가 있고 각각의 카드가 네 방향을 갖고 있다면, 이 카드를 배열하는 총 경우의 수는 $N! \times 4^N$가지가 된다. 나는 N=9인 경우를 계산해 보았다. 사실 전체 경우의 수는 이 값의 1/4인데, 세 퍼즐은 한 퍼즐을 각각 90도, 180도, 270도 돌린 것이기 때문이다).

우리가 이 문제를 풀어보려고 할 때 원숭이들의 몸 색깔을 모두 맞추기 위해 950억 가지 이상의 가능성을 일일이 시도해보는 식은 안 된다. 대신 먼저 첫 번째 카드를 놓은 다음 다른 카드로 맞추어 보는 식으로 해야 한다. 이렇게 나가다가 막히면 카드의 다음 단계가 풀릴 수 있도록 이전에 놓았던 카드를 도로 집어야 하는 경우도 있다. 그렇게 하면 모든 가능성에 대해 무작위적으로 단순히 따져가는 경우와 달리 매 단계마다 뭔가를 배우게 된다.

이 간단한 퍼즐에서 나오는 경우의 수는 정말로 천문학적인 수로, 우리 은하에 있는 별의 숫자와 비슷할 정도다. 만약에 우리가 좀 더 큰 25개의 카드로 된 5×5 격자판의 퍼즐을 풀 때 일일이 하나씩 해보는 식으로 하면 지구상에서 가장 빠른 컴퓨터로도 우주의 나이보다 수십억 배나 긴 시간이 걸릴 것이다.

타일 패턴을 배치하는 데 있어서 가능한 경우의 수를 탐색하는 장식 전략에서도 이와 비슷하게 어마어마한 수가 나온다. 이는 다른 색깔이나 텍스처를 도입하기 전부터 실질적으로 인간의 마음에 대한 끊임없는 탐구이다. 하지만 대단히 흥미롭지 않다면 끝내는 것이 얼마나 오래 아니면 얼마나 힘이 드는지를 보여주기도 한다. 매 단계마다 약간의 신기한 점을 볼 수 있는데, 무엇보다도 가장 흥미로운 점은 일단 원숭이 퍼즐에 대한 옳은 해를 발견하면 그것이 정답인지를 확인하는 데는 아주 짧은 시간만 걸린다는 것이다.

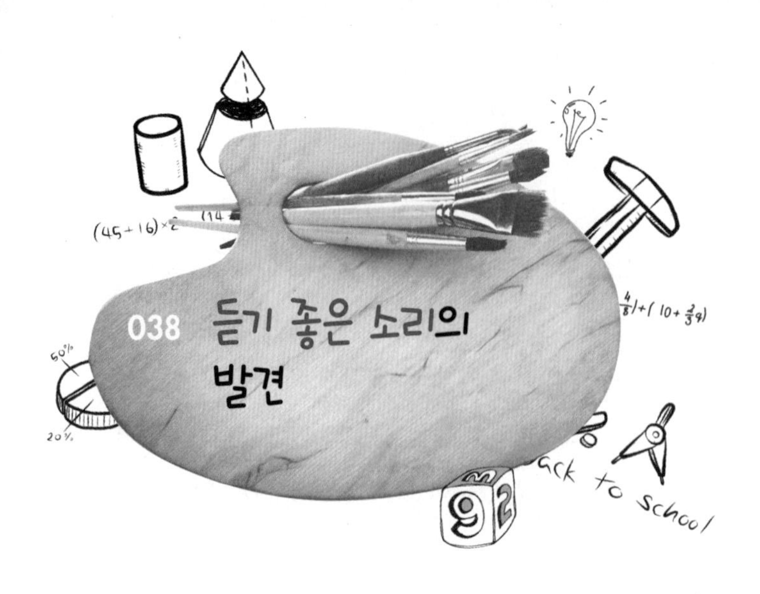

038 듣기 좋은 소리의 발견

그리스인들은 인류 최초로 우리 귀에 좋게 들리는 소리를 정량적으로 이해했다고 알려져 있다. 현악기를 폭넓게 다루면서 현의 길이를 절반으로 만들어 퉁길 경우 우리가 '옥타브octave'라고 부르는 멋진 음정이 나온다는 사실을 발견했다. 이 경우 음파의 진동수 비율은 2:1이다. 현의 길이를 3분의 2로 만들면 '완전 5도perfect fifth'라고 부르는 또 다른 멋진 음정이 나오는데, 소리 진동수 비가 3:2다.

피타고라스 학파는 오늘날 수학자들과는 다르게 수를 다뤘는데, 수 자체에 고유의 의미가 있다고 믿었다. 예를 들어 7에 부여된 의미가 있고, 따라서 자연에 존재하는 일곱 배의 양은 그 의미에 연결되어 있다는 것이다. 음악의 소리에 수가 깊이 개입돼 있다는 발견이 피타고라스 학파에게는 심오한 진리였다. 따라서 이들이 완전 5도만으로 옥타브의 정수를 만들 수 있는지, 즉 진동수 비 3/2을 반복해서 얻을 수 있는지 알고 싶어 한 건 놀랄 일도 아니다. 즉 아래의 식을 만족하는 양의 정수 p와 q가 존재하느냐는 문제다.

$$(3/2)^p=2^q$$

아쉽게도 2의 거듭제곱은 2^{p+q}를 포함해 어떤 경우도 늘 짝수이기 때문에 3^p를 포함해 늘 홀수만 나오는 3의 거듭제곱과 같은 경우가 나올 수 없다. 이처럼 진짜 해는 없지만 그래도 꽤 정확한 근사해를 얻을 수 있는데, 등호 표기를 물결 모양으로 해 양 변이 거의 같음을 나타낸다.

$$(3/2)^p \approx 2^q \ (*)$$

피타고라스 학파 사람들은 특히 p=12이고 q=7일 때 '거의' 해에 가까운 결과가 나온다고 언급했다. $(3/2)^{12}=129.746$이고 $2^7=128$로 오차가 1.4%도 안 되기 때문이다. 7과 12가 멋진 선택인 또 다른 이유는 공약수가 없어서(물론 1은 제외하고) $\frac{3}{2}$씩 곱하는 작업을 반복해도 열두 번이 되어서야 이른바 '5도권circle of fifths'인 진동수에 가까워진다는 점이다. $\frac{3}{2}$을 곱해서 나오는 열두 가지 진동수는 모두 $1:2^{1/12}$, 즉 반음이라고 부르는 기본 진동수 비의 거듭제곱이 될 것이다. 완전 5도는 대략 일곱 반음인 $2^{7/12}=1.498 \approx \frac{3}{2}$이고 1.5와 1.498 사이의 작은 차이를 '피타고라스의 콤마Pythagorean comma'라고 부른다.

p=12와 q=7을 선택함으로써 거의 동일한 값을 얻은 것이 행운처럼 보이지만, 오늘날 우리는 무리수에 아주 근접하는 분수($\frac{22}{7}$이 π의 근삿값이라는 건 학교에서 배운 친숙한 예다. $\frac{335}{113}$은 π에 더 가깝다)를 만드는 체계적인 방법을 알고 있다. 앞 페이지의 식(*)에 로그를 취하면 다음과 같다.

$$(q+p)/p = \log3/\log2$$

만일 log2/log3을 연분수로 확장한다면 영원히 계속될 것이다. 다음은 처음 여덟 단계까지 확장한 경우다.

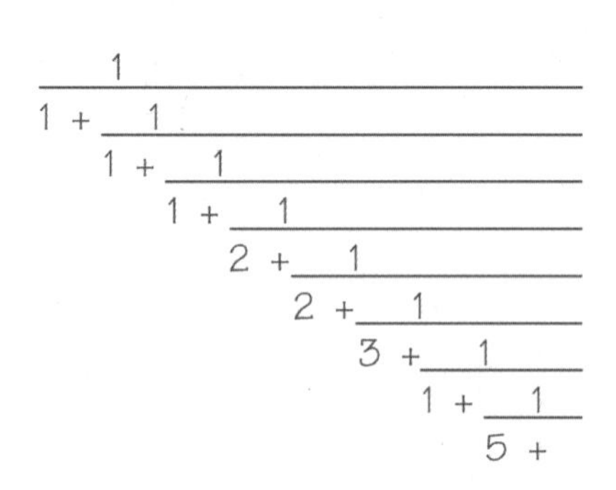

우리는 어느 지점에서든 계단을 멈출 수 있고 그 지점까지 연분수를 단일 분수로 나타낼 수 있다. 만일 다섯 번째에서 끝낼 경우 다음과 같다(연속적인 정수 근삿값은 하나, 둘… 식으로 연분수를 확장할 경우 1, 1/2, 2/3, 5/8, 12/19, 41/65, 53/84…이 된다).

$$\frac{19}{12} \approx \log3/\log2$$

즉 이 말은 우리가 $(q+p)/p=\frac{19}{12}$가 되게 선택해야 하고 따라서 $p=12$이고 $q=7$이 우리가 바라는 선택이라는 것이다. 좀 더 정확한 근사치를 얻기 위해 여섯 번째에서 끊을 경우 $(q+p)/p=65/41$이 돼 $p=41$과 $q=24$를 선택해야 한다. p와 q에 대한 더 나은 근삿값을 얻으려면 연분수에서 더 많은 단계를 포함해 단일 분수로 바꾸면 된다.

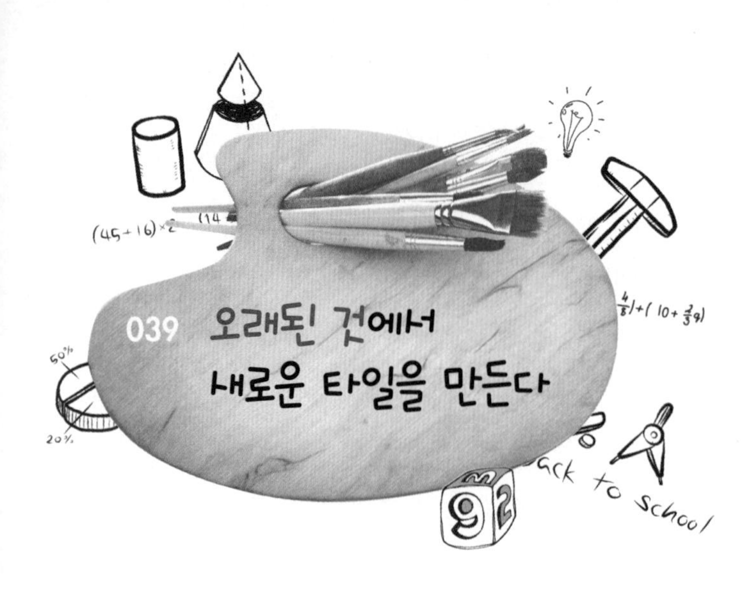

039 오래된 것에서 새로운 타일을 만든다

복잡한 문제에 대한 흥미로운 해법은 이미 알려진 해법을 좀 더 단순한 형태로 수정함으로써 얻어지기도 한다. (화장실 벽면이나 바닥처럼) 표면이 평평한 곳에 동일한 모양의 타일로 격자처럼 배열하여 타일을 붙이는 문제를 따져보자. 정사각형이나 직사각형 타일의 경우, 이 문제를 쉽게 해결하겠지만 그다지 흥미롭지 않다. 정삼각형이나 정육각형 모양의 타일이 약간 더 도전적이다.

타일을 방향을 돌려서 깔 수 있다면 다른 식으로(번갈아 모양이 나타나도록) 타일을 붙이는 법도 가능하다. 예를 들어 정사각형이나 직사각형 모양의 타일을 대각선 방향으로 자르면 삼각형 모양의 타일이 생겨난다. 조금 더 변화를 주고 싶다면 다른 식으로 대각선을 잘라도 된다. 나는 이런 식의 패턴이 일부 아메리칸 인디언 문화의 직물 디자인에서 흔하다는 것을 알아냈다.

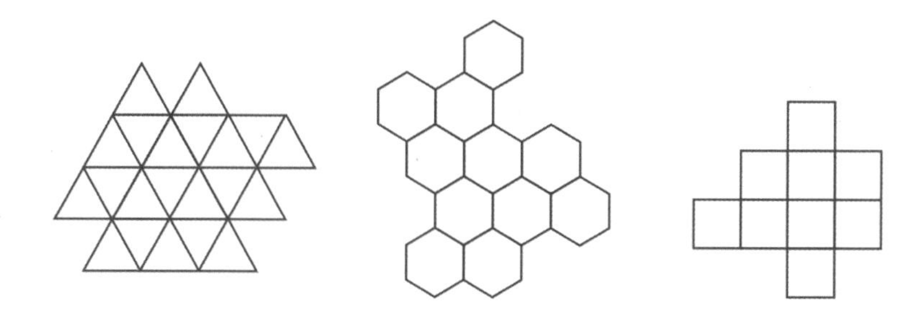

특정한 조건을 만족시키기만 한다면 어떤 모양의 타일을 써도 될 경우, 단순한 정사각형이나 직사각형 타일보다 더 특이한 방식으로 타일을 깔 수도 있다. 직사각형(정사각형은 네 변의 길이가 똑같은 직사각형의 일종이다)으로 시작해보자. 아래 부분에서 아무 모양이나 잘라낸 다음에 위쪽에 잘라낸 모양을 붙인다. 같은 방식으로 왼쪽에서 아무 모양이나 잘라낸 다음에 오른쪽에 갖다 붙인다. 여기에 한 가지 예가 있다.

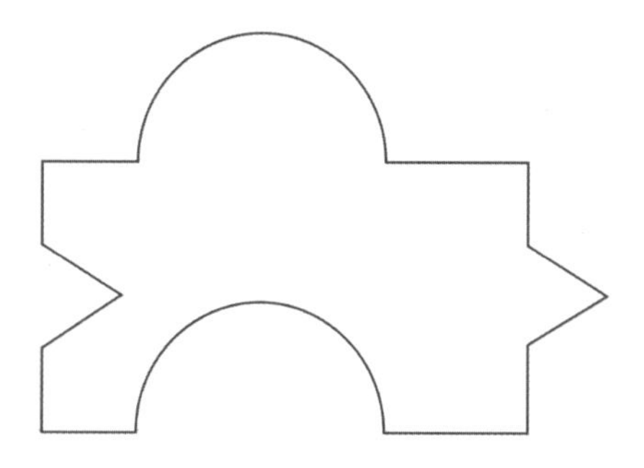

당신은 이렇게 괴상한 모양을 가진 여러 개의 복사본들이 항상 서로

맞춰져서 평평한 면이라면 어느 곳에든 타일로 깔 수 있다는 걸 알 수 있다. 다만 어려운 점이라면 이 패턴을 마무리해야 할 때 발생한다. 끝을 반듯하게 하고 싶다면 윗부분이나 옆면에 튀어나온 부분을 가져다가 다른 쪽 끝의 타일에 채우기만 하면 전체 패턴이 멋지게 나오도록 마무리할 수 있다.

간단한 모양에서 복잡한 모양의 타일을 만드는 아주 직접적인 방법은 마우리츠 에셔(Maurits Escher: 네덜란드 판화가로, 기하학적 형태와 명도 대비의 무늬 패턴을 그린 테셀레이션 기법으로 유명하다)가 자신의 그 유명한 테셀레이션tessellation 기법에 인상적으로 사용했다. 예를 들어 〈흑기사와 백기사Black and White Knights〉 작품을 보면 말을 타고 이동하는 기사 모양의 타일이 한 줄씩 번갈아가면서 나타나는데, 백기사들은 왼쪽에서 오른쪽으로 줄을 지어 가고 그 위로 흑기사들이 오른쪽에서 왼쪽으로 줄을 지어 간다. 모두 서로 딱 맞추어지는 모양은 한 가지 모양인 타일에서 효과적이다.

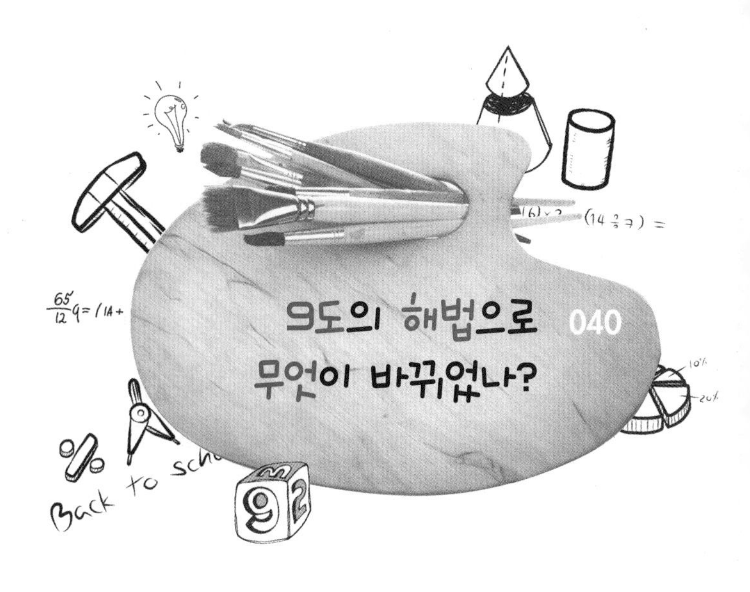

040 9도의 해법으로 무엇이 바뀌었나?

간단한 기하학이 아름다운 디자인을 만들어내기도 하지만 옹색한 설계상의 문제가 뜻밖의 우아한 해법을 제시해줄 수도 있다. 간단한 생각이 지대한 영향을 끼친다는 것을 보여주는 흥미로운 예로 항공모함의 비행갑판 설계에 대한 문제가 있다. 1910~17년, 미국과 영국 해군이 정박해 있거나 항해 중인 선박에서 전투기를 이륙하고 착륙하려는 시도를 처음 했을 때 이 일은 꽤나 위험했다. 항해 중인 선박에서 고정된 플랫폼에 전투기를 착륙시킨 최초의 인물은 성공한 날 또 비행에 나섰다가 선박에 착륙하다 사고로 사망한 최초의 인물이 되기도 했다. 1917년 무렵 영국 해군 항공모함 어거스HMS Argus 같은 거대한 항공모함들은 배의 전체 길이에 평평한 지붕처럼 생긴 이착륙 갑판이 있었다. 이 모양은 점차 우리에게 익숙한 활주로 모습으로 진화해, 제2차 세계대전 동안 모든 항공모함들의 표준이 되었다. 이런 항공모함들은 모두 이륙과 착륙에 하나의 활주로를 사용했고 그로 인해 한 번에 하나, 즉 이륙 아니면 착륙을 해야 했다. 이들 항공모함들이 마주한 가장 큰 문제는 다가오는 전투기를 충분히 빨리 멈추게 해서 이륙할 준비를 하고 있는 전투기들과 충돌하지 않도록 해야 하는 것이었다. 우선 전투기가 착륙을 하면 감속을 돕기 위해 갑판원들이 뛰어나와 전투기를 붙잡는다. 이 일은 전투기가 느리게 움직이고 가벼운 경우에만 가능한데, 전투기가 점점 무거워지고 점점 속도가 빨라짐에 따라 철망을 활주로에 펴놓고 전투기를 붙잡았다. 최종적으로 등장한 것이 케이블 선으로(보통 6m 간격으로 4개 설치) 항공기 바퀴를 붙잡아 재빨리 항공기를 멈추었다. 불행하게도 착륙하는 항공기가 케이블 위로 쉽게 튀어 오를 수 있어서(심지어 철망조차도) 정지해 있는 항공기와 충돌할 위험 때문에 여전히 사고가 자주 일어났다. 애석하게도 강력한 전투기가 늘어나면서 점점 더 긴 제동거리가 필요했다. 충돌 위험은 우려할 정도로 높아져 갔고 철망 자체가 전투기를 손상시키는 일도 빈번했다.

해법은 간단했다. 1951년 8월 7일, 영국 해군의 데니스 캠벨 Dennis Cambell 대령(훗날 해군 소장)은 착륙 갑판을 옆으로 비스듬하게 틀면—가장 일반적으로 쓰인 각은 9도가 되었다—전투기가 갑판 전체 길이를 사용하면서 착륙할 수 있고 그 동안에 이륙을 기다리는 전투기는 위험하지 않은 한쪽 편에서 대기할 수 있다고 생각했다.

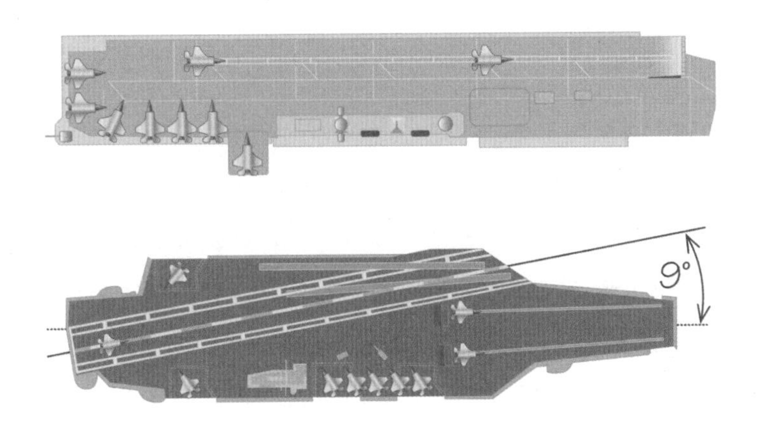

이건 정말 좋은 생각이었다. 이제 이륙과 착륙이 동시에 이루어질 수 있게 된 것이다. 착륙하는 비행사가 실수로 정해진 활주로를 지나쳐 더 갈 것 같으면 가는 길에 어떤 것도 만나지 않으면서 전투기를 가속해 다시 이륙하면 된다. 게다가 뱃머리 가까이 갑판의 모양을 바꿔서 대칭성을 추가할 수 있고 이륙을 기다리는 항공기를 위한 추가 공간도 생긴다. 캠벨은 항공모함의 착륙 안전에 관해 논의하는 위원회의 모임 참석을 준비하는 동안에 이 생각을 떠올렸다. 나중에 그는 자신의 새로운 아이디어에 대한 열성적인 발표를 준비했던 일을 기억하며 이렇게 말했다. "야단스럽게 발표를 했고 그 때문에 예상했던 놀라운 반응이 나오지 않자 좀 발끈했던 걸 인정합니다. 사실, 그 모임의 반응에는 무관심과 조롱이 섞여 있었습니다." 운 좋게도 그 모임에 참석한 영국 왕립 항공 연구소Royal Aircraft Establishment의 기술 전문가인 루이스 보딩턴Lewis Boddington은 캠벨의 생각이 중요하다는 것을 금방 알아챘고, 곧이어 영국 해군의 계획이 시작된 것이다.

많은 항공모함들은 1952~3년에 옆으로 비스듬한 갑판을 갖도록 보강되었다. 이런 갑판을 갖도록 건조된 최초의 항공모함은 1955년의 아크 로얄Ark Royal로, 캠벨의 지휘 하에 만들어졌고 처음에는 활주로가 5도만 빗겨 났다가 나중에 10도로 바뀌었다.

더 나아가 또 하나의 기하학적 술수가 등장했다. 영국 해군은 이륙 갑판의 끝부분에 보통 12~15도 정도 위로 향한 곡면을 제시했다. 이는 위로 향하는 속도가 부족할 경우에 항공기가 이륙하는 순간의 부양을 도와준다. '스키 점프'와 같은 이런 식의 램프ramp는, 올림픽 스키 점프에서 하강을 하는 끝부분에서 위로 향하는 곡면처럼 생겨서 이렇게 불린다. 무거운 전투기가 짧은 활주로에서 이륙하는 것을 가능하게 해 항공모함에서 전투기가 뜰 때 필요한 활주로의 길이를 절반 가까이 줄여주었다.

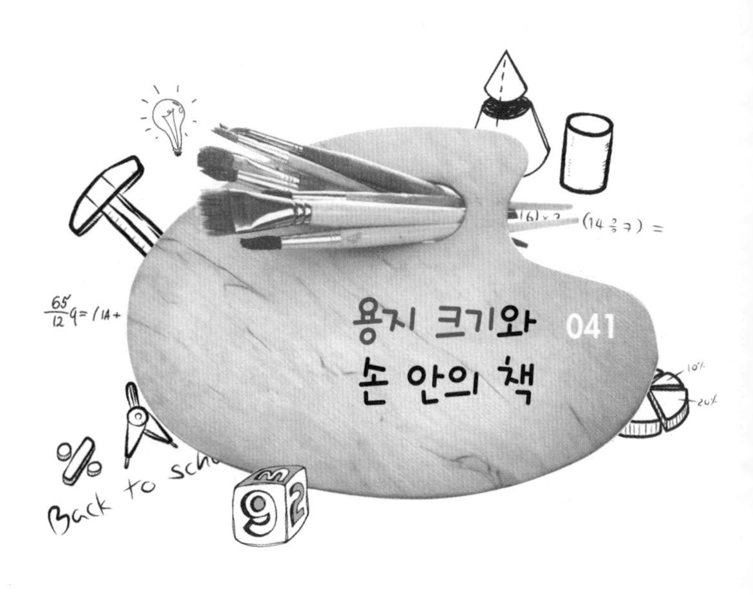

우리는 오래된 문서의 본문 배치와 책의 페이지 디자인 규칙을 다룬 9장에서 중세에 선호했던 높이와 폭 비율 R이 $\frac{3}{2}$ 이라고 얘기했다. 그 후 제지업자들은 R= $\frac{4}{3}$인 종이 규격도 선호해서 만들었다. 이 종이를 반으로 접었을 때 나오는 규격을 '폴리오folio'라고 부른다.

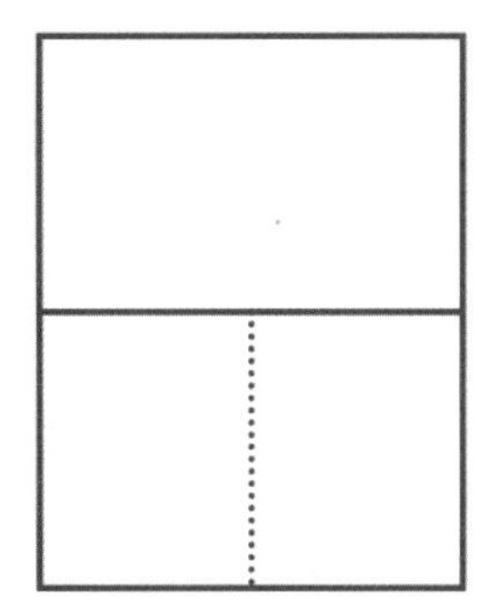

옆의 그림에서 반쪽을 보면 높이가 3이고 폭이 2, 즉 R= $\frac{3}{2}$ 이다. 이걸 한 번 더 접거나 자르면(점선) 높이가 2, 폭이 $\frac{3}{2}$으로 R= $\frac{4}{3}$로 되돌아간다. 이런 식으로 계속 접으면 R= $\frac{3}{2}$과 R= $\frac{4}{3}$가 교대로 나온다.

오늘날은 이와는 다른, 어쩌면 최적의 R이

라고 할 수 있는 R=$\sqrt{2}$=1.41이 선택된다. 이렇게 2의 제곱근을 쓰면 종이를 반으로 접어 나온 종이도 높이와 폭 비율이 $\sqrt{2}$로 동일한 R값을 유지한다. 이런 멋진 특성은 종이를 아무리 많이 접어도 이어진다. 높이와 폭 비율은 늘 $\sqrt{2}$다. 이 용지 비율은 이런 특성을 보이는 유일한 선택이다(높이 h, 폭 1인 용지를 반으로 접는 게 아니라 삼등분을 할 경우 R=3/h가 나오는데, R=$\sqrt{3}$이어야만 처음 R값이 유지된다). 시작하는 용지의 폭을 1, 높이를 h라고 하면 R=h이다. 이 용지를 반으로 자르면 높이가 1, 폭이 h/2로 R=2/h가 된다. 이때 2/h=h, 즉 h^2=2일 경우 두 값이 같다.

우리에게 익숙한 A 용지는 이제 미국을 제외한 세계 어디에서나 표준이 됐는데, 면적이 1m^2인 A0 크기에서 시작한다. A0 용지는 높이가 $2^{1/4}$m이고 폭이 1/$2^{1/4}$m이다. 종이를 반으로 접을 때마다 A1, A2, A3, A4, A5 이런 식으로 이름을 붙이는데, 옆의 그림처럼 모두 동일한 비율인 R=$\sqrt{2}$를 보인다.

책의 경우는 선호하는 높이와 폭 비율이 또 바뀐다. A 규격 용지는 웹에서 다운로드를 받거나 워드프로세서로 작업한 문서를 프린팅해(미국을 제외하면 늘 A 규격 용지를 쓴다. 덕분에 A4 문서를 축소 복사할 때도 용지 트레이를 바꾸지 않아도 된다. 복사기에서 축소 비율을 보통 70%로 표시하는데, 0.71=1/$\sqrt{2}$에 가까운 값이다. 확대 복사를 할 경우 140%로 표시되는데, 1.41=$\sqrt{2}$에 가까운 값이다. A4 두 장을 $\sqrt{2}$ 비율로 축소해 각각을 A5로 만들 경우 A4 용지 한 장에 양쪽으로 프린터를 할 수 있다는 말이다. US 레터 규격 용지에는 이런 합리적인 특징이 없다) 제본한 경우를 제외하면 책에서는 잘 쓰이지 않는다.

여기서 고려할 게 두 가지 있다. 만일 늘 펼쳐 놓고 읽어야 하는 책이라면—두꺼운 참고 서적이나 커다란 성서 백과사전, R〈1인 풍경을 펼쳐 보는 그림책—어떤 R 비율이라도 상관없다. 하지만 손에 들고 읽는 책일 경우 가벼울수록 좋다. 페이지 높이는 페이지 폭보다 길어야 하는데(R>1) 그렇지 않으면 손가락과 손목이 금방 피로해지기 때문이다. 두 손으로 번갈아 들어도 마찬가지다. R=1.5나 그 유명한 황금비(정확한 황금비 $g=(1+\sqrt{5})/2=1.618\cdots$이다. 분수 34/21은 이 무리수에 가까운 아주 좋은 정수비다. A와 B가 황금비가 되려면 G=A/B=(A+B)/A를 만족시켜야 한다. 즉 $G^2-G-1=0$이고 G의 해가 황금비다)에 가까운 $R=\frac{34}{21}=1.62$를 택할 경우 손에 들어도 폭이 더 길 때 나타나는 불편함 없이 쉽게 균형을 잡을 수 있다(소책자일 경우 $R=\sqrt{3}=1.73$ 또는 5/3=1.67이 가장 흔하다).

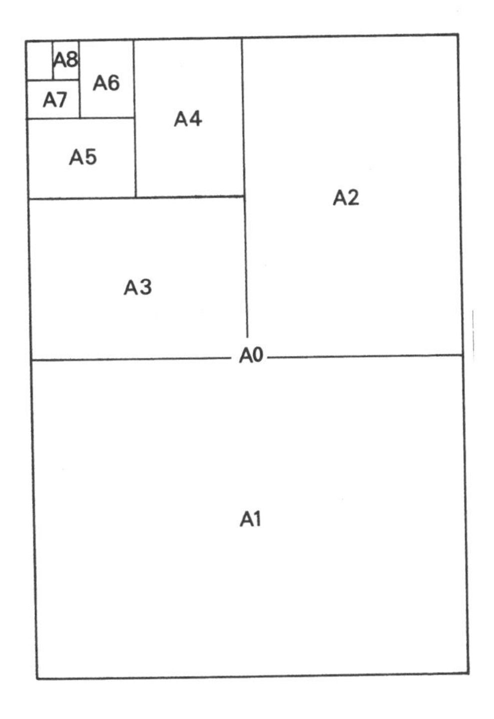

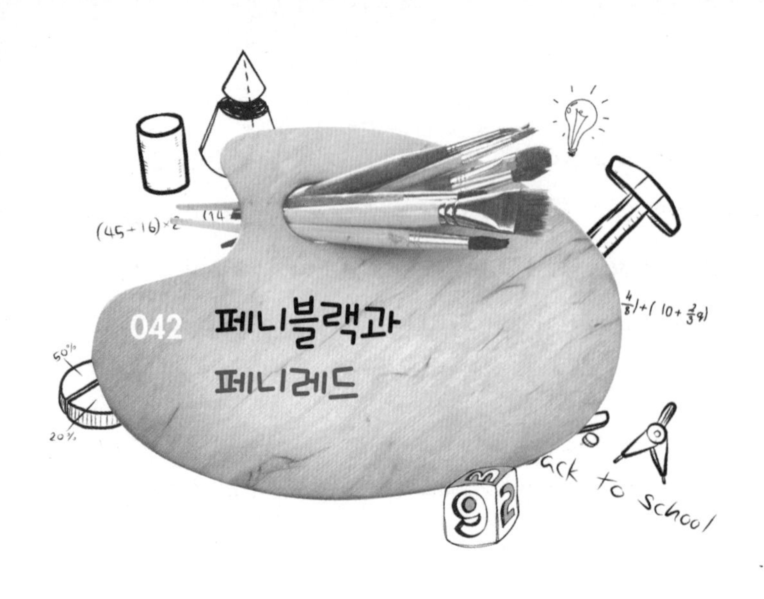

042 페니블랙과 페니레드

1840년 롤런드 힐Rowland Hill이 발명한 뒷면에 풀이 발라진 우표는 돌이켜 보면 너무 뻔해 보이는 간단한 아이디어이기 때문에, 이것이 어떻게 세상을 바꿀 수 있었는지 의아하다. 하지만 정말 세상을 바꿨다. 이 우표가 나오기 전 영국의 우편 업무는 그야말로 비효율의 총체로 모두의 불만을 사기에 충분했다. 부자나 특권층은 무료로 편지를 주고받았지만, 일반 대중은 터무니없는 폭리의 희생자들이었다. 1837년 힐은 『우체국 재편, 그 중요성과 실현 가능성』이라는 제목의 소책자에서 업무를 개선할 수 있는 계획을 제시했다. 당시 런던에서 에든버러까지 편지를 보낼 때 1실링 1페니 2파딩을 지불했는데, 반면 우체국의 운반비용은 1파딩도 안 되었다(당시 1실링에 12페니였고 1페니에 4파딩이었다). 무려 54배에 이르는 폭리다.

우편 요금은 보내는 종이 매수에 따라 결정됐다. 보통 편지 봉투는 쓰지 않았는데, 이것도 매수에 포함했기 때문이다. 우편 요금은 항상 수취인이 부담했다. 만일 편지를 받지 않겠다고 하면 지불하지 않아도 된다. 이런 체계는 부정행위의 온상이 됐다. 부도덕한 사람들은 편지에 표시를 하거나 다른 방법(크기, 색상, 모양)으로 수취인이 편지를 받지 않아도 메시지를 알아볼 수 있게 했다. 편지가 도착했다는 것 자체가 메시지일 수도 있었던 것이다.

이 모든 문제를 풀 수 있는 힐의 제안은 간단하면서도 새로웠다. '도장을 찍을 수 있을 정도 크기의 작은 종이로 뒷면에 풀을 발라 사용자가 물기를 약간 더하면 편지 봉투에 붙일 수 있다.' 다른 말로 하면, 풀이 발라진 우표라는 아이디어를 떠올린 것이다. 이 우표는 발송자가 사서 붙이고, 가격은 영국 전역에서 반 온스(약 14g)당 1페니로 책정하면 될 것이다. 그러면 발송자가 부담없이 지불을 하고 우편 사용이 늘어나는 동시에 무임승차나 속임수가 사라질 것이므로 여전히 짭짤한 사업이 될 것이다. 여기에 더해 힐은 배송 효율을 높이기 위해 대문 앞 우편함도 발명했다. 이제 우체부는 우편 요금을 받기 위해 멈출 필요도 없을 뿐 아니라, 머지않아 대문이 열리기를 기다릴 필요도 없게 된 것이다. 집집마다 우편함이 있기 때문에 편지를 집어넣기만 하면 된다. 그리고 대문을 두드린 뒤 다음 집으로 간다.

처음엔 바가지 요금으로 벌어들이는 부당한 수익이 없어질까 걱정한 체신공사 총재와 공짜 서비스가 없어질까 걱정한 귀족들의 반대가 있었지만, 힐의 제안은 대중의 광범위한 지지를 받았다. 반대자들은 마지 못해 입장을 바꿨고 1839년 8월 17일 우편 요금 의무법안은 국왕의 재가를 받아 공포됐다.

재무부는 새로운 1페니짜리 우표 디자인 공모를 주관했다. 디자인을 선택하고 종이, 잉크, 풀을 정하는 데 수개월이 걸렸고 마침내 고전적인 페니블랙penny black 디자인을 완성했다. 1840년 5월 1일에 우표가 발매됐는데, 5월 6일부터 사용할 수 있었음에도 이날만 60만 장이 팔렸다(5월 2일과 5일에 사용된 우표가 두 장 있는데 매우 귀하다. 5월 5일자 소인이 있는 편지 봉투는 영국왕립우표수집컬렉션에 소장돼 있다).

처음에는 우표 테두리에 작은 구멍이 뚫려 있지 않았기 때문에 우표 240장이 찍혀 있는 종이를 잘라서 써야 했다(당시 1파운드에 240페니였다). 종이에는 우표가 20행, 12열로 배열돼 있었고, 각 우표에는 위치를 알려주는 확인 글자가 두 개 있었다. 즉 아래 왼쪽에 행을, 아래 오른쪽에 열을 적었다.

우체당국은 속임수를 우려했다. 따라서 우표를 다시 쓰는 걸 막기 위해 사용한 우표에는 소인을 찍을 필요가 있었다. 그런데 불행히도 검은색 우표는 검은 잉크로 소인 표시를 할 경우 제대로 분간을 할 수 없기 때문에 좋은 선택이 아니었고 그 결과 재사용되는 경우도 있었다. 이 문제를 해결하기 위해 적갈색의 몰타 십자가 문양의 소인을 만들었지만 여기에 쓰인 빨간색 잉크는 지우기가 어렵지 않았다. 이어서 두 번째 우표가 나왔는데, 좀 더 무거운 우편물에 붙이는 2페니짜리 파란색 우표로 검은색 소인에 더 적합한 색상이었다. 뒤이어 1841년 1페니짜리 검은색 우표도 빨간색으로 바뀌어 검은색 소인이 쉽게 눈에 띄었다.

한편 당국자들은 또 다른 속임수를 걱정했다. 만일 소인 표시가 우표의 일부에만 찍힌다면 사용한 우표를 봉투에서 떼어낸 뒤 모아 놓고 소인이 찍힌 부분은 잘라낸 뒤 조각을 모아 새 우표를 만들 수도 있을 것이다. 그리고 정말 그렇게 하는 사람들이 있었다. 그러고는 짜깁기한 우표 뒷면에 풀을 발라 봉투에 붙였다. 용매를 써서 우표에는 눈에 띄는 손상을 주지 않으면서 소인 표시만 없앨 수 있는 가능성도 걱정이었다. 힐은 소인에 가장 적합한 잉크를 찾는 실험에도 깊숙이 관여했다.

이에 대한 간단한 해결책은 우표를 거의 다 덮을 수 있는 소인 표시를 하는 것이다. 다른 해결책도 나왔는데 좀 더 근사하다.

원래 우표에는 아래 양 모퉁이에만 용지 위치를 알 수 있는 글자가 찍혀 있었지만(위의 양 모퉁이에는 장식적인 기호가 찍혀 있었다) 1858년에 바뀌었다. 쓸데없이 복잡한 몇 가지 제안이 나온 뒤, 윌리엄 보켄함William Bokenham과 토머스 부셰Thomas Boucher는 간단하면서도 멋진 아이디어를 내놓았다. 우표 위 양 모퉁이에 두 글자를 둔 뒤 아래에는 두 글자의 순서를 바꿔 배치했다. 즉 A, B가 우표 위의 왼쪽과 오른쪽 모퉁이라면 아래는 B, A가 될 것이다.

이제 사용한 우표 두 개에서 소인 표시가 없는 부분을 단순히 짜깁기해서는 새로운 우표를 만들 수 없기 때문에 꽤 좋은 아이디어였다. 두 조각을 붙인 우표는 모퉁이의 글자가 맞지 않을 것이다. 한편 용지에서 같은 위치에 있는, 즉 두 글자 쌍이 동일한 우표들을 짜깁기하는 일을 막기 위해 우표의

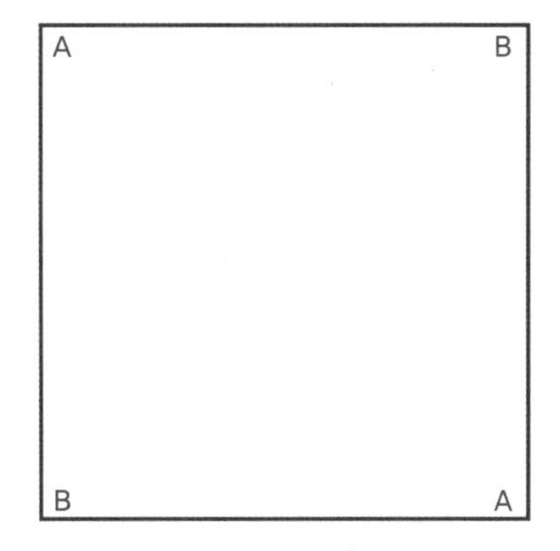

세로 양 측면 중간에 용지 일련번호를 넣었다. 이 모든 배치는 오늘날 지폐 일련번호와 국가보험번호, 항공기 탑승권 번호 등 위조되거나 잘못 인쇄될 수 있는 공식적인 '숫자'를 인증하는 데 쓰이는 검사 숫자코드의 시초다. 티켓 숫자를 확인하는 간단한 방법—예를 들어 각 숫자에 어떤 수를 곱한 뒤 더한 숫자를 9로 나눴을 때 늘 같은 나머지가 나오는 숫자 조합—으로도 많은 오류와 위조를 막을 수 있다.

새로운 확인문자 시스템이 간단하고 롤런드 힐 경이 이에 즉각 동의했음에도 불구하고 1페니짜리 새로운 우표를 인쇄할 판을 만드는 건 방대한 작업이었다(엄청난 우표 수요를 맞추기 위해 225개가 필요했다). 인쇄판 하나로 우표 수백만 장을 찍을 수 있다. 그 결과 새로운 1페니짜리 빨간색 우표는 1864년에야 나왔다. 수요가 덜한 2페니짜리 파란색 우표를 찍는 데는 인쇄판 15개로 충분했는데, 1858년 6월까지 처음 인쇄판 여덟 개의 비용을 뽑았다. 1864년 이후에는 새로운 확인문자 시스템이 영국의 모든 우표에 적용됐다. 이 유산은 오늘날까지 이어지고 있는데, 영국 우표를 전문으로 수집하는 사람들은 각 우표마다 모든 인쇄판 번호를 확보하려고 하고 심지어 문자 패턴이 맞는 우표 240장을 모아 우표 인쇄용지 한 장을 재구성하려고도 한다. 사용한 우표 가운데 가장 드문 우표인 77번 인쇄판으로 찍은 페니레드 한 장이 4페니짜리 우표와 함께 봉투에 붙어 있는 상태에서 최근 스탠리 기븐스(Stanley Gibbons: 영국의 우표 거래 업체—옮긴이) 웹사이트에 올라왔는데 55만 파운드(약 9억 5000만 원)에 팔렸다. 77번 인쇄판으로 찍은 페니레드는 사용하지 않은 것이 네 장, 사용한 것이 다섯 장 알려져 있을 뿐이다(처음 인쇄된 우표들은 테두리 구멍에 문제가 있어서 회수됐지만, 그 가운데 일부가 팔린 것 같다. 문제가 된 77번 인쇄판은 훼손시킨 직후 폐기했다. 사용하지 않은 우표 네 장 가운데 한 장은 영국의 로열 컬렉션에 있고 다른 한 장은 영국도서관 태플링 컬렉션에 있다. 라페엘 컬렉션에 있던 다른 한 장은 1965년 도난당했고 (진위가 의심되는) 마지막 한 장은 1920년대 페라리 컬렉션이 팔았다. 현재 뒤의 두 장의 소재는 파악되지 않고 있다).

스탠리 기븐스는 이 우표가 한 장으로는 지금까지 판매한 우표 가운데 최고가라고 밝혔다. 우표 위조범들이 여전히 존재한다면 지금쯤 177번 인쇄판에서 찍은 페니레드에서 'I'을 지우려는 노력을 하고 있을 것이다.

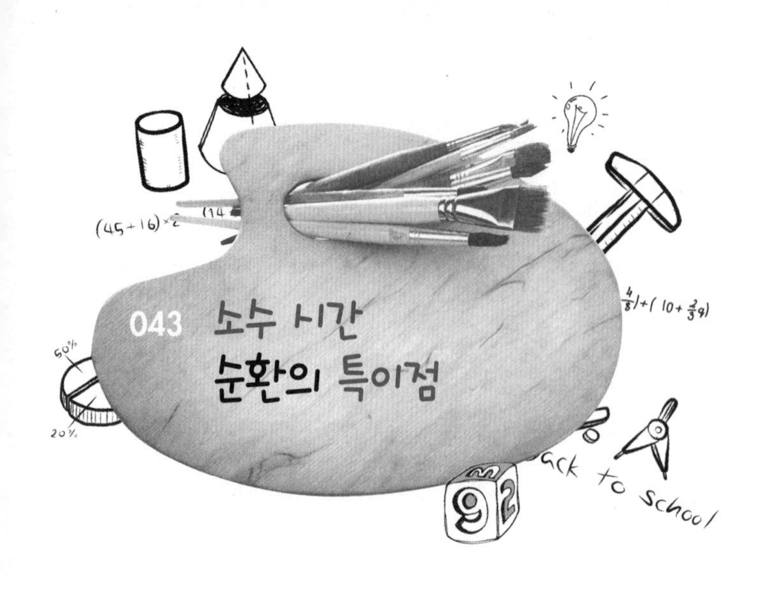

043 소수 시간 순환의 특이점

많은 축제와 스포츠 대회가 수년을 주기로 열린다. 대표적인 예로 올림픽과 월드컵이 있다. 그 밖의 주요 국제 스포츠 대회, 컨퍼런스와 콘서트, 아트 페스티벌, 전시도 이렇게 열리는 경우가 많다. 따라서 이런 주기적인 행사를 기획할 때는 일회성 행사에서는 고려할 필요가 없는 특별한 문제들이 있음을 알아야 한다. 즉 행사의 주기적 순환이 비슷한 순환을 보일 수 있는 대형 행사와 충돌하지 않도록 조율해야 한다. 예를 들어 4년마다 열리던 유럽육상선수권대회가 2년마다 열리기로 바뀌면서 2012년에 어떤 일이 일어났는지 보자. 대회가 올림픽이 열리기 몇 주 전에 개최되자 두 대회에 모두 참가한 선수는 얼마 되지 않았다.

행사가 겹칠 때 생기는 문제는 단순하다. 한 행사가 C년(또는 달 또는 일)마다 열릴 경우 C의 소인수를 주기로 하는 다른 행사와 충돌할 위험성이 있다. 즉 만일 C=4라면 매년 또는 2년마다 열리는 행사와 같은 해에 열릴 수 있다. C=100일 경우 2, 4, 5, 10, 20, 50년 주기인 행사와 맞물릴 가능성이 있다. 이런 충돌을 막으려면 주기 C를 소수로 잡으면 된다. 이 경우 소인수가 없으므로(1은 제외) 충돌할 위험성을 최소화할 수 있다. 그런데 이상하게도 소수를 주기로 하는 행사를 거의 볼 수 없다. 올림픽과 영연방경기대회, 월드컵 같은 대형 스포츠 행사도 C=4이지 C=5가 아니다.

생물 영역에도 이 문제에 대응하는 흥미로운 사례가 있다. 매미는 식물체와 나뭇잎을 먹고 산다. 매미는 삶의 대부분을 땅 밑에서 보내는데, 땅 위에서는 불과 몇 주를 살며 짝짓기를 하고 노래를 부르다 죽는다. 미국에는 두 종이 있는데 모두 마기시카다속Magicicada에 속한다. 이 녀석들의 삶의 주기는 정말 특이하다. 미국 남부에 사는 종류는 13년 동안 땅 밑에 있고 동부에 사는 종류는 17년을 땅 밑에서 보낸다. 이 녀석들은 나무에 알을 낳는데, 알이 땅으로 떨어진 뒤 갓 부화한 애벌레가 땅 밑으로 들어가 나무뿌리에 달라붙는다. 그리고 13년 또는 17년이 지나서야 땅 위로 올라오는데, 불과 수일이라는 짧은 기간 동안 때맞추어 대략 250km^{2}의 면적에 엄청난 숫자로 존재한다.

이런 놀랄 만한 행동은 많은 의문을 불러일으킨다. 13년 또는 17년이라는 평범하지 않은 주기 시간이 눈에 띄는데 둘 다 소수이기 때문이다. 이 사실은 삶의 주기가 짧은 매미의 기생충이나 천적(대부분 2년에서 3년)이 매미에 맞춰 살아갈 수 없고 따라서 매미의 씨가 마르게 할 수 없음을 의미한다. 만일 14년을 삶의 주기로 하는 매미가 있다면 2년이나 7

년을 주기로 하는 천적에게 밥이 될 것이다.

13보다 작은 소수인 경우는 어떨까? 생물학자들은 이처럼 뜨문뜨문 번식을 하는 경향이 서식지에서 흔히 발생하는 위험한 서리에 대한 대응이라고 생각한다. 즉 번식을 드물게 하는 건 종종 위험한 환경에 대한 대응이다. 또한 13년 또는 17년마다 나타난다면 흔한 천적, 특히 새들의 경우 매미만을 먹이로 의존해서는 살아갈 수가 없을 것이다.

끝으로 매미는 왜 불과 수일 사이에 모두 등장하는 것일까? 이것 역시 오랜 기간에 걸쳐 획득한 생존 전략으로 이런 매미들이 그렇지 않은 매미들보다 더 많이 살아남는 경향이 있기 때문이다. 만일 오랜 기간에 걸쳐 수백만 마리가 나타난다면 새들은 매일 양껏 먹으며 좋아할 것이고, 그 결과 매미는 다 잡아먹힐 것이다. 하지만 모든 매미가 아주 짧은 기간 동안만 존재한다면 새들이 배터지게 먹어도 많은 매미가 살아남을 것이다(한 사육장에 있는 토끼 암컷들은 같은 시기에 임신하는 경향이 있는데, 역시 같은 시기에 토끼 새끼들이 태어나기 때문에 숫자가 많다. 그래야 여우 같은 천적에게 일부가 희생되어도 다수가 살아남을 수 있다). 진화는 시행착오를 거쳐 소수prime numbers의 존재를 발견했고 덕분에 사람들은 그 이유를 궁금해하며 이런저런 추측을 해왔다.

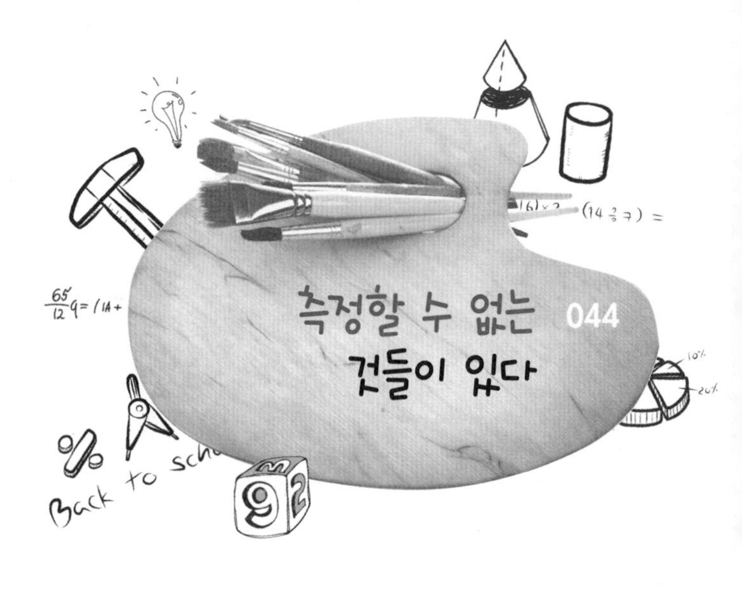

044 측정할 수 없는 것들이 있다

정치가와 사회과학자, 의학연구가, 공학자, 관리자 모두 일의 효과를 측정하는 아이디어를 좋아하는 것 같다. 이들의 목적은 칭찬할 만하다. 이들은 일을 점수화해서 나쁜 것들은 없애고 좋은 것들은 강화해 효과를 높이고자 한다. 하지만 우리는 아름다움이나 불행 같은 것들은 정량화하기 어렵다는 걸 직관적으로 느낀다. 이런 특성들도 정량화할 방법이 있을까?

미국의 논리학자 존 마이힐John Myhill은 이 질문에 대해 어떻게 생각해야 하는지에 관한 유용한 방법론을 제시했다. 세계의 가장 단순한 측면으로 '계산가능성'이라는 속성이 있다. 이 말은 어떤 대상에 이런 속성이 있는지 없는지 여부를 결정하는 체계적인 과정이 있다는 뜻이다.

홀수나 전기전도체, 삼각형 등은 다 이런 관점에서 계산가능한 존재들이다.

사물에는 이보다 좀 더 미묘한 특성도 있다. '진리'나 '천재' 같은 친숙한 특성은 계산할 수 있는 특성들보다 오히려 감을 잡기 어려워 목록에나 올릴 수 있을 뿐이다. '목록에 올릴 수 있음listability'은 원하는 특성을 지닌 모든 경우를 체계적으로 목록화하는 과정을 구축할 수 있다는 뜻이다(용례의 수가 끝이 없을 경우는 목록을 완성할 때 무한한 시간이 걸릴 수 있다). 하지만 원하는 속성을 갖고 있지 않은 경우를 모두 목록으로 만들 수 있는 방법은 없다. 만일 목록으로 만들 수 있다면 그 속성은 계산할 수 있게 될 것이다. 주어진 특성이 없는 사물들을 목록으로 만드는 건 엄청난 도전임을 쉽게 알 수 있다. 바나나가 '아닌' 모든 것들의 목록을 만드는 경우를 생각해보라. 이것들의 실체가 뭔지 아는 것은 엄청난 도전이다.

사물(또는 사람)의 특성 가운데 목록으로 만들 수 있지만 계산할 수 없는 것도 많다(괴델의 불완전성 원리가 없는 세계에서는 모든 산술 명제를 목록으로 만들 수 있다). 마이힐은 목록을 만들 수도 없고 계산할 수도 없는 사물의 속성이 있다는 걸 깨달았다. 이런 속성은 몇 단계의 연역적 추론을 거쳐 인식할 수도 일반화할 수도 측정할 수도 없다. 또 몇 가지 규칙이나 컴퓨터 출력, 분류 체계, 스프레드시트 등으로 완전히 포착할 수도 없다. 단순성, 아름다움, 정보, 천재성 등이 다 이런 특성의 예들이다. 즉 이런 속성을 지니는 모든 가능한 사례를 만들어내거나 순위를 매기는 마법의 공식은 없다는 말이다. 어떤 컴퓨터 프로그램도 예술적 아름다움의 모든 예를 제시할 수 없고 어떤 프로그램도 이런 아름다움을 모두 인식할 수는 없다. 이런 특성을 다룰 수 있는 최선의 방법은 계산하거나 목록으로 만들 수 있는 몇몇 속성을 추출해 근삿값을 얻는 것이다. 예를 들어 아름다움의 경우 얼굴이나 몸의 대칭성의 존재 여부를 조사할 수 있을 것이다. '천재성'의 경우 IQ 같은 지능시험 점수를 볼 수 있다. 어떤 속성을 선택하느냐에 따라 다른 결과가 나올 것이다. 당연히 이 모든 하위 속성을 규정하거나 심지어 인식할 수 있는 방법은 없다. 사람의 특성을 포함해 복잡계의 과학이 무척이나 어려운 이유다. 셰익스피어의 작품을 설명하거나 예측할 수 있는 '모든 것의 이론'은 없다. 어떤 것도 완벽해질 수 없다.

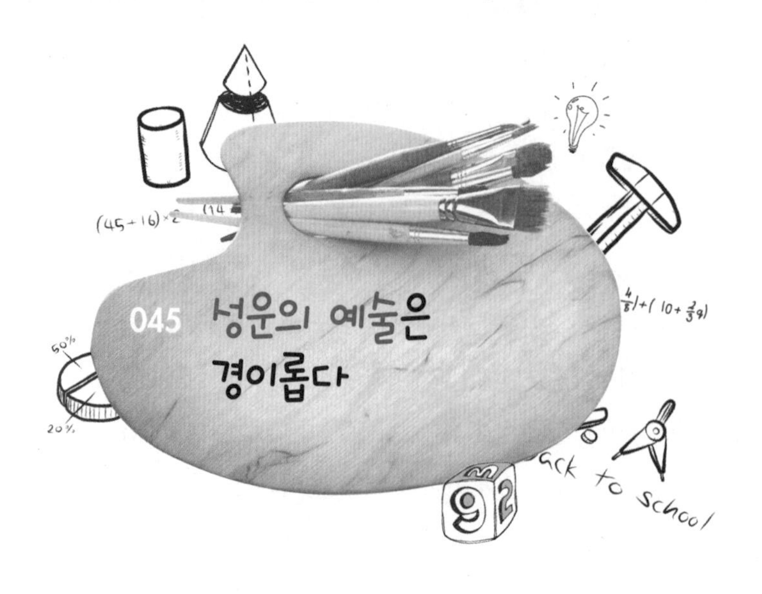

045 성운의 예술은 경이롭다

화려한 천문학 잡지나 사진집에서 가장 중요한 이미지는 별이나 은하가 아니라 성운이다. 별이 폭발하면 주변 공간으로 엄청난 속도의 에너지를 내뿜는다. 그 결과 장대한 광경이 펼쳐진다. 빛의 복사radiation가 가스와 먼지로 된 구름과 상호 작용을 하면서 무지개색이 만들어지는 미스터리한 우주의 사건이다. 먼지가 빛을 가린 어두운 구름은 선명한 어두운 경계를 만들어 우리의 상상력이 보고자 하는 걸 보여준다. 우주 규모의 잉크반점 검사라고 할까. 타란튤라(Tarantula, 거미), 말머리, 달걀, 북아메리카, 목걸이, 트리피드the Triffid, 아령, 고양이 눈, 팩맨the Pac-Man, 사과 속, 불꽃, 하트, 태아, 나비, 독수리, 게. 모두 성운의 어두운 구름을 보고 떠올린 이름들이다.

현재 스탠퍼드 대학교에 있는 예술사가 엘리자베스 케슬러Elizabeth Kessler는 이 현대 천문학 이미지에 매혹적인 숨은 의미가 있음을 알아차렸다. 천문학자가 아닌 예술사가의 눈으로 허블 우주망원경에 찍힌 성운 이미지를 살펴본 케슬러는, 앨버트 비어슈타트Albert Bierstadt와 토마스 모란Thomas Moran 같은 19세기 미국 서부 예술가들의 위대한 낭만주의 작품을 떠올렸다. 이 화가들은 미지의 땅인 서부에 도전하는 최초 정착민과 탐험가의 개척 정신에 영감을 주는 장대한 풍경을 표현했다. 이들은 그랜드 캐니언과 모뉴먼트 밸리(Monument Valley: 미국 애리조나 주 사막에 있는 침식된 사암지대) 같은 장소를 표현하면서 풍경화의 낭만주의 전통을 만들었다. 이들의 작품은 인간의 정신에 중요한 심리적 '갈고리' 역할을 했다. 예술가들은 서부로 향하는 신기원이 되는 탐험에 동행하면서 자연의 경이를 포착했고, 사람들이 모험의 중요성과 위대함을 확신하도록 만들었다. 오늘날에도 전쟁 화가들과 사진작가들이 그 명예로운 전통을 이어나가고 있다.

그런데 어떻게 이런 일이 일어날 수 있을까? 천체 사진은 천체 사진일 뿐 아닐까. 그런데 꼭 그렇지는 않다. 망원경의 카메라가 모은 원 데이터는 파장과 세기에 대한 디지털화된 정보다. 종종 이런 파장은 우리 눈의 감도 범위를 벗어나 있다. 우리가 보는 최종 사진은 색의 범위를 어떻게 설정하고 이미지의 전반적인 모습을 어떻게 만들 것이냐에 따라 결정된다. 종종 다른 파장 범위의 이미지들을 조합해 한 장의 사진으로 만든다. 옛날 풍경 화가들이 했던 것처럼 미적인 측면에서 다양한 취사 선택을 하게 되는데, 고품질 사진을 만드는 목적은 과학 분석이 아니라 사람들에게 보여주기 위해서이기 때문이다.

전형적인 과정의 예로 허블 망원경 사진을 보면, 서로 다른 파장 범위를 갖는 세 가지 원 이미지 데이터에서 결함이나 원치 않는 변형을 없앤 뒤 사진으로 표현할 색을 선택해 입힌 뒤 멋진 정사각형 이미지로 내놓는다. 이 과정에서 기술과 미적 판단이 필요하다. 유명한 허블 망원경 이미지로는 독수리 성운 사진이 있다. 이 사진이 명성을 얻은 건 두 가지 이유 때문이다. 가스와 먼지로 된 거대한 기둥이 석순처럼 위쪽으로 뻗어나가고 있는데, 이곳에서 가스와 먼지로부터 새로운 별이 형성된다. 이 사진에서 케슬러는 토마스 모란이 1893~1901년에 걸쳐 그린 작품으로 현재 미국 국립아메리칸미술관에 소장돼 있는 〈와이오밍 준주 콜로라도강 상류의 절벽Cliffs of the Upper Colorado River, Wyoming Territory〉을 떠올렸다. 독수리 성운 사진은 위아래를 마음대로 정할 수 있다. 이 사진이 만들어지고 색이 입혀진 방식은 모란의 작품 같은 장대한 서부 지역 풍경화를 연상시키는데, 관람객의 시선을 휘황찬란하고 웅장한 봉우리로 끌어당긴다. 거대한 가스 기둥은 천체의 모뉴먼트 밸리다. 과도하게 노출되어 반짝거리는 전면의 별이 태양을 대신하고 있다.

사실 우리는 케슬러보다 더 나갈 수도 있다. 전통 서부 예술 작품이 있는 갤러리에서 압도적인 풍경화를 감상한 후, 그 독특한 형식을 장식적인 정원이나 공원을 만들 때 정보로 이용할 수도 있다. 여기에는 주의 깊게 꾸민 감수성과 안전한 환경에 대한 욕망이 내재돼 있다. 수백만 년 전 조상들이 오늘날에 이르는 진화 여정을 시작했을 때를 상상해보라. 좀 더 안전하고 살아가는 데 도움이 되는 환경을 선호한 사람들이 그렇지 않은 성향을 지닌 사람들보다 더 많이 살아남았을 것이다. 남이 나를 볼 수는 없지만 나는 남을 지켜볼 수 있는 풍경을 좋아하는 것이 바로 진화심리학이다. 이런 환경을 '조망하면서 쉴 수 있는' 풍경이라고 부른다. 관찰자는 안전하고 눈에 잘 띄지 않는 좋은 위치에서 사방을 둘러볼 수 있다. 우리가 끌리는 풍경화 대다수는 이런 모티브를 지니고 있다. 실제로 작품의 이미지가 작품의 표현 너머로 확장되기도 한다. 『초원의 집』(1974~1983년 방송된 미국 드라마)에서 난롯가, 통나무집, 〈만세 반석 열리니〉(Rock of Ages cleft for me: 찬송가)가 울려 퍼지는 장면은 모두 조망과 안식처의 예들이다. 이는 초기의 우리 조상이 수백만 년에 걸쳐 진화하고 살아남은 아프리카 사바나 환경의 특징이다. 오늘날 공원처럼 나무들이 간간이 보이는 탁 트인 평지에서 우리는 노출되지 않은 상태로 조망을 할 수 있다.

반대로 나무가 빽빽이 들어차 어두컴컴한 숲은, 길도 구불구불하고 위험한 커브 길도 있어서 어떤 위험이 닥칠지 알 수 없다. 걷고 싶지 않은 길과 어둠침침한 계단이 있던 1960년대 아파트 단지와 닮은 풍경이다. 이런 것은 눈길을 끄는 풍경이 아니다. 우리가 들어가고 싶은 곳은 조망과 안식을 주는 환경이다. 이 심리를 적용해 모든 형태의 현대 건축물을 시험해봐도 된다. 허블 우주망원경이 찍은 아름다운 천체 사진에는 이런 조망과 안식의 요소는 없지만 미지의 세계를 탐험하고자 하는 인간의 동경에 대한 예술적 공명의 영향을 받은 것만은 틀림없다.

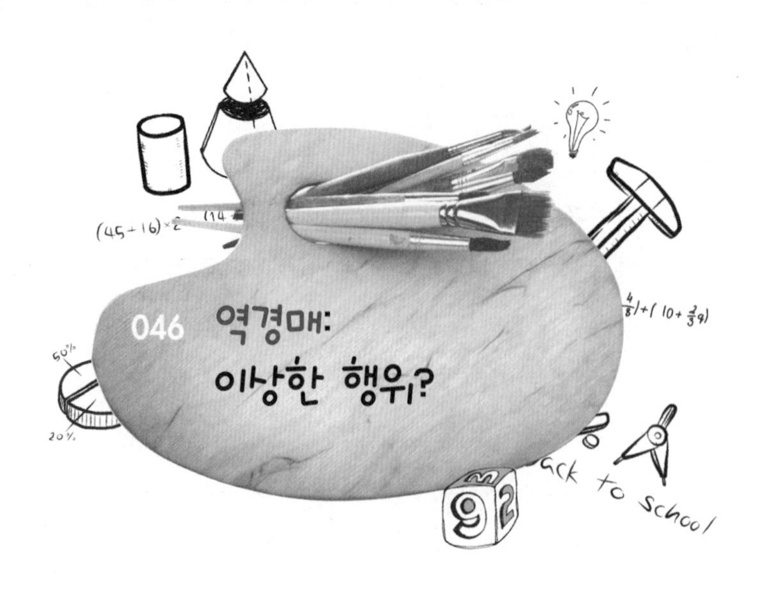

046 역경매: 이상한 행위?

경매는 좀 이상한 행위이다. 경제학자들과 수학자들은 모든 사람이 합리적으로 행동한다는 전제 아래 경매를 논리적으로 분석하려고 한다. 하지만 실제 상황은 이런 전제대로 움직이지 않는다. 알다시피 우리는 위험에 대해 비대칭적인 태도를 지니고 있기 때문이다. 즉 1000파운드를 따는 것보다 1000파운드를 잃게 되는 경우를 훨씬 더 비중 있게 생각한다. 금융 거래를 하는 사람들은 거래가 성공적으로 진행될 때, 수익을 늘리려고 하는 것보다 손실을 막으려고 노력하는 데에 훨씬 큰 위험을 감수한다. 우리는 위험에 대한 타고난 거부감 때문에 경매에서 값을 비싸게 부르곤 하는데, 경매 물건을 놓치는 위험을 감수하느니 돈을 좀 더 지불하는 쪽을 택하기 때문이다. 많은 입찰자들이 이런 식으로 값을 비싸게 부르게 되면 통제가 불가능한 상황이 된다. 어떤 상황에서는 위험성에 대한 이런 비논리적인 거부감이 사회에는 이익이 된다. 누가 무단으로 주차했는지 조사하는 주차 관리인이 순찰하는 경우가 매우 드문 곳에서도 거의 모든 사람들이 무인 판매기에서 주차권을 산다.

경매에서 입찰자들은 자신들이 다른 사람들과 어떤 식으로든 '다르다'고 생각하는 경향이 있는데—누구도 자신보다 높게 또는 낮게 입찰가를 쓰지 않을 것이다—이는 다수가 독립적인 선택을 하는 상황의 통계학에서는 터무니없는 일이다. 흥미로운 예가 '역경매'로 잠재적인 판매자들이 물건에 입찰가를 쓰면 낙찰자는 단독으로 가장 낮은 금액을 쓴 사람이 된다.

이 경우 어떻게 해야 할까? 최선의 선택은 0파운드 아니면 1파운드를 써내는 게 아닐까. 하지만 누구나 그렇게 생각할 것이고 그렇게 하지 않는다면, 그들보다 한 수 위인 내가 어쨌든 써낼 것이다. 이것은 내가 특별하고 남들과 똑같이 생각하지 않는다고 가정하는 사고의 고전적인 예다. 다른 선택은 그냥 '좀 작은' 숫자를 고르는 것이다. 아주 작은 숫자를 고를 사람은 없을 텐데, 그럴 경우 차별화되지 않는다는 게 너무 명백하기 때문이다. 아주 큰 숫자를 고를 사람도 없을 텐데, 이 경우 가장 작은 숫자가 될 수 없기 때문이다. 따라서 실제로는 아주 좁은 범위의 숫자가 있을 텐데, 예를 들어 얼마나 많은 입찰자가 있느냐에 따라 대략 8파운드에서 19파운드까지가 가장 작은 독특한 선택이 될 수 있는 좋은 기회처럼 보인다. 논리적으로 입찰가가 될 수 있는 숫자가 무한하지만 실제로 개인이 선택할 수 있는 범위는 제한되어 있다.

그렇다면 '최선의 입찰가는 얼마다'라고 말할 수 있는 최적의 전략이 있을까? 있다고 가정하고, 입찰에 참여한 사람의 숫자를 고려하면 13파운드를 써내야만 한다고 하자. 하지만 최선의 전략은 다른 모든 라이벌 입찰자들에게도 마찬가지다. 이 사람들도 13파운드를 써낸다면 당신은 떨어질 것이다. 따라서 이런 종류의 최선의 전략은 있을 수 없다.

또 다른 흥미로운 경매 유형으로는 가격을 제시할 때 비용을 물리는 것이다. 이를 전원 지불경매(all-pay auction: 낙찰을 받지 못한 사람들이 가장 큰 금액이나 그 값의 특정 비율만큼 지불해야 할 수도 있다)라고 부른다. 어떤 경우는 가장 높은 가격을 써낸 사람 둘만 지불한다. 확실히 이 시스템은 서로 상대보다 높은 가격을 제시하도록 부추길 수 있는데, 계속하지 않고 포기하면 낙찰은 받지 못하면서 비용은 지불해야 하기 때문이다. 이런 경매 방식은 미친 짓처럼 보이지만 겉모습을 약간 바꾼 채 우리 주변 곳곳에 존재한다. 경품추첨이 이런 예다. 누구나 입장권을 사지만 승자는 한 명뿐이다. 미국 대통령 선거를 보자. 후보자들은 대통령이 되기 위해 입후보를 하고 엄청난 돈을 기탁한다. 선거에서 지면 기탁금도 다 잃는다. 마찬가지로 동물의 세계에서 수컷은 암컷과 짝짓기할 권리를 얻으려고 또는 무리에서 우두머리가 되려고 싸운다. 하마 또는 사슴 두 마리가 싸울 경우 패배자의 건강이 나빠진 비용은 상당할 수 있다.

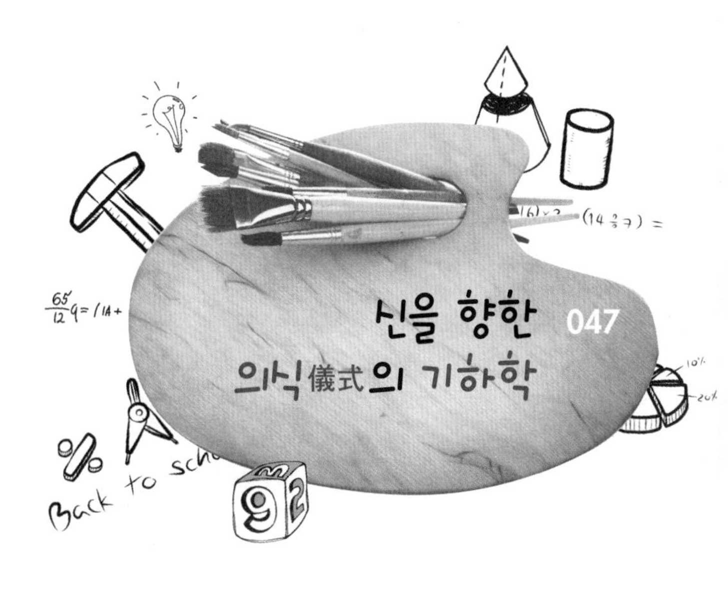

047 신을 향한 의식儀式의 기하학

기하학과 종교 의식 사이에는 오래된 연관성이 있다. 둘 다 대칭성과 질서, 패턴을 높이 평가한다. 이런 연결이 가장 폭넓게 적용된 경우를 고대 힌두교의 책자인 『술바 수트라스(*Sulba Sûtras*: 줄의 책)』에서 볼 수 있다. 이 산스크리트어 이름은 측량사가 땅에 말뚝을 박고 지면에 가까운 높이에서 줄을 연결해 직선을 표시한 데서 비롯한다. 오늘날에도 벽돌공들이 벽이 직선인지 확인할 때 이런 식으로 한다.

『술바 수트라스』는 기원전 500년에서 200년 사이에 저술됐는데, 제단을 세울 때 필요한 기하학적 구조물을 만드는 자세한 방법을 제공하고 있다. 일반 가정에 있던 제단은 단순한 벽돌 구조물이거나 땅 위에 그린 표시가 전부였다. 공동체의 목적으로 쓰인 제단은 좀 더 복잡한 구조물이었다. 제단 자체가 일을 좋게 하거나 악화시킬 수 있는 힘이 있는 존재로 여겨졌고, 따라서 적절한 방식으로 존중하고 챙겨야 했다.

이 책에 나온 지침을 보면 초기 인도 사회에서 이미 유클리드의 유명한 그리스 기하학에 대한 이해가 상당했음을 알 수 있다. 제단을 만드는 지침을 쓸 때 피타고라스의 정리와 그 비슷한 이론이 필요했음은 명백한 일이다.

제단을 만들 때 가장 흥미로우면서도 기하학적으로 도전적인 측면은 만일 어떤 사람이나 그의 가족, 또는 마을 사람에게 안 좋은 일이 생길 때, 악의 힘이 삶을 지배한다는 것을 인식한 것이었다. 따라서 이를 극복하기 위해 조치를 취해야 한다는 믿음에서 제단의 크기를 키우는 것이 가장 필요한 단계였다. '크기'는 표면적을 의미했고, 이는 『술바 수트라스』의 저자들에게 까다로운 기하학 문제를 안겨줬다.

가장 흔한 제단 스타일은 독수리 모양으로, 다양한 모양의 작은 벽돌을 많이 써서 만들었다. 제단을 지을 때 쓰는 전형적인 벽돌은 위 표면 모양이 평행 사변형이나 삼각형, 삼각형 조각을 떼어낸 직사각형이다. 여기 한 예가 있다.

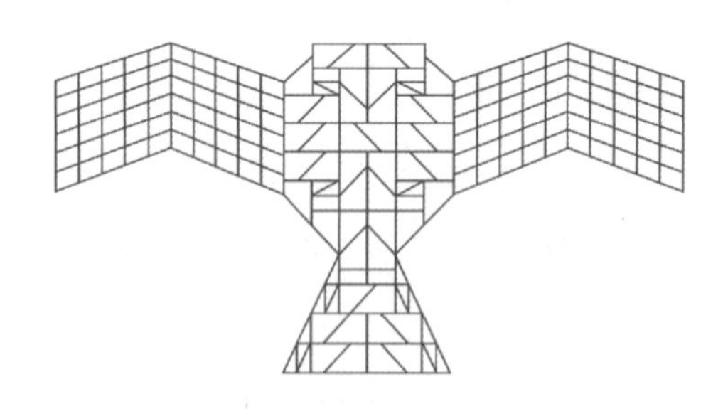

제단은 여러 층으로 쌓았을 것이고, 가장 중요한 제단의 경우 각 층마다 대략 벽돌 200개가 쓰였다. 전체적인 모양은 종교 의식에 맞게 규정한 엄격한 제한을 따라야 한다. 앞의 그림에서 짐작하겠지만 제단의 표면적을 두 배로 늘려 재난을 극복하려는 대책은 매우 복잡한 기하학적 과제였다. 『술바 수트라스』에는 간단한 모양에 대해 이런 작업을 수행하는 지침이 단계별로 나와 있고 패턴의 면적을 두 배로 확장하는 방법도 제시했다.

간단한 예로, 각 변의 길이가 1단위인 정사각형 모양의 벽돌이 있는데, 이를 두 배로 늘려야 한다. 이 벽돌의 면적은 1×1=1단위다. 이것을 2단위로 늘릴 때 쉬운 길이 있고 어려운 길이 있다. 쉬운 길은 벽돌 모양을 변의 길이가 1과 2인 직사각형으로 바꾸는 것이다. 반대로 어려운 길은 벽돌의 정사각형은 유지하되 각 변의 길이를 2의 제곱근인 1.41에 가까운 값으로 만드는 것이다. 독수리 날개를 보면 작은 평행 사변형 30개가 모여 큰 평행 사변형을 만들었는데, 이 경우는 생각보다 다루기가 쉽다. 단순히 직사각형이라고 생각하면 면적은 밑변에 높이를 곱한 값이 될 것이다. 평행 사변형을 두 배로 만드는 건 직사각형을 두 배로 만드는 것보다 더 어렵지 않다. 또 다른 모양으로는 아래 사다리꼴이 있다.

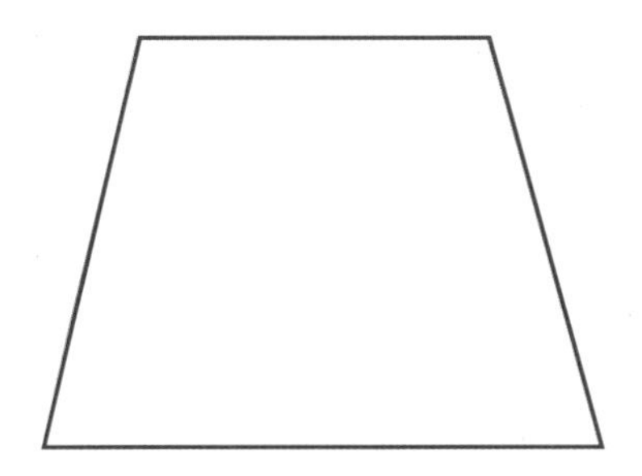

높이가 h, 밑변이 b, 윗변이 a라면 면적은 $(1/2)(a+b) \times h$가 될 것이다. 따라서 면적은 밑변과 윗변 평균값에 높이를 곱한 것이다.

이런 식의 추론은 촌락공동체 구성원들에게는 너무 복잡했기 때문에 사제들이나 기하학적 지침을 해석할 수 있는 사람들의 지위가 확고했다. 물론 편리한 어림 법칙이 개발됐겠지만, 의식에 필요한 이런 기하학 덕분에 인도 아대륙에서는 상당히 이른 시기에 산술과 기하가 발달했다. 오늘날 전 세계에서 쓰이는 숫자 0, 1, 2, 3… 9가 인도에서 기원했다. 이 숫자는 아랍의 학문 중심지를 거쳐 유럽으로 확산됐고, 마침내 그 유용함을 제대로 평가받아 11세기에 상업과 과학에서 채택됐다.

048 대칭적인 장미 모양 패턴

레오나르도 다 빈치는 특정한 유형의 대칭에 관심이 있었고, 이를 교회 설계에 반영했다. 그는 단순히 미학적 측면이 아니라 여러 이유로 온갖 유형의 대칭을 높게 평가했고, 교회를 설계하면서 벽감(서양 건축물에서 벽면을 오목하게 판 부분으로 조각품 등을 세워 둠)과 작은 예배당, 저장소를 추가할 때도 대칭을 유지하려고 신경을 썼다. 그가 직면한 기본 문제는 교회 건물 바깥쪽에 추가하더라도 교회 주변을 한 바퀴 돌 때 여전히 대칭성을 유지할 수 있는 것이 무엇인지 파악하는 일이었다. 이는 장미 모양 장식물rosette이나 풍차 날개, 프로펠러에서 가능한 대칭 패턴을 묻는 것과 같다. 이 모두는 중심축 주변에 동일한 각도로 배열된 기본 설계를 변형해 만들어진 패턴의 예들이다. 여기 90도 간격으로 날개가 배열된 아주 간단한 예가 있다.

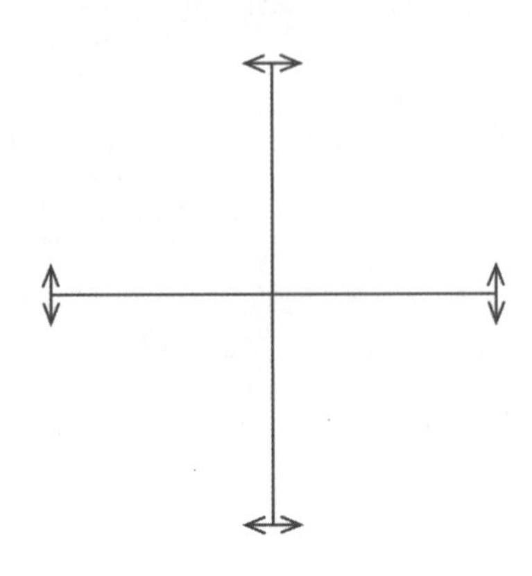

각 날개의 끝에 있는 양방향 화살표 모양은 동일해야 한다. 그리고 중심선에 대칭적으로 놓여야 한다. 그런데 양방향 화살표는 아래처럼 절반만 있는 형태로도 대체될 수 있다.

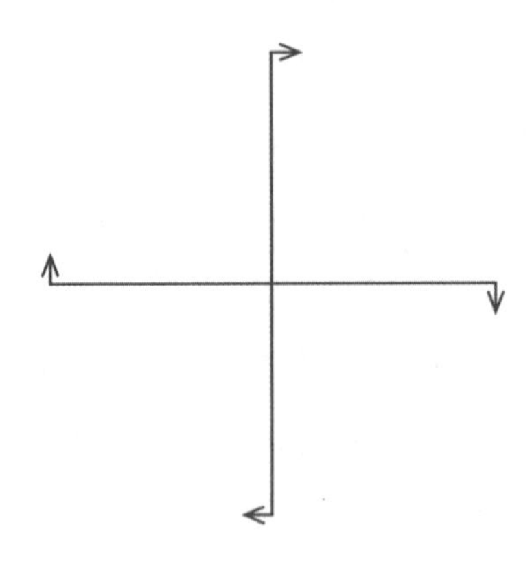

이 경우 반복 패턴은 아이들이 갖고 노는 바람개비와 같고 중심점에

대해 90도씩 회전할 때마다 동일한 패턴이 나온다.

레오나르도는 이런 대칭적이고 비대칭적인 디자인이 대칭적인 장미 모양 장식물 패턴을 만들 수 있는 단 두 가지 가능성이라는 사실을 깨달았다. 물론 날개는 여기 소개한 네 개보다 많아도 되지만 대칭성을 보존하려면 날개 사이의 간격이 똑같아야 한다. 예를 들어 바람개비의 날개가 36개라면 날개 사이의 각도는 360÷36=10도여야 한다.

자연에서도 이런 유형의 패턴을 흔히 볼 수 있다. 흰 꽃잎이 노란 중심으로부터 나와 있는 데이지 꽃은 대칭적인 장미 모양에 가깝다. 사람이 만든 기능적인 구조물 가운데 비대칭적인 장미 모양으로는 배의 프로펠러와 자동차 바퀴의 휠캡 디자인, 맨 섬(Isle of Man: 영국 잉글랜드와 북아일랜드 사이 아일랜드 해에 있는 섬)의 세 다리 국가 문장紋章이 있다. 대칭적인 형태는 회사 로고로 즐겨 쓰이고, 천과 도자기에 회전 대칭성을 즐겨 사용했던 여러 아메리칸 인디언 문화의 전통 디자인에서도 흔히 볼 수 있다.

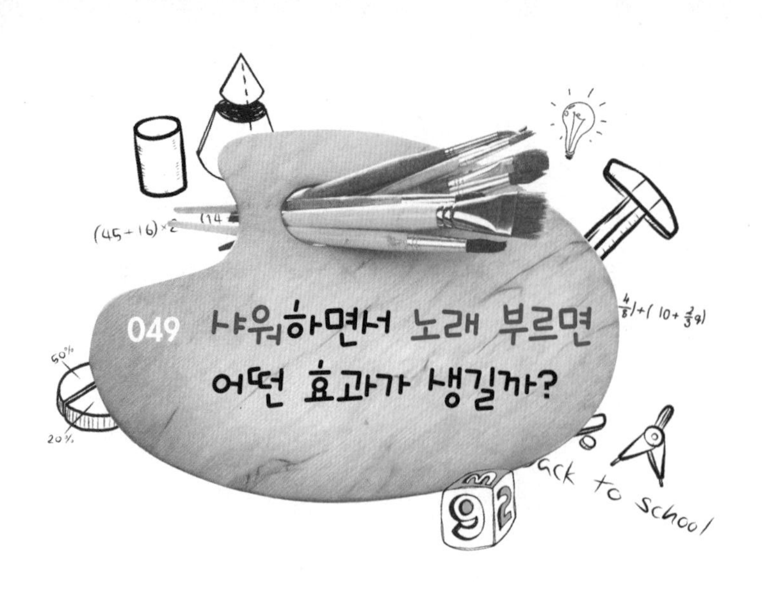

049 샤워하면서 노래 부르면 어떤 효과가 생길까?

나를 비롯해 많은 사람들이 음치다. 커다란 홀이나 야외에서 노래를 부르면 충분한 소리를 낼 수 없다. 우리는 음역이라고 할 만한 것도 없고 음정에 맞게 노래하지도 못한다. 꽤 유명한 대중음악 가수들도 음정을 잘 맞추지 못한다는 사실이 내겐 조금 위안이 된다(5장을 보라). 하지만 우리 모두 경험해봐서 알겠지만 샤워를 하면서 노래를 부르면 꽤 들을 만하고 노래를 잘하는 것 같기도 하다. 이렇게 작은 공간이 어떻게 음향의 요소를 이처럼 변형시키는 걸까?

샤워를 하면서 노래를 부르면 소리가 제법 커지는데 이는 단단한 타일로 이루어진 벽과 유리문 덕분이다. 타일 벽과 유리문에 부딪친 소리는 거의 줄어들지 않은 채 반사된다. 반면 야외 공원에서 노래를 부르면 되돌아오는 소리가 없다. 소리가 퍼져 나갈수록 점차 강도가 약해질 뿐이다. 큰 방에서 노래를 부를 경우는 약간 반향이 되긴 하지만 소리의 상당 부분은 가구와 옷을 입은 사람들(청중), 카펫 등에 흡수된다. 만일 학교 식당의 바닥이 단단하고 천장이 낮고 유리창이 있고 단단한 나무로 만든 식탁에 천이 덮여 있지 않다면, 여러 사람이 동시에 이야기를 할 때 제대로 들리지 않겠지만 콘서트를 할 경우는 상당히 성공적일 것이다.

다음으로 음파가 샤워장 벽면 주위로 여러 차례 되튀면서 반향이 많이 돼 보잘것없는 목소리를 보강한다. 이런 현상은 여러 다른 시간대에 생성된 음파가 귀에는 거의 동시에 도착하기 때문이다. 따라서 우리가 부르는 노래의 각 음이 다양한 버전으로 확장하는 것처럼 귀에 아주 약간의 시차를 두고 도달한다. 그 결과 음이 부드러워지고 길어지면서 우리가 완벽한(아니면 평균인) 음높이를 내지 못한다는 사실은 가려지고, 꽉 차고 풍부한 소리의 효과를 만들어낸다. 수증기가 가득한 습기는 성대를 이완시키는 데 도움이 돼 노력을 덜 하고도 좀 더 부드럽게 울릴 수 있다.

샤워의 최종적이면서 가장 인상적인 효과는 공명을 일으킨다는 것이다. 샤워실의 서로 수직인 면(벽과 문과 바닥과 천장) 사이에 있는 공기에 생긴 음파는 많은 자연의 진동수를 지니고 있다. 이 음파가 노래와 공명을 할 수 있다. 음파의 상당 부분이 사람의 노랫소리 진동수 범위 안에서 서로 매우 가까이 있다. 이런 두 음파를 더하면 소리가 커진 '공명음'이 만들어진다. 전형적인 샤워실의 공명 진동수는 100Hz에 가깝고 이 진동수의 정수배—200, 300, 400Hz 등—에서도 공명이 일어난다. 사람의 목소리는 약 80Hz부터 아주 높은 진동수인 수천Hz에 이르기까지 노래할 수 있다. 따라서 80~100Hz 부근의 낮은 진동수는 쉽게 공명을 하고 그 결과 소리가 더 깊고 크게 들린다(샤워실 높이가 H=2.45m라고 하면 수직 방향 정상파의 진동수 f=V/2H=343/4.9=70Hz이다. 여기서 V=343m/s로 샤워를 하는 온도에서 음속이다. 따라서 f, 2f, 3f, 4f,…인 진동수가 만들어지는데, 특히 500Hz 미만이 중요하다. 즉 70, 140, 210, 280, 350, 420, 490Hz다).

이 요소들은 샤워실처럼 부피가 작고 면이 단단한 공간에서 최고의 효과를 낸다. 또 자동차 실내에서도 어느 정도 효과를 볼 수 있다.

이상적인 그림 크기가 존재할까? 050

그림의 실물을 보고 난 후 예상했던 것보다 크기가 너무 크거나 작아서 또는 책에서 본 칼라 도판보다 훨씬 밋밋해서 놀란 적이 있는가? 반 고흐의 〈별이 빛나는 밤〉은 크기가 작아 실망스럽고 조지아 오키프Georgia O'Keeffe의 캔버스는 너무 커서 작은 복제품보다 오히려 덜 인상적이다. 이런 현상은 흥미로운 질문을 제기한다. 만일 추상 미술 작품의 단순성을 고집한다면 특정 작품에 대한 이상적인 크기가 존재할까? 그렇다면 화가가 그런 크기를 선택했는지 물을 수 있다.

나는 이런 모든 논의에서 그림의 크기를 정하는 것이 꽤 실용적인 질문과 얽혀 있다는 사실을 발견했다. 즉 작품을 얼마에 내놓을 것인가, 작고 덜 비싼 작품에 대한 수요가 큰가, 보관하기 쉬운가, 큰 작품의 경우 벽에 걸 공간이 있는가 등이다. 이것들은 매우 중요한 요소로, 우리가 여기서 관심을 보이기 때문이 아니라 예술가들이 먹고살 수 있는가가 결정되기 때문이다.

내 질문에 답하려고 고민하는 것보다는 잭슨 폴락Jackson Pollock의 작품과 어떻게 연결이 되는지 생각해보는 것이 더 유익하다. 추상 표현주의자인 폴락의 후기 작품은 스튜디오 바닥에 고정시킨 캔버스에 물감을 던지고 떨어뜨려 나온 아주 복잡한 그림이다. 캔버스를 덮은 다양한 색상과 유형의 물감이 통계적으로 어떻게 분포되어 있는지에 대한 몇몇 연구에서 폴락의 작품들을 전체로 본 뒤 일부분을 확대해 본 결과 프랙털(fractal: 1972년 브누아 망델브로Benoît Mandelbrot가 만든 용어로, 1956년 사망한 폴락은 이런 수학 개념을 몰랐다) 구조를 지닌다는 사실이 드러났다(94장에서 이 주장을 지지하는 증거와 반박하는 증거에 대해 살펴볼 것이다).

자연 세계의 많은 부분에서 프랙털 구조를 볼 수 있다. 나무에서 가지를 친 모양이 그렇고, 꽃양배추의 꽃을 보면 표면적이 엄청나게 넓은데도 부피와 무게는 상응해서 늘지 않았다. 동일한 패턴 유형을 규모를 줄여가면서 반복하면 프랙털을 만들 수 있다. 다음의 그림은 등변 삼각형의 각 변에서 중간 3분의 1을 한 변으로 하는 작은 등변 삼각형을 만드는 방식으로 반복해 나오는 프랙털로, 1904년 스웨덴의 수학자 헬게 폰 코흐Helge von Koch가 처음 생각해냈다.

이 과정을 계속하면 수많은 작은 삼각형으로 이뤄진 패턴이 나오는데 이를 보는 가장 적절한 규모(배율)는 없는 것 같다. 즉 돋보기를 들이대더라도 동일한 구조 패턴을 볼 뿐이다. 배율을 더 높여도 마찬가지다. 이런 현상을 '규모 불변scale invariant'이라고 부른다.

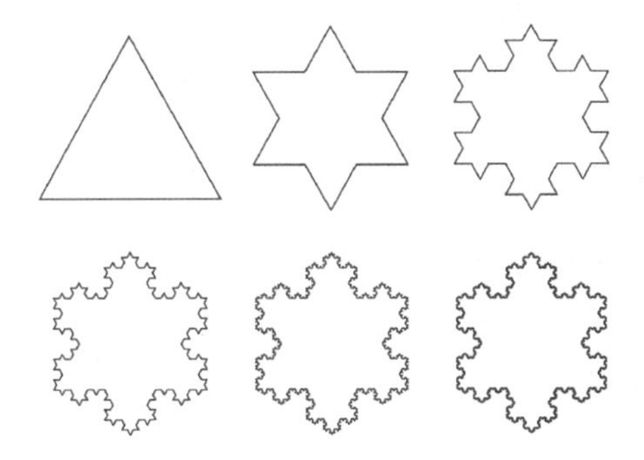

폴락의 그림은 삼각형을 생성하는 것 같은 간단한 알고리즘을 적용해 만든 게 아니다. 하지만 폴락은 지속적인 연습과 경험을 통해 규모 불변인 통계적 패턴에 가깝게 물감을 뿌리는 방법을 직관적으로 파악했다. 그 결과 폴락의 그림에는 구조를 파악할 때 시각적으로 유리한 규모라는 게 없고 따라서 갤러리 벽에 걸린 거대한 원작으로 볼 때나 전시 목록에 있는 작은 사진으로 볼 때나 큰 차이가 없다.

폴락은 그림을 마무리하지 않고 서명을 하지 않는 걸로 유명했고, 많은 구조를 덧붙이는 걸 좋아했기 때문에 무심한 관람자들은 작품들 사이의 차이를 구분하지 못한다. 확실히 폴락의 눈은 작품을 어떤 거리에서 보느냐에 따른 시각 효과에 매우 민감했다.

사람들은 폴락의 그림들에서 규모 불변성에 가까운 현상을 발견했고, 여기에서 나는 주의를 요하는 한 가지 결론을 얻을 수 있었다. 만일 당신이 폴락의 그림을 한 점 소장하고 있다면 이를 네 개로 쪼개 세 개를 팔아도 미학적인 관점에서 손실은 없을 것이다(반면 은행 잔고는 늘어날 것이다!). 물론 농담이다.

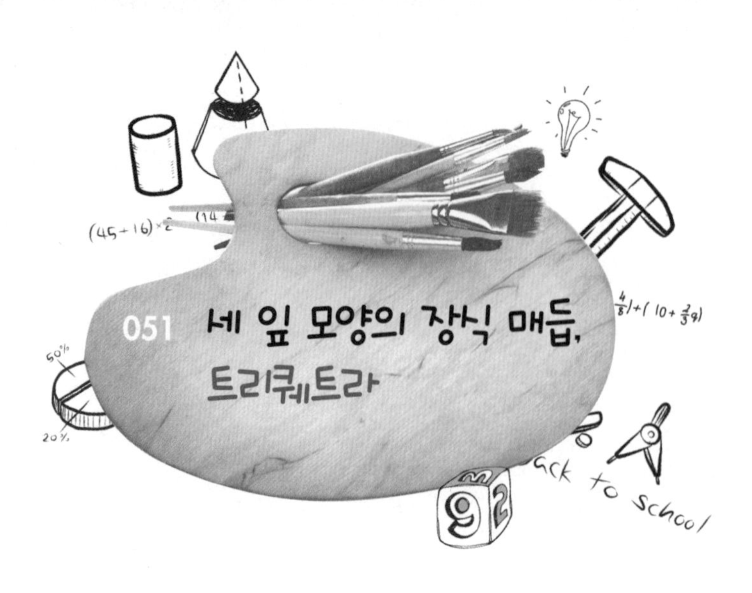

051 세 잎 모양의 장식 매듭, 트리퀘트라

삼각형만이 모퉁이가 세 개인 유일한 도형은 아니다. 켈트족의 아름다운 매듭 장식과 다른 많은 종교적 상징은 대칭적인 세 모퉁이가 있는 매듭인 트리퀘트라Triquetra를 이용한다. 전통적으로 트리퀘트라는 아몬드 모양 세 개를 겹쳐서 만들 수 있다. 아몬드는 반지름이 같은 두 원을 교차시켜 만드는데, 아래처럼 각 원의 중심에 다른 쪽 원의 둘레가 지나가는 간격이다.

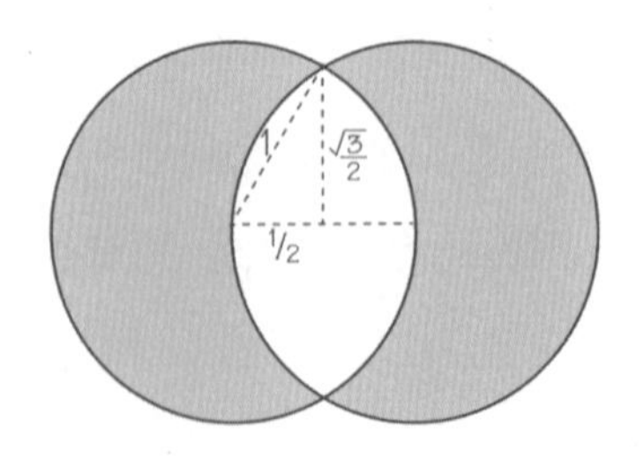

이렇게 나온 아몬드 모양의 교차 부분을 베시카 피스키스Vesica Piscis 라고 부르는데, '물고기 방광'이라는 뜻의 라틴어다. 물고기는 초기 기독교의 상징인데, 물고기를 뜻하는 그리스어 이치스ichthys를 그리스어 신약 성서에서 예수 그리스도Jesus Christ, 신의 아들, 구세주의 약자로 썼기 때문이다. 베시카 피스키스는 기독교에서 여전히 널리 쓰이고 있고, 1970년대 초 미국과 유럽에서 반문화운동의 일환으로 재등장하면서 자동차 범퍼 스티커로도 인기가 높다. 이 물고기는 많은 비기독교와 비유럽 전통에도 등장한다. 그리고 기원전 500년경 북위 30에서 34도 사이(아마도 바빌로니아)에 살았던 천문학자들이 지중해 지역에서 정한 황도 12궁과 고대 별자리에도 그 존재가 보이는데 그리 놀랄 일은 아니다(『우주, 진화하는 미술관』, 존 D. 배로, 21세기북스, 2011).

베시카 피스키스에는 단순한 수학적 성질이 있다. 두 원의 반지름이 1이라면 두 원의 중심 사이의 거리도 1이다. 이 길이가 베시카 피스키스의 폭이다. 높이를 구하려면 점선으로 표시된 삼각형에 피타고라스 정리를 적용하면 된다. 두 원이 교차하는 부분의 전체 높이는 $2\times\sqrt{[(1^2-(1/2)^2]}=\sqrt{3}$이다. 따라서 베시카 피스키스에서 폭에 대한 높이의 비는 같은 크기의 원으로 이루어지는 한 크기와 관계없이 늘 3의 제곱근이다.

트리퀘트라는 아몬드 모양의 베시카 피스키스가 서로 연결되어 만들어지는데, 위아래로 엇갈리게 교차해서 세 잎 모양 장식 매듭trefoil knot이라고 잘 알려진 형태를 이룬다.

이 매듭은 다양한 켈트 유물에서 보이는데, 『켈즈 사본(*Book of Kells*: 하이버노색슨어로 쓰인 800년경 그림책)』에 나오는 멋진 글자체에서부터 끈과 나무, 스테인드글라스, 철로 만든 작품 들에도 있다. 이 매듭은 신성로마제국이 발흥한 지역에서도 흔하게 보이는데, 한 사람 안에 있는 세 사람, 즉 통합돼 있지만 개별적인 존재인 성삼위를 상징하기 때문이다. 따라서 여전히 성삼위 매듭Trinity knot이라고 부르기도 한다.

매듭의 상대적인 복잡성에 따라 연구하고 분류하는 수학자들은 성삼위 매듭이 모든 매듭 가운데 가장 단순하다는 걸 알고 있다(좌표축이 x, y, z인 3차원 공간에 성삼위 매듭을 만들려면 매개변수 u가 들어간 세 개의 매개 방정식이 있으면 된다. $x=\sin(u)+2\sin(2u)$, $y=\cos(u)-2\cos(2u)$, $z=-3\sin(u)$). 만일 한 매듭을 잡아당겨 다른 매듭으로 바꿀 수 있다면(끊으면 안 된다) 둘은 같은 매듭으로 생각한다. 성삼위 매듭은 리본 끈을 세 차례 교차시킨 뒤 끝을 이어 붙이면 만들어진다. 끈을 자르지 않고서는 성삼위 매듭을 단순한 원으로 바꿀 수 없다. 매듭을 거울로 비춰보면 꼬인 방향이 반대인 또 다른 성삼위 매듭이 존재한다는 사실을 알 수 있을 것이다.

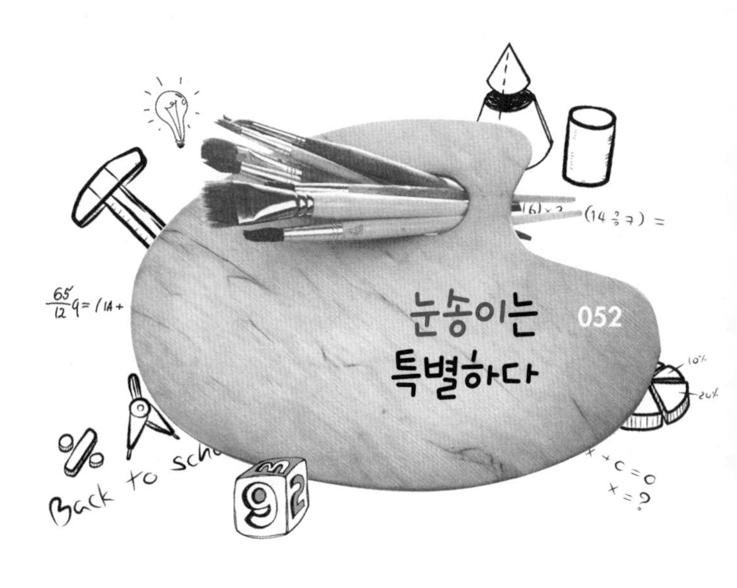

눈송이는 자연이 만들어낸 가장 멋진 예술 작품이다. 덕분에 눈송이에 대한 많은 신화가 나왔다. 1856년 헨리 소로Henry Thoreau는 이렇게 선언했다. '눈을 만들어내는 공기는 정말 창조적인 천재다. 진짜 별이 떨어져 내 외투 위에 머물러도 더 놀랍지는 않을 것이다.'

눈송이는 독특함과 다양함이 상호 작용한 아름다운 실례다. 눈송이마다 독특하고 각각 동일한 팔이 여섯 개 달려 있다고 한다. 하지만 우리는 이게 진실이 아니라는 걸 곧 보게 될 것이다.

눈송이의 특별한 대칭성에 매료돼 이를 설명하려고 시도한 최초의 위대한 과학자는 요하네스 케플러Johannes Kepler로, 1609년에서 1619년 사이 태양계 행성의 공전 궤도의 수학적 규칙성을 지배하는 법칙을 발견한 천문학자다. 케플러는 수학에서도 중요한 공헌을 했는데, 새로운 유형의 정다면체를 생각해냈고 수학에서 위대한 문제를 제시했다. 즉 크기가 같은 공들을 채울 때 공 사이의 빈 공간을 최소화하는 방법에 대한 문제로 이를 '케플러 공 채우기 추측'이라고 부른다(최선의 배열에 대한 케플러의 추측은 많은 공감을 얻었지만 1998년에야 피츠버그 대학의 토머스 헤일즈Thomas Hales가 맞다는 사실을 증명했다. 증명은 250쪽 분량으로 반증의 예가 될 수 있는 특별한 경우를 확인하기 위해 많은 컴퓨터 프로그램을 짜야 했다. 답은 피라미드 모양으로 쌓는 것으로, 과일 가게에서 매대에 오렌지를 쌓을 때 흔히 쓰는 방식이다—케플러의 시대에는 포탄을 쌓는 방식이었다—오렌지 세 개가 모여 있는 위쪽에 오렌지를 놓는 방식으로 공간의 74.048%를 오렌지가 채운다. 나머지는 빈 공간이다. 다른 배열은 모두 빈 공간이 더 많다).

유명한 공 채우기 추측을 제안한 해인 1611년, 케플러는 후견인인 신성로마제국 황제 루돌프 2세에게 줄 새해 선물로 『모퉁이가 여섯인 눈송이에 대해*On the Six-Cornered Snowflake*』라는 제목의 소책자를 썼다. 케플러는 눈송이의 모퉁이가 왜 여섯인가를 설명하려고 시도했지만(지금의 관점에서는) 성공하지 못했다. 그는 이런 특징이 나올 수밖에 없는 자연의 법칙이 있는가에 대해 논했다. 즉 다른 형태가 될 수 있지만 미래의 어떤 목적을 위해 이처럼 여섯 모퉁이를 지닌 형태가 된 건 아닌지에 대해서다. 케플러는 '눈송이의 이런 규칙적인 패턴이 무작위로 존재한다고는 생각하지 않는다'라고 썼다.

오늘날 우리 지식은 좀 더 늘었다. 눈송이는 대기 중에서 떨어지고 있는 먼지 입자 둘레에 물이 얼면서 만들어진다. 여섯 모서리 패턴은 물분자들끼리 배열해 6면 타일이 쌓인 것 같은 격자를 형성할 때 보이는 육각형 대칭의 결과로 나타난 것이다. 이 격자 구조 때문에 얼음이 수정처럼 단단하다. 눈송이는 대기 중의 높은 습기가 얼면서 자라기 시작한다. 눈송이의 정확한 패턴은 눈송이가 지표에 내릴 때까지의 환경을 반영한다.

습도와 온도, 압력 같은 대기 상태는 장소에 따라 편차가 있다. 각 눈송이마다 떨어지면서 얼음이 붙을 때의 주변 조건이 다르기 때문에 눈송이도 다들 조금씩 다르다. 사실 자세히 들여다보면 한 눈송이 안에서도 편차가 있음을 알 수 있다. 그 결과 모퉁이가 서로 조금씩 달라 완전한 대칭은 아니다. 눈송이 하나가 차지하는 주변 대기에서 습도와 온도의 교란으로 약간의 차이가 생긴 결과다. 눈송이가 천천히 떨어지면 얼음이 붙으면서 모퉁이가 계속 자라 톱니 모양의 다양성이 더 커진다. 성장하는 눈송이의 가장자리에 있는 물분자만 해도 그 수가 엄청나기 때문에 사실상 수조 번 이상 들여다봐야 동일한 패턴을 발견할 가능성이 있을 것이다.

우리가 고전적인 육각형 눈송이에 매혹되는 것도 흥미로운 일이다. 눈송이들은 결코 똑같지 않지만 크리스마스 카드를 장식하는 아름다운 육각형 눈송이가 책이나 잡지에도 가장 많이 등장하는 경향이 있다 (눈송이 구조에 대한 아름다운 컬러 사진 모음과 연구에 대해 알고 싶으면, 케네스 리브레히트 Kenneth Libbrecht의 사이트 snowcrystals.com을 방문하거나 눈송이 사진을 담은 그의 여러 책을 보라). 사실 눈송이는 형성될 때 공기의 온도와 습도에 따라 대략 80가지로 구별되는 형태가 있다. 겨울 스포츠 현장에서는 고압 노즐을 통해 나오는 압축된 공기에 미세한 물방울을 분사해 인공적으로 눈을 만든다. 공기의 압력이 떨어지면서 온도가 떨어지고 그 결과 물방울이 얼게 되는데, 자연 눈송이의 모퉁이 패턴은 전혀 생기지 않는다. 마찬가지로 공기 중의 수분 함량이 낮을 때는, 얼면서 모퉁이를 자라게 할 습도가 부족하기 때문에 자연의 눈송이도 막대 형태 또는 평평한 판 형태일 뿐 복잡한 구조가 보이지 않는다. 온도가 대략 영하 20도 아래로 떨어질 경우에도 튀어나온 모퉁이가 없는 작은 기둥 또는 평판 얼음을 볼 수 있을 뿐이다. 눈 뭉치가 잘 안 만들어질 때가 바로 이런 경우다. 눈송이에 튀어나온 모퉁이가 없을 경우 서로 달라붙지 않는다. 얼음 막대와 판, 기둥은 미끄러져 구를 뿐 서로 뭉치지 않는다. 눈의 특성과 눈송이의 구조에 따라 눈사태의 양상이 크게 다른 이유다.

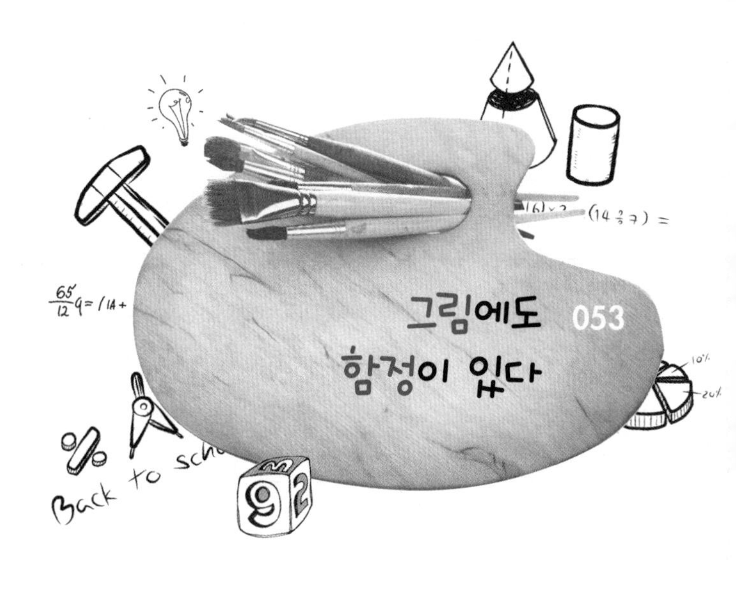

053 그림에도 함정이 있다

수학과 학생이 대학 강의를 들을 때 배우는 것 가운데 하나는 단지 그림을 그려서는 증명을 할 수 없다는 말이다. 그림은 무엇이 맞고 그것을 증명하려면 어떻게 시작해야 할지 정할 때 도움이 될 수는 있지만, 그림이 보여주는 건 그림 자체의 평면 기하학의 특별한 특징일 수도 있다. 불행히도 이런 관점의 역사는 1935년으로 거슬러 올라가는데, 당시 프랑스 수학계에서 영향력이 컸던 한 그룹이 모든 수학을 형식화하기로 결정했다. 즉 피상적으로는 다른 영역에서 발견되는 공통 구조를 강조하는 방식으로 공리에서 출발해 모든 수학을 유도했다.

부르바키Bourbaki라는 필명으로 발표한 이 그룹의 저술에서는 그림 사용을 피했고, 그 결과 출판물에 전혀 등장하지 않았다. 이들은 논리적 엄격성과 일반적 수학 구조를 전적으로 강조했다. 개별적인 문제와 다른 유형의 '응용' 수학은 다루지 않았다. 이런 접근법은 수학의 공통 구조를 표현할 만큼 엄격했기 때문에 수학에서 애매한 부분을 없애는 데 도움이 됐다. 하지만 학교 수학 교육에는 간접적으로 좋지 않은 영향을 미치기도 했는데, 여러 나라에서 소위 '신수학New Maths' 커리큘럼으로 이어져 아이들은 수학 구조에 익숙해졌지만 대신 실생활 응용과 실제 사례를 배우지 못했다. 부르바키와 신수학은 각자의 방식대로 극단적인 논쟁을 일으켰지만 지금은 둘 다 오래전에 잊혀졌다. 하지만 그림으로 증명하는 것에 대한 부르바키의 거부감은 근거가 있다. 여기 흥미로운 예가 하나 있다.

1912년 에두아르트 헬리Eduard Helly가 발표한 헬리의 정리(헬리의 정리에 따르면 n차원 공간에서 N개의 볼록한 영역이 있고 N ≥n+1일 때 볼록한 영역에서 임의로 n+1개를 선택했을 때 늘 공집합이 아닌 교집합이 있다면, N개의 볼록한 영역 모두는 공집합이 아닌 교집합을 가진다. 여기서는 n=2, N=4인 경우를 생각한다)는 (아주 일반적인 상황에서) 다음을 증명한다. 종이 위에 원을 네 개 그린 후 각각에 A, B, C, D라고 표시했을 때 A, B, C와 B, C, D와 C, D, A와 D, A, B 모두에서 공통 교집합이 있고 다들 공집합이 아니라면 A, B, C, D의 공통 교집합은 공집합이 아니다(이 결과는 원뿐 아니라 볼록한 영역에 적용된다. 볼록한 영역이란 영역 내부의 임의의 두 점 사이에 직선을 그릴 때 선이 영역 안에 놓이는 경우다. 원은 명백한 예이지만 S자 모양의 영역은 해당하지 않는다). 옆의 그림을 보면 이 사실이 자명한 것 같다. A, B, C, D의 교집합은 네 원이 만나는 가운데 영역이다.

이런 유형의 그림은 비즈니스와 경영에서 익숙한데, 원으로 표현하는 시장이나 제품 특성, 지역 등 다양한 요소의 교집합을 보여주는 벤

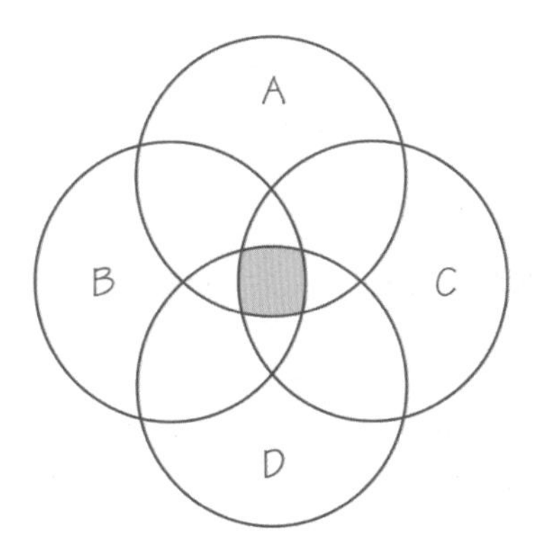

다이어그램이다. 하지만 A, B, C, D가 사물의 모임(집합)일 경우 기하학에 관한 헬리의 정리의 결론이 반드시 유지되는 건 아니다. 예를 들어 A, B, C, D가 피라미드의 네 면과 같은 관계라면, 각 면은 다른 두 면과 교차하지만 네 면 모두가 교차하는 장소는 없다.

좀 더 인간적인 예를 하나 들어보자. 알렉스, 밥, 크리스, 데이브 네 친구가 있다고 하자. 세 친구로 이뤄진 부분 집합이 네 가지 있다. {알렉스, 밥, 크리스}, {밥, 크리스, 데이브}, {크리스, 데이브, 알렉스}, {데이브, 알렉스, 밥}. 이들 부분 집합에서 어느 두 쌍을 골라도 공통되는 사람이 있지만 부분 집합 네 개 모두에 공통인 사람은 없다. 종이에 그려진 A, B, C, D의 기하학적 교집합을 보여주는 다이어그램을 이용해 다른 관계의 특징을 유추하는 건 위험한 일이다.

명확한 방식으로 그림을 인식하고 조작하고 만들어낼 수 있는 인공지능의 효과적인 형태를 만드는 도전 가운데 일부를 해결하려면, 이런 다이어그램이 어떻게 작동하는지 이해해야 한다.

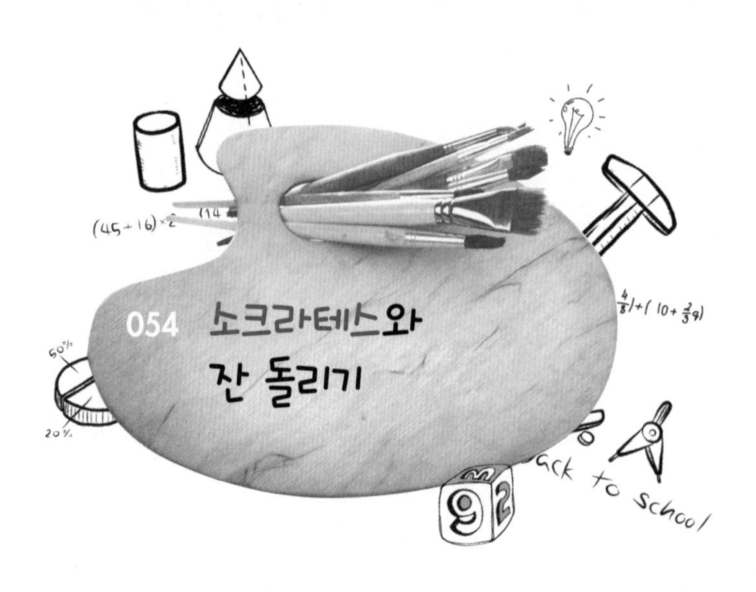

확률의 경이로움에 매료되는 사람들조차 늘 경탄하게 만드는 결론으로 이끄는 아주 큰 수 두 가지에 대한 오래된 추측이 있다. 유리잔에 바닷물을 담을 경우 잔 속의 물 가운데 소크라테스 또는 아리스토텔레스 또는 그의 제자인 알렉산더 대왕이 입을 헹굴 때 썼던 분자가 몇 개나 될까? 앞으로 나오겠지만 사실 위에서 언급한 위인들의 입이 중요한 건 아니다. 답은 틀림없이 사실상 '영'이라고 생각할 것이다. 확실히 이런 위인들의 몸을 이루고 있던 원자를 우리가 재사용할 가능성은 없는 게 아닐까? 사실은 전혀 그렇지 않다. 지구의 대양을 이루는 물의 전체 질량은 대략 10^{18}t, 즉 10^{24}g이다. 물 분자(물 분자는 양성자 하나가 원자핵을 이루는 수소원자 두 개와 대략 같은 질량인 양성자 여덟 개와 중성자 여덟 개가 원자핵을 이루는 산소

원자 한 개로 이루어져 있다. 원자핵 주변을 도는 전자의 질량은 9.1×10^{-28}g으로 원자핵을 이루는 양성자의 질량 1.67×10^{-24}g에 비하면 무시할 수 있다(1836분의 1)) 하나의 질량은 대략 3×10^{-23}g이므로 바다에는 물 분자가 대략 3×10^{46}개 있다. 소금 같은 바닷물의 다른 요소는 무시하자. 이런 단순화와 어림수 사용은 거대한 숫자를 다룰 때 정당화될 수 있음을 보게 될 것이다(민물과 얼음을 포함하느냐 여부에 따라 전체 물의 질량(또는 부피)에 대한 추정 값이 약간 달라질 수 있다. 그 결과 얻어진 최종 숫자의 작은 차이가 논의의 요점을 바꾸지 못함을 확인해보고 싶은 독자도 있을 것이다).

다음으로 물 한 컵에 분자가 몇 개나 있는지 알아보자. 보통 크기의 컵에 물을 가득 따를 경우 질량이 250g으로 물 분자가 대략 8.3×10^{24}개 들어 있다. 따라서 바닷물 전부를 컵에 따르려면 컵이 $(3\times10^{46})/(8.3\times10^{24})=3.6\times10^{21}$개 있어야 한다. 한 컵에 들어 있는 물 분자의 수에 비하면 훨씬 작은 수다. 따라서 바닷물이 완전히 섞여 있다고 가정하면, 오늘 우리가 따른 물 한 잔에는 기원전 400년 소크라테스가 입을 헹구었던 물 분자가 대략 $(8.3\times10^{24})/(3.6\times10^{21})=2300$개 들어 있다는 뜻이다. 더 놀라운 사실은 우리 각자의 몸에는 소크라테스의 몸을 이루고 있던 원자와 분자가 상당수 존재한다는 것이다. 이런 것이 바로 큰 숫자의 힘이다.

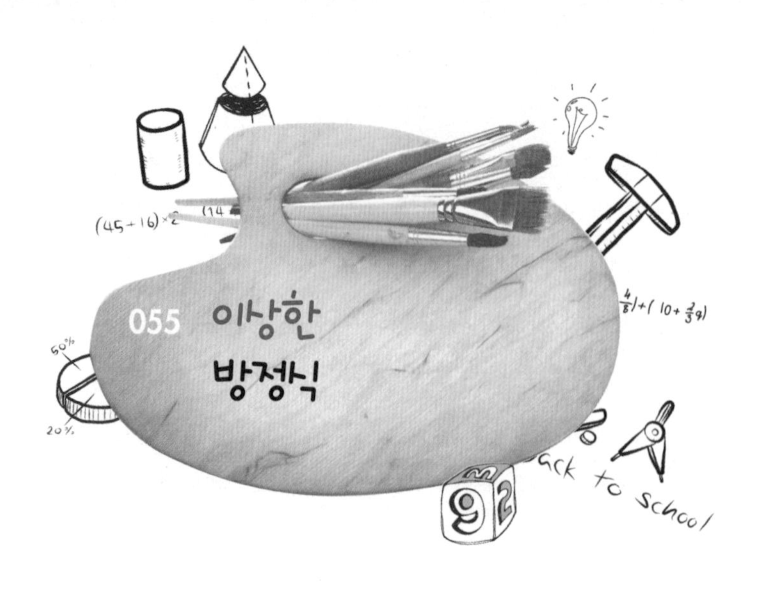

055 이상한 방정식

수학이 어떤 영역에서는 높은 지위를 나타내는 상징이 되면서, 그 적합성을 생각하지 않고 마구잡이로 사용되곤 한다. 어떤 문장을 다시 표현하기 위해 상징을 사용할 수는 있지만 그렇다고 반드시 지식이 추가되는 건 아니다. '아기 돼지 삼형제Three Little Pigs'라고 말하는 것이 모든 돼지로 이루어진 집합을 정의하고, 원소 셋으로 이뤄진 집합을 정의하고, 모든 작은 동물들로 이뤄진 집합을 정의한 뒤 이 세 집합의 교집합을 구하는 것보다 훨씬 도움이 된다. 1725년 스코틀랜드의 철학자 프랜시스 허치슨Francis Hutcheson은 이런 복잡성을 지향한 최초의 흥미로운 모험을 감행했고, 그 덕분에 글래스고 대학의 철학과 교수로 성공했다.

그는 개별 행동의 도덕적 선함을 계산하고 싶어 했는데, 뉴턴이 수학을 이용해서 물리적 세계를 기술하는 데 성공한 것에서 깊은 영향을 받았음을 알 수 있다. 뉴턴의 방법론은 다른 모든 영역에서도 감탄하며 베끼고 싶어 하는 것이었다. 허치슨은 미덕을 평가하는 보편 방정식, 즉 우리 행동의 자애로움의 정도를 제시했다.

미덕=(공익±사적 이익)/(선을 행하고자 하는 본능)

'도덕적 산술'을 담은 허치슨의 방정식은 흥미로운 특성이 많다. 선을 행하고자 하는 본능이 동일한 두 사람이 있을 때, 자신의 사적 이익을 희생해 공익을 최대로 만들어낸 사람의 덕이 더 많다. 비슷하게, 두 사람이 같은 수준의 사적 이익을 수반한 채 같은 수준의 공익을 낼 경우 그런 성향이 덜한 사람이 덕이 더 높다.

허치슨의 방정식에서 세 번째 요소인 사적 이익은 양이나 음으로(±) 기여할 수 있다. 만일 어떤 사람의 행동이 공공에는 이익이 되지만 그 자신에게는 손해가 될 때(예를 들어 임금을 받는 대신 무임금으로 일을 할 때) 미덕은 공익+사적 이익이 돼 늘어난다. 반면 어떤 행동이 공공에도 이득이 되고 행위자에게도 이익이 될 경우(예를 들어 이웃뿐 아니라 당사자의 재산에도 손해를 끼칠 수 있는 무분별한 개발 계획을 저지하는 시위를 할 때) 미덕은 공익－사적 이익이 돼 줄어든다.

허치슨은 방정식의 내역에 수치적 가치를 부여하지는 않았지만 필요할 경우 채택할 준비는 되어 있었다. 이 도덕 방정식에는 새로운 것이 전혀 없었기 때문에 사실상 별 도움이 안 됐다. 방정식에 들어 있는 모든 정보는 처음 식을 만들 때 집어넣었다. 미덕과 자기 이익, 자연의 능력의 단위를 측정하려는 모든 시도는 전적으로 주관적이기 때문에 측정할 수 있는 예측 값을 만들 수가 없다. 그렇더라도 이 방정식은 많은 단어를 그럴듯하게 줄여 놓았다.

합리주의 판타지를 향한 허치슨의 비행이 연상되는 특이한 방정식이 200년 뒤 등장했는데, 미학적 평가를 정량화하는 문제에 심취했던 미국의 유명한 수학자 조지 버코프George Birkhoff는 1933년에 매혹적인 프로젝트를 완성했다. 그는 자신의 경력에서 오랜 기간을 바쳐 음악과 미술, 디자인에서 우리를 끌어당기는 요소를 정량화하는 방법을 찾았다. 그는 연구를 하며 많은 문화권에서 사례들을 모았고, 그의 글은 여전히 매혹적이다. 특히 방정식 하나에 모든 걸 담은 걸 보면 허치슨이 떠오른다. 버코프는 미학적 특성이 질서와 복잡성의 비율로 결정된다고 생각했다.

미학적 척도=질서/복잡성

버코프는 특정한 패턴과 모양에 대해 객관적인 방식으로 질서와 복잡성에 숫자를 부여하는 방식을 만드는 일에 착수했고 이를 도자기 모양과 타일 패턴, 프리즈, 디자인 등 모든 종류에 적용했다. 물론 어떤 대상에 대해서 미학적 평가를 한다고 해서 도자기를 그림과 비교하는 건 말이 안 된다. 우린 특정한 매체 안에 머물러야 하고 여기서 적용해야 말이 된다. 다각형 모양의 경우, 버코프는 네 가지 대칭의 존재 여부에 따라 질서 항목의 점수를 더했고 어떤 불만족스러운 성분에 대해서는 벌점(1 또는 2)을 부여해 점수에서 뺐다(예를 들어 두 꼭짓점 사이 거리가 너무 짧거나 내부 각도가 0 또는 180도에 너무 가깝거나 대칭성이 없을 때). 그 결과 나오는 숫자는 절대 7을 넘지 않는다. 복잡성은 다각형에서 적어도 한 변을 차지하는 직선의 숫자로 정의된다. 따라서 정사각형은 복잡성이 4이지만 로마 십자는 8이다(수평선 4개 더하기 수직선 4개).

버코프의 방정식은 미학적인 요소를 점수로 매기는 데 실수를 사용한다는 장점이 있지만 불행히도 미학적 복잡성은 이런 단순한 방정식이 아우르기에는 너무나 다양하다. 허치슨의 조잡한 시도와 마찬가지로, 버코프의 방정식 역시 많은 사람들이 동의하는 측정값을 내놓는 데 실패했다. 좀 더 작은 규모에서도 반복되는 패턴으로(58장과 94장 참조) 많은 사람들(수학자들뿐 아니라)에게 깊은 인상을 준 현대 프랙털 패턴에 버코프의 방정식을 적용한다면, 질서는 7을 넘을 수 없고 복잡성은 작은 규모에서 탐색할수록 점점 커지기 때문에 결국 미학적 척도는 빠르게 '영'으로 수렴한다.

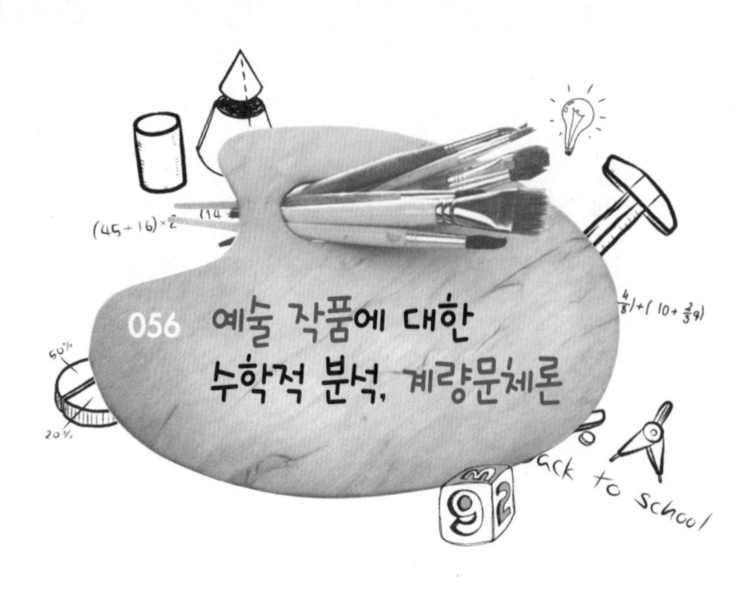

056 예술 작품에 대한 수학적 분석, 계량문체론

오늘날 많은 사람들이 예술을 평가하고 감정하는 분야에서 활약하고 있다. 예술사가들은 화가의 붓 자국에서 상징과 서명을 알 수 있다. 복원가들은 물감과 안료는 물론 그들이 덧입히게 될 표면 재료의 성질도 알고 있다. 이들은 종종 작품의 시대를 알고 역사적 온전함을 확인할 수도 있다. 이제 수학자들이 이 전통적인 전문가들에게 합류해 진품과 복제품을 구분하는 세 번째 접근법을 더하고 있다.

우리는 이미 5장에서 소리의 패턴이 진동수가 다른 사인파의 조합으로 아주 정확히 재현될 수 있음을 살펴봤다. 1807년 프랑스 수학자 조제프 푸리에Joseph Fourier가 개발한 이 오랜 방법은 많은 경우 아주 효과적이지만 한계도 있어서 신호가 급격히 오르내리는 경우 제대로 변환

시키지 못한다. 또 신호를 제대로 해석하려면 사인파가 많이 필요하기 때문에 계산에 비용이 많이 든다.

수학자들은 (파형 요소 wavelet라고 부르는) 다른 유형의 파동 무리를 함께 더해 패턴을 분석하는 좀 더 강력한 현대적인 방법을 개발해 대응했다. 다른 진동수의 사인파와 코사인파만을 더하는 푸리에 방법과는 달리, 파형 요소를 도입한 결과 개별적인 변이를 더 잘 해석할 수 있게 됐다. 즉 적은 파형 요소로도 갑작스럽게 바뀌는 신호를 정교하게 기술할 수는 진폭과 시간의 급격한 변이가 가능해져 계산이 빨라지고 비용이 줄었다.

최근 수년 사이 화가의 스타일을 수학적으로 포착할 수 있는 파형 요소 분석법이 몇 가지 나오면서, 의심스러운 작품의 진위 판정을 더 신뢰할 수 있게 됐다. 2005년 미술 연구를 위한 이미지 프로세싱(IP4AI: 2007년 설립된 연구 모임) 준비를 위해 암스테르담에서 열린 컨퍼런스에서 네덜란드의 TV 프로그램 노바NOVA가 참석자들에게 내민 도전장이 화제가 됐다. 반 고흐의 작품 여섯 점 가운데 진품 한 점을 골라내는 과제였다. 나머지는 미술 작품 복원 전문가이자 재구성 작가인 샤를로트 캐스퍼스Charlotte Caspers의 위작이었다(http://www.charlottecaspers.nl/experience/reconstruction). 참가한 세 팀 모두 파형 요소 분석법을 써서 진품을 제대로 골라냈다.

모든 팀이 채택한 전략은 원작이 위작에 비해 붓놀림이 더 빨랐을 거라는 사실에 초점을 맞췄다. 복제품을 만드는 사람은 똑같이 재현하기 위해 집중해야 한다. 즉 세부 묘사를 할 때 원래의 화가와 붓질 횟수도 같아야 하고 정확한 안료를 골라야 하고 칠의 두께도 같아야 한다. 따라서 원작에 비해 작업 속도가 훨씬 느릴 수밖에 없다. 새로운 도전이 뒤따랐고 수학자들은 다른 유명한 화가의 작품에 대한 원작과 위작 구분도 시도했다. 가장 흥미로웠던 도전은 캐스퍼스가 직접 그린, 새를 정교하게 묘사한 그림과 캐스퍼스 자신이 이를 보고 그린 위작을 구분하는 것이었다. 여기에서 붓질의 능숙함을 조사한다는 단순한 아이디어가 때로는 성공할 수 없다는 사실을 알게 됐다. 즉 화가가 독특한 붓질을 시도한 작품이 분석을 하기 위한 스캔 해상력이 충분히 높지 않을 경우 문제가 된다. 이런 발견은 새로운 변수들을 통제할 수 있어야 함을 시사했다.

반 고흐 도전을 계기로 캐스퍼스 같은 미술 전문가와 파형 요소를 연구하는 수학자들 사이의 생산적인 협력 관계가 이어졌다. 이들은 고해상도의 그림 스캔을 갖고 작업을 시작했다. 여기서 그림의 패턴과 색상을 아주 작은 규모까지 내려가 파형 요소로 기술했다. 그 결과는 모든 세세한 정보에 대한 수치적 표현으로 다양한 변수에 걸쳐 반복됐다. 즉 어떤 색상 옆에 어떤 색상들이 있는지, 질감과 색상에 어떤 변화가 일어나는지, 어떤 속성의 무리와 패턴이 어떻게 표현되는지 등이다. 그 결과는 그림의 다차원 지문이라고 볼 수 있는데, 화가가 그림을 그릴 때 붓 털 하나까지 분석한 수준이다. 화가의 움직임과 구성 과정을 담은 지도가 만들어지면 그 화가가 반복적으로 사용한 고유한 패턴이 드러나고 결과적으로 화가의 스타일을 식별하는 데 도움이 된다. 원작과 같은 작가가 그린 위작을 연구하면, 원작과 위작을 만드는 과정의 차이를 구분할 수 있는 좀 더 강력한 분석법이 나올 수 있을 것이다. 또한 작품의 여러 다른 지점에서 사용된 붓의 재질 같은 아주 미묘한 효과를 부각시킬 수도 있고, 단순히 세부까지 재현하는 게 아니라 그림의 전반적인 분위기까지 포착하는 능숙한 위작 화가의 비법도 알아낼 수 있을 것이다.

작가의 스타일을 세부적으로 분석하는 기술은 원작이 손상됐거나 세월을 못 이겨 손실됐을 때에도 적용할 수 있다. 이 기술은 흐릿해지거나 손상된 원작이 원래는 어떻게 보였을지에 대한 아이디어를 제공해 모두가 수긍할 만한 보완을 할 수 있도록 하고, 심지어 레오나르도의 〈최후의 만찬〉의 현재 상태를 토대로 미래의 손실된 모습을 추측할 수도 있다.

이런 유형의 분석법은 미술사가와 복원가의 영감을 보완한다. 또 화가의 스타일을 세부적인 측면과 화가 자신도 인식하지 못하는 측면까지도 분류하는 재현성 있는 방법을 제공한다. 수학자들은 인간 예술가가 만든 작품을 상세히 표현하기 위해 빠른 컴퓨터를 폭넓게 사용한다. 아마도 미래 어느 날에는 수학자들이 특별한 스타일의 예술 작품을 창조하고 있을 것이다.

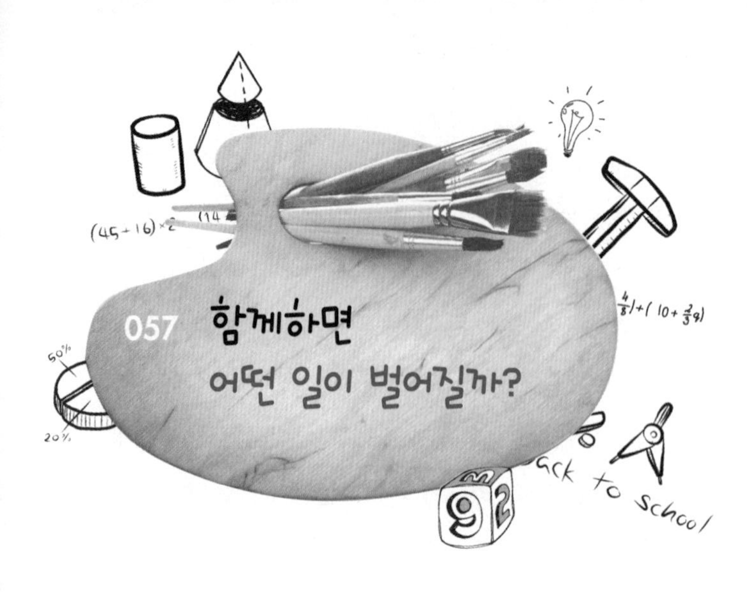

057 함께하면 어떤 일이 벌어질까?

만약 수많은 청중들 앞에서 강연할 기회가 있다면 청중들의 도움을 얻어 놀라운 시연을 해볼 수 있다. 청중들에게 멋대로 테이블을 두드리라고 부탁하기만 하면 된다. 처음 몇 초 동안은 일관된 소리 패턴이 전혀 없이 제멋대로 두드리는 불협화음만이 들린다. 그러나 10초 이내에 상황은 극적으로 바뀐다. 각자 두드리던 사람들이 동조가 되면서 거의 모두가 동시에 두드리는 것처럼 보인다. 청중들이 박수 칠 때도 종종 같은 현상이 나타난다. 각자 치던 박수가 동기화된 패턴으로 고정된다.

이런 유형의 동기화는 다른 상황에서도 볼 수 있는데, 청각뿐 아니라 시각 영역에도 있다. 작은 영역에 있는 반딧불이 무리는 동시에 깜박이는 경향이 있다. 반면 어느 정도 떨어져 있는 다른 반딧불이 무리의 깜박임은 여기에 동조하지 않는다.

세 번째 예로는 많은 사람들이 좌우로 약간 흔들리는 다리를 건널 때나 배 위에 탔을 때 흔들림이 심해지는 현상이다. 만일 바닥짐으로 흔들림을 적절히 상쇄하지 못하다면 작은 배나 흔들 다리에서는 재앙이 될 수 있다(런던 밀레니엄 다리의 첫 번째 버전처럼).

이 같은 사례에서 무엇을 알 수 있나? 테이블을 두드리는 개인과 반딧불이 개체는 확실히 독립적이다. 동시에 하라는 강요를 받은 적이 없다. 이들은 바로 옆에 있는 사람(또는 반딧불이)을 빼면 다른 무리와는 완전히 독립적으로 보인다. 설사 옆 사람(또는 반딧불이)에게 집중하더라도 자신의 리듬을 잃지 않으면서 따라 하기 전략을 유지하기는 어렵다.

이런 예들에서 주기적인 일들이 많이 일어나고 있다(손가락은 두드리고 반딧불이는 깜박이고 보행자는 흔들리며 걷는다). 수학자들은 이런 행위를 하는 주체를 '진동자'라고 부른다. 하지만 지금까지 생각한 것에도 불구하고 진동자는 서로 완전히 독립적인 것이 아니다. 손가락을 두드리는 사람들 모두 주위에서 손가락을 두드리는 사람들의 평균 결과를 듣는다. 한 사람이 손가락을 두드리는 빈도와 타이밍은 많은 손가락이 만들어내는 평균 소리에 반응한다. 누구나 모든 손가락이 두드릴 때 나는 동일한 평균 배경 소리를 듣기 때문에 결국 진동자의 패턴은 다른 진동자들과 동일한 평균값을 갖게 된다. 이런 경향이 충분히 강하면 손가락의 두들김은 재빨리 같은 패턴을 따르게 되고, 모든 반딧불이가 일치해서 불빛을 깜박거린다(자연에서 보이는 동조화된 행동의 많은 유형에 대한 이 멋지고 간명한 설명은 1975년 일본 수학자 쿠마모토 요시키가 내놓았다). 쇼나 콘서트 현장에서도 자발적인 반응처럼 보이는 모든 것의 평균 소리에 대한 집단 반응이 청중

반응의 자발적인 질서를 만들어냄을 알 수 있다.

실제로 동조화의 속도와 정도는 평균 신호에 대한 참여자의 연결(그리고 반응) 강도에 따라 좌우된다. 연결 강도가 충분하고 박수를 천천히 치면 박수 소리의 진동수 폭이 아주 좁을 것이기 때문에 모든 사람들이 동조가 될 것이다. 이런 현상은 박수를 천천히 칠 때 특히 두드러진다. 하지만 청중들이 열정적으로 호응해 박수 빈도가 두 배가 돼 소음 수준이 되면 박수 소리 진동수 폭이 넓어지면서 동조화가 불가능해진다. 이 경우 여기저기서 각자 박수를 치는 것처럼 들린다.

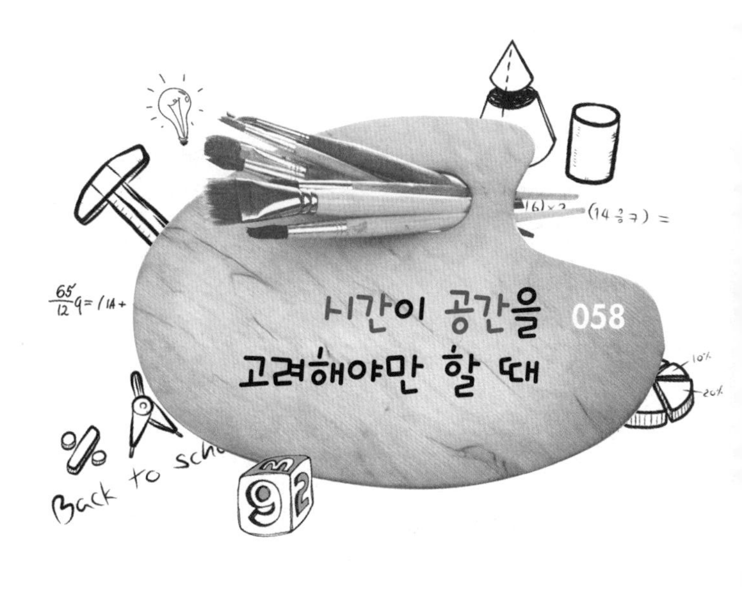

058 시간이 공간을 고려해야만 할 때

인간의 창조성은 남겨진 공백을 채우려는 속성이 있다. 인간의 예술적 탐색을 분류하려는 시도에서 유용한 점 가운데 하나는 분류를 통해 채워야 할 공백이 있는지 알 수 있다는 점이다. 여기 우리가 하는 일을 분류하는 아주 간단한 방법이 있다. 우리는 공간 S와 시간 T에서 일한다. 공간에서 우리는 차원—일, 이, 삼—의 범위 안에서 사물을 창조할 수 있다. 차원을 SN으로 표현하면 우리가 선 S에 대해 작업하느냐 면적 S×S에 대해 작업하느냐 부피 S×S×S에 대해 작업하느냐에 따라 N=1 또는 2 또는 3이 된다. 공간 탐색에 대해 생각할 때 세 가지 가능한 차원에서 선택할 수 있다. 다음 페이지의 표는 각 차원에 특징적인 가장 단순한 정적인 예술 형태다.

공간 차원 S^N	예술 형태
N = 1	프리즈(frieze)
N = 2	그림
N = 3	조각

이제 시간과 공간을 함께 쓴다면, 좀 더 복잡한 활동을 포함해 레퍼토리를 확장할 수 있다. 아래 그 한 예가 있다.

공간 차원 $S^N \times T$	예술 형태
N = 1	음악
N = 2	영화
N = 3	연극

표에서 볼 수 있듯이 모든 가능성이 존재할 수 있고 심지어 이 도식 안에 복잡한 하부 구조도 담을 수 있는데, 연극은 영화와 음악을 포함할 수 있기 때문이다. 시간은 선형적으로 흐를 필요가 없고 음악에서 주기성은 패턴을 형성하는 흔한 장치이다. 영화나 연극에서 이런 비선형성은 좀 더 모험적인 길로 우리를 이끌었는데, 1895년 H. G. 웰스H. G. Wells의 작품 『타임머신』에서 처음으로 시간 여행이 등장했기 때문이다. 예술에서 공간의 차원성은 분수 값으로 일반화될 수 있는데, 이는 수학자들이 발견하고 분류한 방식과 비슷하다. 직선은 1차원이지만 선을 아주 꾸불꾸불하게 그리면 종이를 다 채울 수 있다. 아주 꾸불꾸불한 선은 기하학적으로는 1차원(N=1)이지만 주어진 면적을 거의 다 채울 수 있다.

프랙털 차원fractal dimension이라고 부르는 새로운 유형의 차원을 도입하면 선의 '분주한 정도'를 분류할 수 있다. 즉 단순한 직선은 1차원이고 주어진 면적을 완전히 채우면 2차원이다. 그 사이에서 프랙털 차원이 1.8인 곡선은 프랙털 차원이 1.2인 곡선보다 더 복잡하고 공간을 더 많이 채울 것이다. 마찬가지로 복잡하게 접혀 있거나 우툴두툴한 표면은 전체 기하학적 공간을 상당 부분 채울 수 있기 때문에 여기에 기하학적 면적의 차원인 2와 기하학적 부피의 차원인 3 사이의 프랙털 차원을 부여할 수 있다.

프랙털 기하학은 1904년 스웨덴의 수학자 헬게 폰 코흐 같은 수학자들이 개척했지만 1970년대 초 브누아 망델브로가 관여하고 나서 유명해졌다. 망델브로는 '프랙털'이라는 용어도 만들었다. 뉴욕 요크타운 하이츠에 있는 IBM에서 일하던 망델브로는 회사의 고성능 컴퓨터를 써서 여러 프랙털 곡선의 복잡성을 탐색하고, 그 구조에 관한 극적인 발견을 이뤄냈다. 이런 유형의 프랙털 구조는 다른 예술 장르에서도 구현될 수 있다. 즉 세밀하게 나눠진 간격 또는 지속, 나눠진 무대, 많은 의미의 층으로 채운 조각 안에 있는 미세 규모의 구조에 따라 분류한 공간 부분을 만든다. 시간도 쪼개질 수 있는데, 그 결과 독자가 책을 읽을 때마다 분기점에서 다른 선택을 할 경우 다른 결말로 이어지는 이야기가 만들어진다.

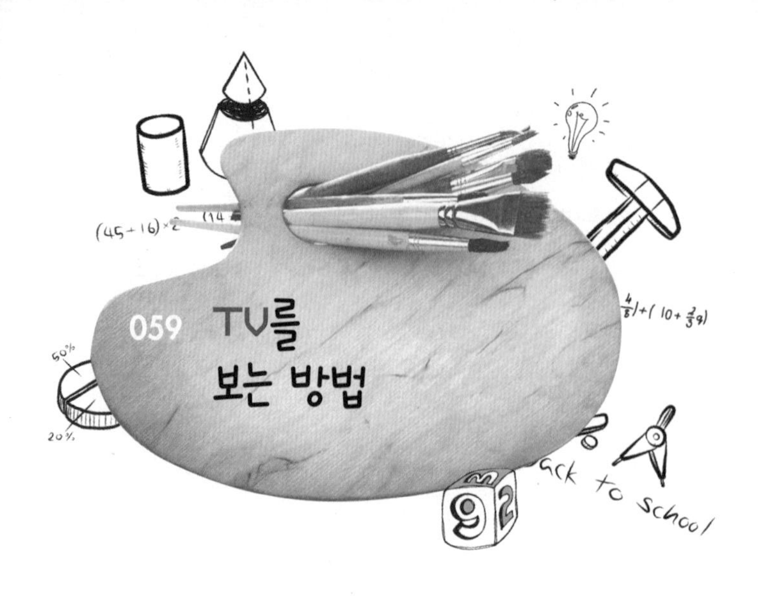

059 TV를 보는 방법

최근 TV를 새로 샀다면 화면 크기에 놀랐을 것이다. 새로 산 비싼 고화질(HD) 텔레비전의 화면은 지금까지 보고 있던 것과 같은 크기라고 들었다. 그런데 막상 집에서 보니 꼭 그렇지도 않은 것 같다. 어디서부터 잘못된 걸까?

TV 화면 크기를 정하는 기준은 하나인데, 직사각형 화면의 아래쪽 모퉁이에서 반대쪽 위 모퉁이까지 대각선의 길이다. 하지만 이것이 이야기의 전부는 아니다. 원래 보던 TV와 새로 산 HD TV가 카탈로그에서 대각선 길이 38인치로 정의된 똑같은 화면 '크기'인 경우를 보자. 화면 크기는 같지만 모양은 다르다. 보던 TV는 폭이 25.6인치, 높이가 19.2인치여서 화면 면적은 25.6×19.2=491.52제곱인치다. 직각 삼각형의 피타고라스 정리를 적용해 얻은 값으로, 폭의 제곱과 높이의 제곱을 더한 값이 대각선 길이(38인치)의 제곱과 같기 때문이다. 불행히도 새로 산 TV 화면은 폭이 더 넓어 28인치이지만 높이는 15.7인치에 불과하다. 3장에서 다룬 내용을 떠올려보자. 폭이 넓은 TV의 화면 면적은 28×15.7=439.60제곱인치다. 따라서 100(491.52−439.60)/439.60=11%나 더 작다.

이것은 우리에게 이중으로 나쁜 뉴스다. 화면 면적은 우리 눈에 들어오는 이미지의 양을 정할 뿐 아니라 제조자의 원가도 결정하기 때문이다. 화면을 채울 때 픽셀이 덜 들어가기 때문에 이들은 더 큰 마진으로 물건을 판다. 화면 면적을 유지한 채 TV를 바꾸려면 대각선의 길이가 1.11의 제곱근, 즉 1.054배만큼 더 커야 한다. 그동안 32인치 TV를 보고 있었다면 새 TV는 32×1.054=33.73, 즉 34인치 모델로 사야 한다는 말이다.

옛날 영화를 많이 보는 경우 상황이 더 안 좋은데, 영상 규격이 다르기 때문이다. 새로 산 TV로 옛날 영화를 보면 화면의 양쪽으로 안 쓰는 공간이 생긴다. 32인치 HDTV의 경우 폭 28인치 가운데 중간의 21인치만이 쓰인다. 높이가 15.7인치이므로 화면에서 영화가 나오는 면적은 21×15.7=329.7제곱인치로 이전 TV보다 33%나 더 작다. 이전 TV가 34인치였다면 42인치 HD 화면이어야 옛날 영화를 같은 크기로 볼 수 있다. 세상 일이 늘 말하는 것처럼 돌아가는 건 아니다.

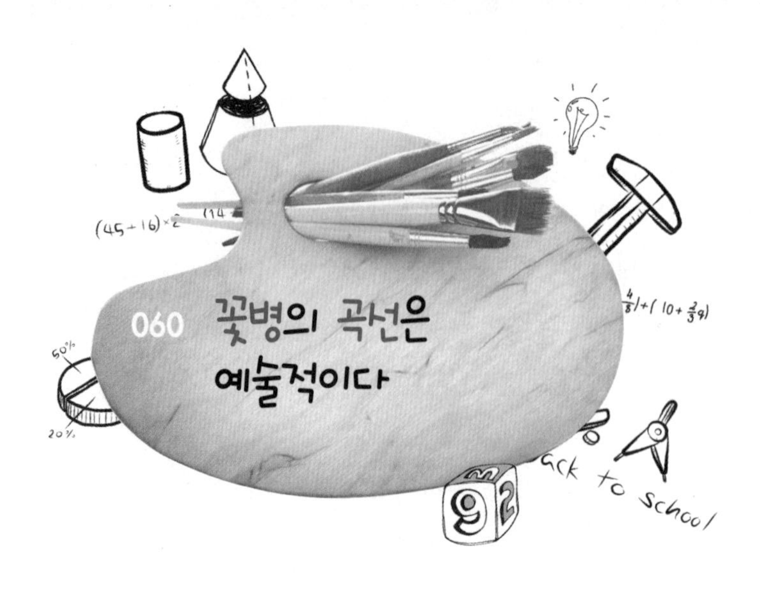

060 꽃병의 곡선은 예술적이다

꽃병의 대칭적인 형태는 예술성이 뛰어나다. 이 예술 형태는 고대 중국의 도자기에서 정점을 이뤘지만, 전 세계에 걸쳐 재료는 달라도 비슷한 형태로 존재했다. 꽃병은 실용적이지만 장식성도 있고 옆모습을 보면 미학적으로도 끌린다. 손잡이가 없는 전통적인 디자인은 물레를 돌려 만들기 때문에 대칭적인 형태다. 꽃병의 옆모습을 2차원으로 볼 때 우리 눈에 가장 멋지게 보이는 기하학적 특징은 무엇일까?

옆의 그림처럼 가운데를 지나가는 수직선에 대해 좌우 대칭이 존재한다. 꽃병의 주둥이와 바닥은 늘 원형이고 측면은 다양한 곡률을 지닐 수 있다. 단순한 금붕어 어항은 주둥이에서 바닥까지 양의 곡선, 즉 볼록한 면을 이루고 있다. 좀 더 복잡한 디자인의 경우 입구가 넓은 주둥

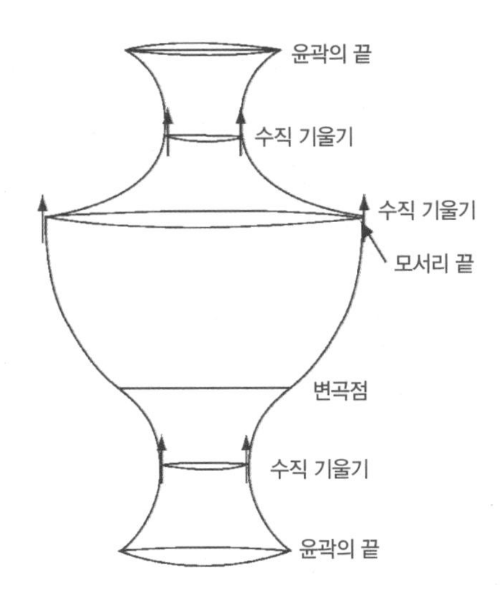

이에서 시작해 안쪽으로 들어가는 곡선, 즉 오목한 모양으로 목 아래에서 최소 크기에 이른다.

그러다가 다시 바깥쪽으로 휘어져 최대 반지름에 이르고 나서 볼록한 모양으로 안쪽으로 곡선을 그리다 다시 최소 반지름에 이른 뒤 바깥쪽으로 휘어져 바닥에 이른다. 이런 물결 모양으로 옆모습에서 곡률이 바뀌는 지점마다 시선을 붙잡는다. 병 표면의 곡률 기울기는 최소 반지름과 최대 반지름인 지점에서 수직선이다. 병에서 폭이 가장 넓은 모서리 지점에서 기울기의 방향이 급격히 바뀐다. 곡률이 양의 값에서 음의 값으로 매끄럽게 바뀌는 지점도 있다. 이 부분을 '변곡점'이라고 부르는데, 시각적으로 꽤 인상적이다. 변곡점에서는 곡률이 서서히 바뀔 수도 있고 좀 더 급작스럽게 바뀔 수도 있다. 옆모습에서 변곡점이 많을수록 굴곡이 더 느껴진다.

55장에서 언급했듯이 1933년 미국 수학자 조지 버코프는 '미학적 척도'라고 부르는 미학적 매력을 점수화한 간단한 체계를 만들려고 시도했다. 버코프의 척도는 질서와 복잡성의 비율로 정의된다. 그의 거친 직관에 따르면 사람들은 질서가 있는 패턴을 좋아하지만 복잡성이 너무 커지면 호감이 줄어든다. 버코프의 척도를 일반적인 미학적 평가 기준으로 받아들이는 건 너무 안이한 태도다. 우리는 잎이 다 떨어진 겨울나무나 풍경 같은 자연의 복잡한 구조도 좋아하기 때문이다. 하지만 정교하게 조절할 수 있는 비슷한 제작물에서는 버코프의 척도가 도움이 될 수도 있다. 버코프는 꽃병 모양의 경우 병의 모습에서 수직 기울기와 변곡점, 모서리, 위아래 끝의 개수를 합친 값으로 복잡성을 정의했다. 질서의 척도는 네 가지 요소의 합으로 정의했다. 수평 거리와 수직 거리의 관계와 기울기 사이의 수평과 수직 관계다. 다양한 모양의 꽃병에 대해 점수를 매길 수 있고 미학적 척도에서 높은 점수를 얻을 수 있는 새 꽃병까지 디자인할 수 있다면, 미학적으로 가장 인상적인 꽃병의 옆모습에 대해 심사숙고하는 데 도움이 될 것이다.

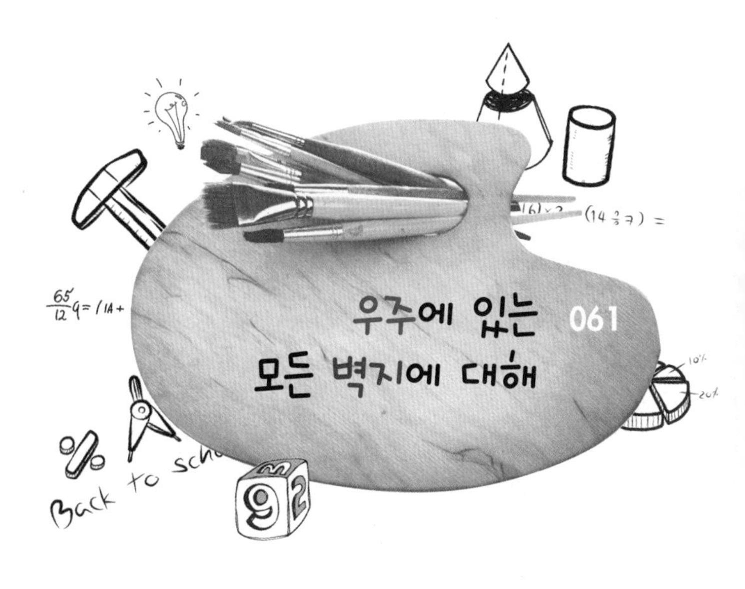

061 우주에 있는 모든 벽지에 대해

앞의 30장에서 프리즈에 적용할 수 있는 기본 디자인의 수가 일곱 개밖에 되지 않는다는 사실을 살펴봤다. 이는 프리즈의 기본 대칭 패턴 때문이다. 물론 색상과 모양을 바꿔가며 무한한 종류를 만들 수는 있다. 아무튼 일곱 가지뿐이라는 가능성은 1차원에서 주기적 패턴을 만들 수 있는 자유가 제한되어 있음을 보여준다. 2차원에서 주기적인 패턴을 만들 경우 가능성은 열일곱 가지로 늘어나는데, 1891년 러시아의 수학자이자 결정학자인 에그래프 표도로프Evgraf Fedorov가 처음 발견했다. 이 열일곱 가지는 '벽지' 패턴으로 알려져 있는데, 평면에 붙이는 대칭적인 벽지 디자인에 적용할 수 있는 기본 대칭 조합이기 때문이다. 프리즈와 마찬가지로 여기에서도 기본 대칭은 색과 모티브를 달리하면 무한한 종류를 만들 수 있지만, 열일곱 가지 이외의 새로운 벽지 패턴은 나올 수 없다.

열일곱 가지 패턴은 먼저 해당 패턴이 동일하게 유지되는 최소의 회전 각도에 따라 분류할 수 있다(60, 90, 120, 180 또는 360도). 다음으로 반사 대칭이 있는지에 따라 분류할 수 있다. 그 뒤 반사 축에 대해(반사 축이 있을 경우) 또는 다른 축에 대해 활공 반사 대칭이 있는지에 따라 분류할 수 있다. 또 두 방향으로 반사 대칭이 있는지, 45도로 교차하는 선에 대한 반사 대칭이 있는지, 회전 대칭의 중심 모두가 회전축에 있는지 등 다른 질문을 통해 모든 가능성을 포함할 수 있다. 이 질문들과 그에 대한 답을 담은 흐름도를 보면 열일곱 가지 다른 가능성의 예들이 펼쳐져 있다.

이 열일곱 가지 기본 패턴은 모두 프리즈의 일곱 가지 기본 패턴과 함께 다양한 인류 문명에서 만들어진 고대 장식에서 발견되는데, 패턴에 대한 인류의 기하학적 직관과 감식력을 보여주는 예라고 할 수 있다. 예술가들은 돌이나 모래에, 천이나 종이에 또는 그림 속에 이들 패턴을 만들어 넣었다. 이들은 여기에 여러 색을 칠하기도 했고 기본 패턴 모티브로 천사나 악마, 별이나 얼굴을 이용하기도 했지만, 패턴에 대한 인류의 감식력은 보편적이어서 장식 스타일을 보면 놀라울 정도로 모든 패턴을 다 활용하고 있다. 그 결과 어디서나 이들 패턴을 볼 수 있다.

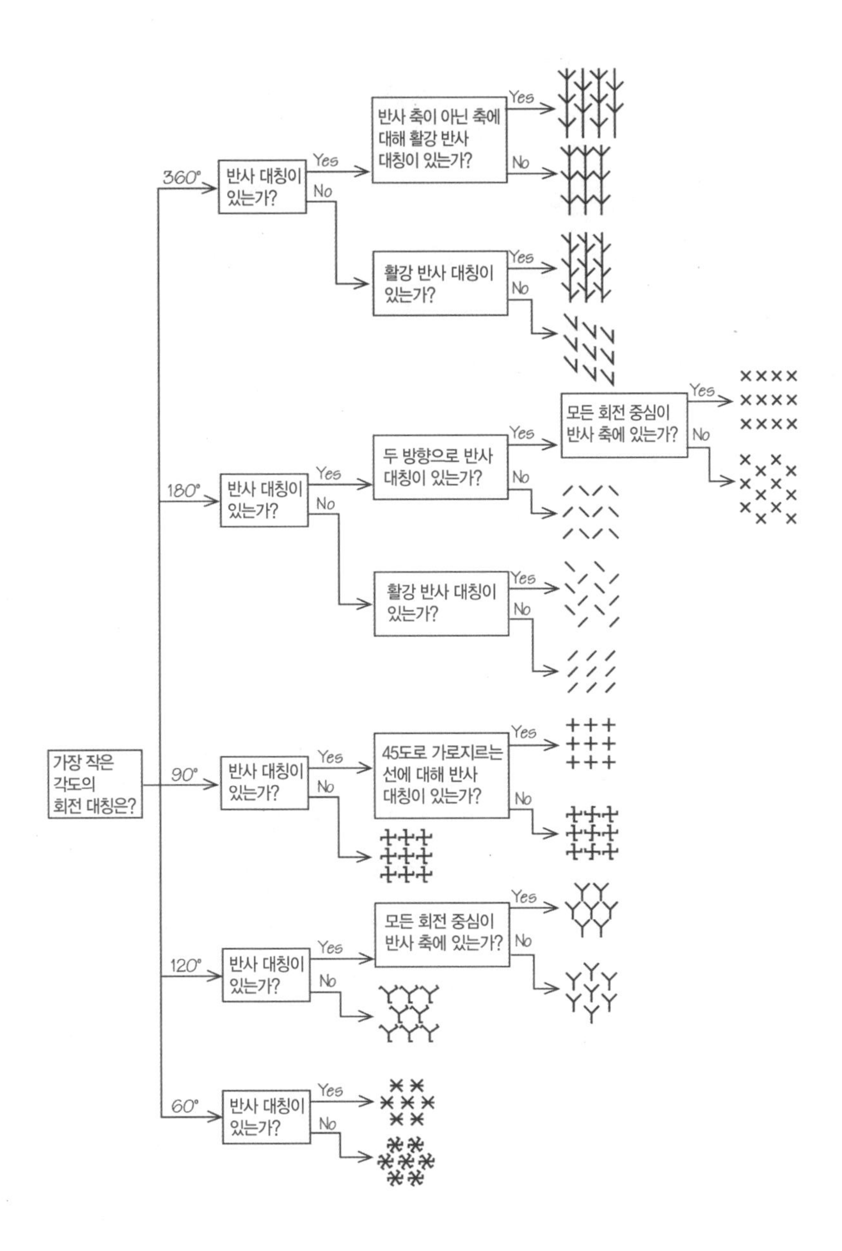

가장 작은
각도의
회전 대칭은?
360°
180°
90°
120°
60°
반사 대칭이
있는가?
Yes
No
반사 축이 아닌 축에
대해 활강 반사
대칭이 있는가?
활강 반사 대칭이
있는가?
모든 회전 중심이
반사 축에 있는가?
두 방향으로 반사
대칭이 있는가?
45도로 가로지르는
선에 대해 반사
대칭이 있는가?

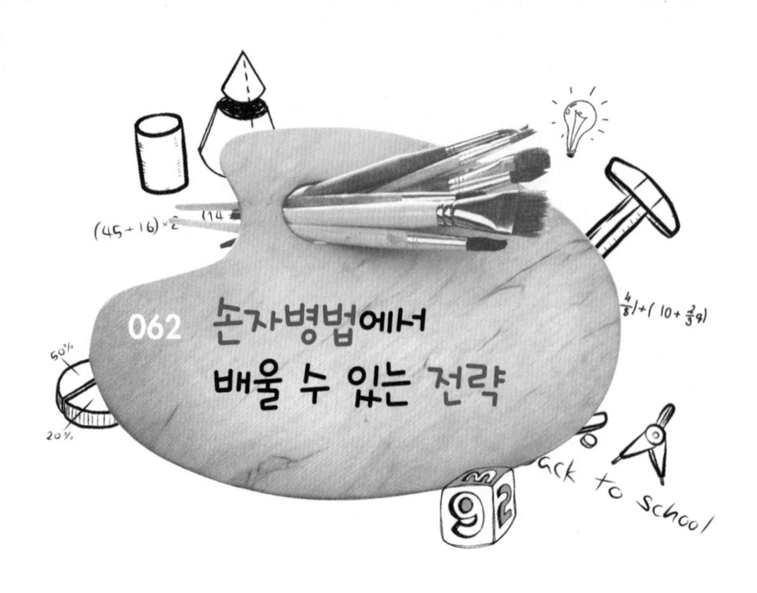

062 손자병법에서 배울 수 있는 전략

군사 전략을 담은 중국 손무孫武의 위대한 저서 『손자병법』은 기원전 6세기 작품이다. 책을 이루는 열세 편마다 각각 전쟁의 특정 측면을 다루고 있어 군 지휘관들에게 많은 영향을 주었다. 이 책은 CIA와 KGB 요원들뿐 아니라 협상가, 기업체 간부, 스포츠 감독 등이 읽어야 할 필독서라고 한다. 책은 군사력을 극대화하는 고대의 전략적 지혜와 전통을 집대성했다.

놀랍게도 『손자병법』처럼 군사 전략을 정량적으로 분석한 현대의 전문적인 참고서를 찾아볼 수 없다. 영국 빅토리아 시대의 뛰어난 공학자인 프레더릭 랜체스터Frederick Lanchester는 서로 연결된 과제를 순서에 따라 수행하는 가장 효율적인 방법을 찾는 수학 연구를 시작했다. 훗날

'오퍼레이션 리서치operations research'로 불리게 될 이 방법은 수학적 통찰력으로 전쟁을 파악한다. 사실 랜체스터는 석유를 연료로 한 자동차를 최초로 만들었고 동력조향장치power-steering와 디스크 브레이크도 발명했다.

제1차 세계대전이 한창이던 1916년, 랜체스터는 두 군대 사이의 충돌을 기술하는 간단한 수식들을 고안했다. 단순한 수식들이었음에도 전쟁에 대해 뭔가 놀라운 사실을 드러냈기 때문에 오늘날에도 군사 전략가들에게 영감을 주고 있다. 돌이켜 보면 넬슨과 웰링턴(아서 웰즐리 Arthur Wellesley: 영국 육군 원수로 나폴레옹 전쟁을 이끌었다) 같은 위대한 전략가들은 이 식이 보여주는 것들의 일부를 직관적으로 파악하고 있었다. 전쟁게임을 설계할 때 내재하는 디자인 원리의 일부는 이 수식들에 바탕을 두고 있고 보드게임도 마찬가지다.

랜체스터는 두 병력 사이의 충돌을 간단한 수학으로 기술했는데, 편의상 한 쪽은 아군(Goodies: G개의 전투 단위가 있다) 다른 쪽은 적군(Baddies: B개의 전투 단위가 있다)이라고 부르자. 시간 t를 측정할 텐데, 먼저 이들이 전투를 시작한 시점이 영시로 $t=0$으로 표시한다. 우린 시간이 지나고 전투가 진행됨에 따라 단위 숫자 $G(t)$와 $B(t)$가 어떻게 변하는지 알고 싶다. 예를 들어 전투 단위는 병사일 수도 있고 탱크 또는 총일 수도 있다. 랜체스터는 G(또는 B) 전투 단위 각각이 적의 단위 g(또는 b)개를 파괴한다고 가정했다. 즉 g와 b는 각 전투 단위의 유효성을 나타낸 값이다. 각 군의 전투 단위가 없어지는 속도는 적의 전투 단위 숫자에 비례할 것이다. 따라서 다음과 같이 표시할 수 있다.

$$dB/dt=-gG,\ dG/dt=-bB$$

이들 식 가운데 하나를 다른 식으로 나누면 쉽게 적분할 수 있고($d^2B/dt^2=-gdG/dt=gbB$이므로 바로 풀 수 있다. 즉 $B(t)=P\exp(t\sqrt{bg})+Q\exp(-t\sqrt{bg})$로 여기서 P와 Q는 상수로 t=0일 때 전투 단위의 초기 값에 따라 결정된다. 즉 $B(0)=P+Q$다. 비슷한 관계가 $G(t)$에 대해서도 적용된다) 다음의 중요한 관계가 도출된다.

$$bB^2-gG^2=C$$

여기서 C는 상수다.

이 식은 단순하지만 많은 것을 내포하고 있다. 각 진영의 전반적인 전투력은 보유한 전투 단위의 제곱에 비례하는 반면 유효성에는 선형적인 관계를 보일 뿐이다. 따라서 상대의 전투 단위가 두 배가 되면 아군의 유효성은 네 배가 돼야 현상을 유지할 수 있다. 즉 군대는 클수록 좋다. 마찬가지로 적군의 군사력을 작은 그룹으로 쪼개 하나로 응집할 수 없게 만드는 전략은 중요한 책략이다. 넬슨은 프랑스와 스페인 해군을 맞아 트라팔가 해전과 다른 교전에서 이 전략을 썼다. 최근의 예로는 2003년 이라크 전쟁을 들 수 있는데, 당시 미국 국방부 장관 도널드 럼스펠드Donald Rumsfeld는 의문의 선택을 했다. 대규모 군사력을 동원하는 대신 소규모의 중무장한 군대를 투입했고(작은 G, 큰 g) b는 작았지만 B가 꽤 컸던 이라크는 이를 물리칠 수 있었다.

랜체스터의 제곱 법칙은 현대전에서 한 전투 단위가 여러 적을 죽일 수 있고, 여러 측면에서 동시에 공격받을 수 있다는 사실을 반영하고 있다. 각 병사들 사이에 일대일로 백병전이 일어난다면 최종 결과는 bB^2과 gG^2의 차이가 아니라 bB와 gG의 차이에 의존할 것이다. 만일 백병전이 아수라장처럼 벌어져 군인들이 적군 모두와 엉킨다면 제곱 법칙이 적용될 것이다. 따라서 수가 열세일 경우 이런 전투는 피해야 한다.

랜체스터의 식을 다시 보면 전투가 시작될 때 b, B, g, G를 알면 상수 C를 계산할 수 있다. 이건 숫자일 뿐이다. 만일 C가 양수라면 bB^2이 gG^2보다 항상 크다는 뜻이므로 B가 영으로 떨어지지 않는다. 만일 두 단위의 유효성이 동일하다면(b=g), 살아남은 전투 단위의 수는 각 진영의 전투 단위의 제곱의 차이를 다시 제곱근해 나온 수이다. 따라서 G=5이고 B=4라면 세 전투 단위(아군)가 살아남을 것이다.

랜체스터의 단순한 모형으로부터 다소 복잡한 변이형이 여럿 나와 있다. 그 가운데 하나는 유효성이 다른 군사력이 혼합된 경우에 적용할 수 있어 전투 부대에 물자를 공급하는 지원 단위를 포함할 수 있고 전투력에 영향을 주는 임의의 요소를 도입할 수도 있다. 또 피로와 물자 소진을 반영하기 위해 유효성 인자인 b와 g가 시간이 지남에 따라 작아지게도 할 수 있다. 그럼에도 이 모두는 랜체스터의 단순한 통찰력에서 출발한다. 그의 통찰은 흥미로운 것들을 알려주고 있고, 일부는 손무도 알고 있었던 것이었지만, 좀 더 복잡한 모델을 만들 수 있는 길을 열어줬다. 자녀나 손주들과 병정놀이나 컴퓨터 게임을 하게 된다면 이 모델이 작동하는지 확인해보자. 만일 게임을 설계한다면 이 법칙이 힘의 균형이 맞는 상대 전력을 만드는 데 도움을 줄 것이다. 전쟁 게임에서는 단순히 수가 결정적인 요인이 아님을 깨달았기 때문이다.

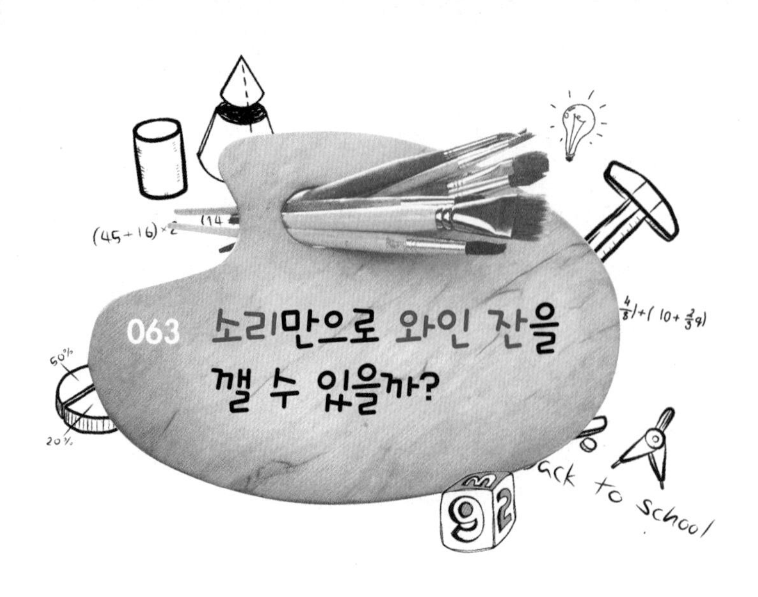

063 소리만으로 와인 잔을 깰 수 있을까?

음악과 관련된 옛이야기 가운데 가수가 고음을 내서 와인 잔이나 샹들리에, 심지어 유리창을 깨뜨리는 장면이 나온다. 나는 이런 장면을 직접 보지는 못했다(물리학 실험실에서 초음파를 쏴 깨는 건 봤다. 신장 결석이 있어서 병원에서 치료를 받아 본 적이 있다면 초음파가 당신의 결석을 깨 작은 부스러기로 만들었을 것이다). 물론 인터넷에 이런 장면을 보여주는 동영상이 올라와 있지만 전문가들은 이를 의심의 눈으로 바라보고 있다. 이런 일이 어떻게 가능할 수 있을까?

와인 잔의 테두리를 톡톡 두드리면 진동이 일어난다. 이때 테두리의 일부는 안쪽으로 움직이고 다른 부분은 바깥쪽으로 움직이는데, 그 사이에 움직이지 않는 지점이 늘 존재한다. 이 움직임이 공기를 밀어 음파를 만들기 때문에 잔이 '울리는' 소리를 쉽게 들을 수 있다. 만일 와인 잔의 두께가 두껍다면 유리가 그렇게 많이 움직이지 않기 때문에 깨질 염려가 없이 울리는 소리를 들을 수 있다. 유리가 아주 얇거나 금이 살짝 가 있다면 테두리 주변에 강한 진동을 일으킬 경우 잔이 깨질 수 있다. 와인 잔 테두리는 고유 진동수가 있어서 이 진동수로 조금만 교란해도 진동을 한다. 만일 가수가 이 진동수에 맞게 소리를 낼 수 있다면 잔 테두리와 공명을 일으켜 진동이 증폭되고 그 결과 잔이 깨질 수도 있다.

이런 일이 일어나려면 와인 잔이 얇은 유리로 만들어져야 한다(몇 군데 흠이 있으면 도움이 된다). 가수는 상당한 부피의 공기 분자를 잔을 향해 내보내야 하고 공명을 유지하기 위해 2~3초 동안은 해당 진동수를 유지해야 한다. 직업 가수라면 소리굽쇠처럼 소리를 조율해서 기대하는 진동수로 잔을 때릴 수 있어야 한다. 바로 공명 진동수다. 이제 가수는 잔을 깰 수 있을 정도의 진폭으로 진동을 만들 때 필요한 세기의 음을 내고 몇 초 동안 유지해야 한다. 100데시벨보다 약간 더 큰 소리면 섬세한 크리스털 잔을 깰 수 있을 것이다. 오페라 가수는 우리가 보통 말하는 소리의 두 배 정도 되는 소리를 내고 유지하는 훈련을 수년 동안 한다.

우연이든 의도했든 딱 맞는 진동수로 충분한 강도의 발성을 하는 것은 다행히도 쉬운 일이 아니어서 대부분의 사람들은 흉내 내지도 못한다. 하지만 만일 소리가 아주 크다면 증폭에 필요한 공명 진동수가 아니더라도 그 세기만으로 잔을 깨기에 충분할 것이다. 40년도 훨씬 전에 미국의 TV 프로그램에서 엘라 피츠제랄드(Ella Fitzgerald: 재즈 가수)가 소리를 질러 쉽게 잔을 깨는 장면을 보여줬다. 하지만 당시 그녀의 목

소리는 스피커를 통해 상당히 증폭되지 않았던가? 실제로 잔에 흠이 있어야 증폭 없이도 깨질 가능성이 높다. 미국의 발성 코치인 제이미 벤데라Jamie Vendera는 2005년 디스커버리 채널의 TV쇼 〈호기심해결사 Mythbusters〉에서 시연을 했다. 그는 열세 번째 잔에서야 마침내 성공할 수 있었다. 위대한 엔리코 카루소(Enrico Caruso: 20세기 초 활약한 이탈리아 테너 가수)의 시절에는 아마도 와인 잔이 얇았거나 작은 흠이 많았던 것 같다.

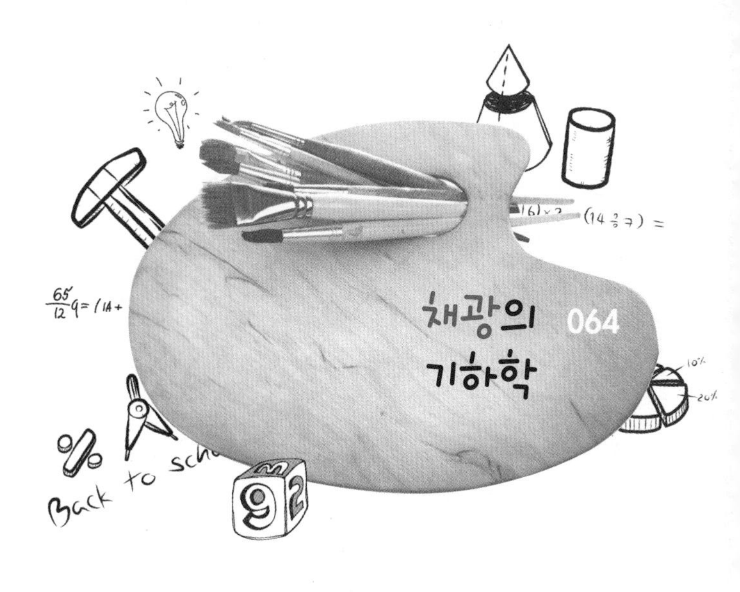

창, 특히 옛 건물의 장식적인 창은 모양과 방향이 다양하다. 창을 통해서 건물 안으로 들어오는 빛의 양은 블라인드나 착색, 커튼을 고려하지 않을 경우 투명한 유리의 표면적에 정비례한다. 성당의 창이 정사각형 모양일 경우 각 변의 길이가 S라면 창을 통해 들어오는 빛은 투명한 면적 S^2에 따라 정해진다. 만일 내부가 너무 밝아 들어오는 빛을 줄이고 싶은데 블라인드나 커튼은 달고 싶지 않다면 어떻게 해야 할까? 이 문제에 대한 가장 멋진 해결책은 동일한 $S \times S$ 벽 공간에 정사각형 창을 45도 돌려 다이아몬드 방향으로 배치하는 것이다. 그러면 창이 작아질 것이다.

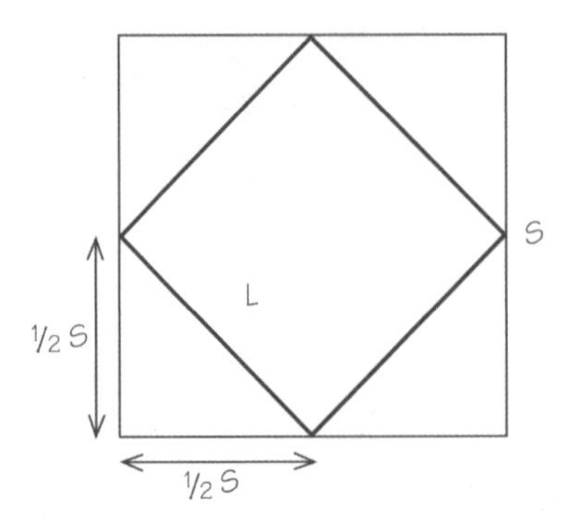

다이아몬드 창의 각 변의 길이를 L이라고 하면 피타고라스 정리에 따라 다음의 관계를 보인다.

$$L^2=((1/2)S)^2+((1/2)S)^2=(1/2)S^2$$

이 결과 L=0.71S다. 원래 유리창 면적은 S^2이었지만 새로운 다이아몬드 창 면적인 $L^2=(1/2)S^2$이 된다. 이처럼 정사각형의 크기와 관계없이 절반의 면적을 쉽게 만들 수 있다.

직사각형 창으로 작업을 해야 할 경우도 마찬가지로 멋진 특성이 적용된다. 사각형의 수평 방향 변의 길이를 T라고 하고 수직 방향 변의 길이를 S라고 하자. 직사각형 창의 면적은 ST다. 이 공간에 대칭적인 다이아몬드 형태의 창을 만든다. 다이아몬드의 면적은 ST에서 각 모퉁이의 삼각형 네 개의 면적을 뺀 값이다. 삼각형 각각은 길이가 (1/2)T, 높이가 (1/2)S이므로 네 개의 면적은 $4\times(1/2)\times(1/2)T\times(1/2)S=(1/2)ST$다. 이번에도 다이아몬드의 면적은 원래 직사각형 면적의 딱 절반이다.

이런 관계가 창에만 적용되는 건 아니다. 케이크 판에 다이아몬드 배치로 정사각형이나 직사각형 케이크를 만들 경우 들어가는 재료의 양은 판을 꽉 채우는 케이크의 절반이면 된다.

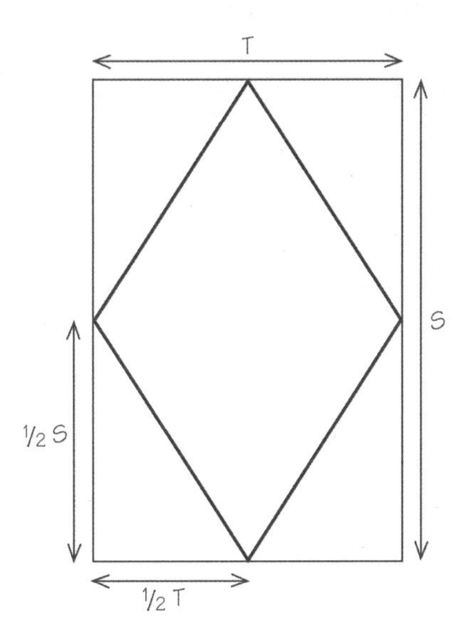

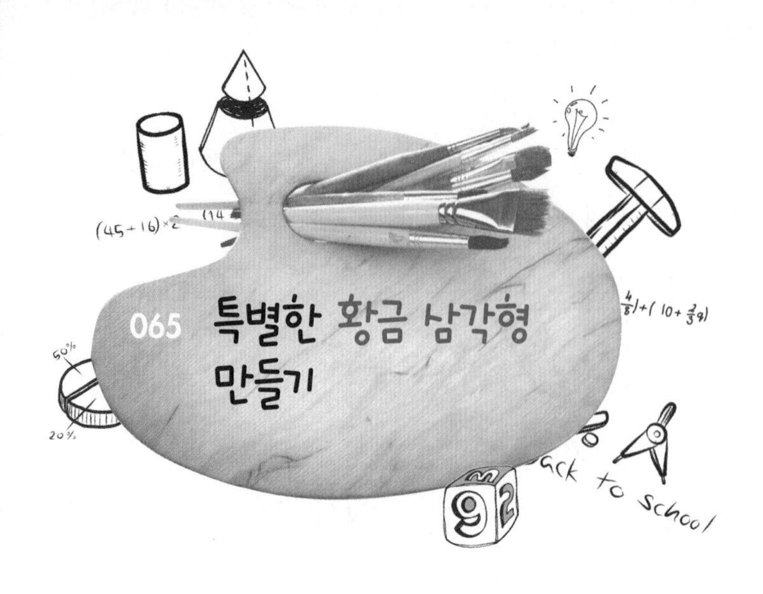

065 특별한 황금 삼각형 만들기

모두가 알고 있듯이 세상에는 '황금 분할'처럼 특별한 비율이 있어서 역사적으로 디자이너와 건축가, 예술가들에게 큰 영향을 미쳤다. 한편 개념적으로 단순하고 특별한 형태가 있는데, 자신을 유사하게 모방하는 위계질서를 자연스럽게 만들어내기 때문에 디자인의 기본 요소로도 평가된다. 이 기본 모티브는 두 밑각이 72도이고 꼭지각은 $180-(2\times72)=36$도인 이등변 삼각형이다. 이 경우를 '특별한' 삼각형이라고 부르자. 특별한 삼각형의 꼭지각이 밑각의 절반이므로 밑각을 반으로 나눠 새로운 특별한 삼각형 두 개를 만들 수 있다(다음 페이지의 그림에서 각각 직선과 점선으로 표시했다). 새로운 특별한 삼각형 두 개는 꼭지가 원래 삼각형의 아래 모퉁이에 있다. 원래 특별한 삼각형의 밑각을 반으로 나눠 만들어서 꼭지각이 $(1/2)\times72=36$도가 되므로 특별한 삼각형의 조건을 충족한다.

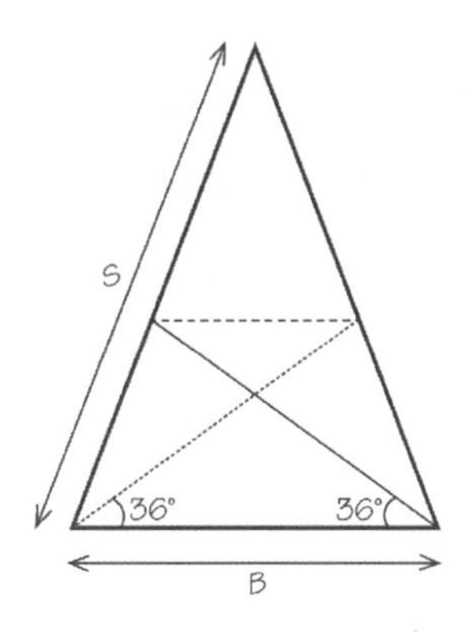

이 과정은 무한히 반복될 수 있고 밑각을 반으로 나누는 매 단계마다 특별한 삼각형이 두 개씩 더 만들어진다. 이 결과 지그재그 형태의 특별한 삼각형으로 이루어진 탑이 나온다. 새로운 특별한 삼각형은 이전의 삼각형보다 작다.

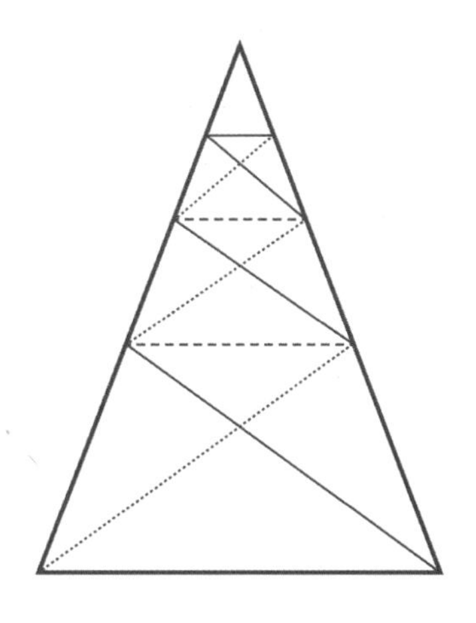

때때로 특별한 삼각형을 '황금Golden' 또는 '숭고한Sublime' 삼각형이라고 부른다. 오늘날에는 이 용어가 세 초점을 지닌 네트워크를 묘사할 때 쓰이는 것 같다. 특별한 삼각형의 밑각이 72도이기 때문에 삼각형의 긴 변의 길이 S와 밑변의 길이 B의 비율은 황금비와 같다(삼각형의 꼭지각이 36도, 즉 π/5라디안이므로 그 코사인 값은 황금비의 절반에 해당한다).

$$S/B=(1/2)(1+\sqrt{5})$$

이것이 특별한 삼각형을 황금 삼각형이라고도 부르는 이유다.

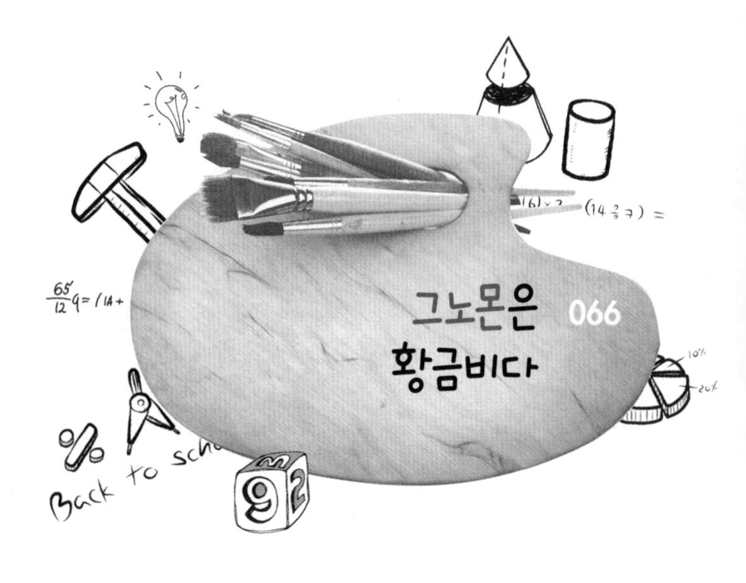

특별한 황금 삼각형을 살펴봤으니 이제 밀접하게 관련된 또 다른 이등변 삼각형을 소개한다. 이 경우 이등변의 길이가 나머지 한 변보다 짧은데, 그 비율이 황금비 g의 역수로 $1/g=2/(1+\sqrt{5})$다. 즉 납작한 이등변 삼각형으로 꼭지각이 90도보다 크다. 이 삼각형을 '황금 그노몬golden gnomon'이라고 부른다. 이 삼각형은 내각의 비가 1:1:3인 유일한 경우이며 두 밑각이 각각 36도로 65장에서 소개한 특별한 '황금' 삼각형의 꼭지각과 같고 꼭지각은 108도다. 다음 페이지의 그림에서 보면 황금 그노몬 AXC를 황금 삼각형 XCB와 붙여 놓았는데, 황금비 $g=(1/2)(1+\sqrt{5})$로 변의 길이를 표시했다(모든 길이에 같은 수를 곱하면 또 다른 예가 만들어진다). 삼각형 AXC의 두 밑각은 황금 삼각형 XCB의 꼭지각과 동일하게 36도다.

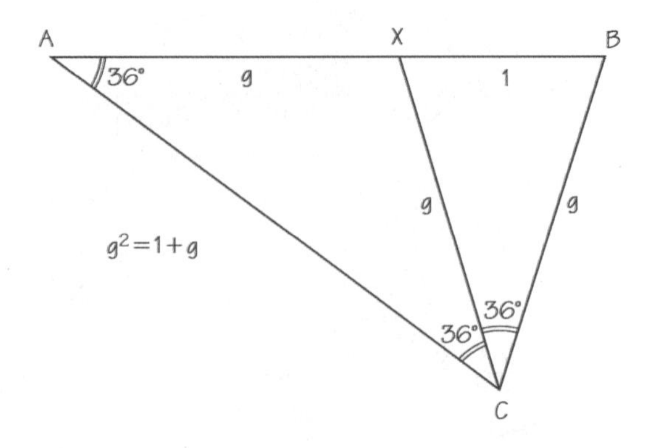

위의 그림에서 우리는 황금 삼각형 ABC가 늘 작은 황금 삼각형 XCB와 황금 그노몬 AXC로 나뉘고, 둘은 이등변의 길이가 똑같음을 알 수 있다(그림에서는 g). 이 두 삼각형은 유명한 펜로즈 타일링Penrose tiling처럼 매력적인 비주기성 디자인을 만들 때 기본 요소로 쓰인다. 연kite 모양과 화살촉dart 모양이 조각 그림처럼 맞물리며 평면에 끝없이 펼쳐지는 로저 펜로즈Roger Penrose의 타일링에서 황금 삼각형 두 개는 '연'을 만들 때 쓰이고, 황금 그노몬 두 개는 '화살촉'을 만들 때 쓰인다. 비록 펜로즈와 로버트 암만Robert Ammann이 1974년 독립적으로 발견했지만, 펜로즈 타일링은 15세기 이슬람 예술가들이 공간을 채우는 복잡한 타일링 패턴의 하나로 사용해 왔다.

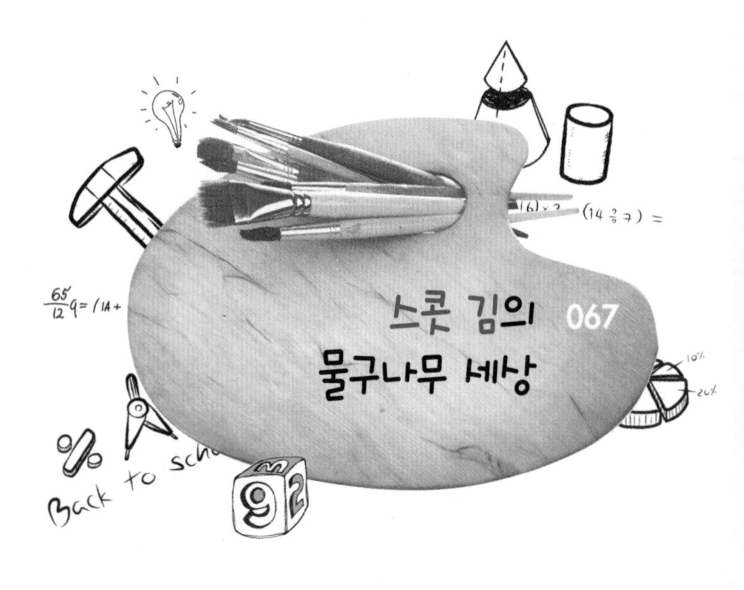

067 스콧 김의 물구나무 세상

O와 H 같은 글자나 8 같은 숫자는 위아래를 뒤집어도 똑같다. 이런 상징을 붙여 쓴 OXO 같은 문자열 역시 위아래를 뒤집어도 똑같다. 여러 유형의 도치가 검토됐는데, 예를 들어 뒤에서부터 읽어도 똑같은 회문(回文: never odd or even 같은)이 있고, 이 정도까지는 아니더라도 최소한 의미는 유지하는 경우도 있다. 모차르트는 악보를 뒤에서부터 연주해도 듣기 좋은 작품을 쓰기도 했다. 그래픽 디자인에서 스콧 김Scott Kim은 기발한 문자열을 만드는 것으로 유명한데, 도치시켰을 때 똑같지는 않지만 반사하는 형태로 의미를 유지하거나 심지어 강화하기도 한다. 더글라스 호프스태터Douglas Hofstadter는 이런 문자 디자인을 '앰비그램ambigram'이라고 불렀다. 작고한 과학 소설가 아이작 아시모프Isaac

Asimov는 스콧 김이 글자 모양과 도치를 기발하게 사용하는 걸 보고 그를 '알파벳의 에셔Escher-of-the-Alphabet'라고 불렀다. 스콧 김의 책『도치 *Inversions*』에서 그의 작품들을 볼 수 있다. 여기에 스콧 김이 1989년 창조해 도치의 고전이 된 한 예를 소개한다(책을 위아래로 뒤집어서 감상해보기 바란다. Inversions와 Scottkim을 절묘하게 써 도치 관계를 이루게 만들었다).

Inversions

Scottkim

새로 나오는 책과 신문에는 늘 오탈자가 들어 있기 마련이다. 자동으로 철자를 확인하는 시대임에도 오탈자는 여전히 존재한다. 때로는 자동 철자 확인시스템이 또 다른 유형의 철자 오류를 내놓기도 한다. 그렇다면 기사에 철자 오류가 어느 정도 되는지를 추측할 수 있을까?

간단한 방법으로는 교정을 보는 사람 둘에게 각각 기사를 읽게 한 뒤 찾은 오류를 비교하는 것이다. 첫 번째 교정자가 A개의 실수를 찾았고 두 번째 교정자가 B개의 실수를 찾았는데, 이 가운데 C개가 공통된 것이라고 하자. 만일 C가 A와 B에 비해 아주 작은 값이라면 두 교정자의 실력이 별로라는 말이고, 만일 C가 큰 값이라면 둘 다 눈이 예리하다는 뜻이다. 따라서 이들이 찾지 못한 오류가 많이 있을 가능성은 매우 낮다. 놀랍게도 A, B, C 세 수만 알아도 기사에서 아직 찾지 못한 오류가 몇 개가 되는지 그럴듯하게 추측할 수 있다. 전체 오류 개수를 M이라고 하면 두 교정자가 각자 찾은 것 말고도 더 찾아야 하는 개수는 M−A−B+C다. 여기서 C를 더한 건 두 사람이 발견한 것을 이중으로 세지 않기 위해서다. 여기서 두 교정자가 오류를 찾을 확률을 각각 a와 b라고 하자. 그러면 통계적으로 A=aM이고 B=bM이 된다. 하지만 두 사람이 독립적으로 찾았기 때문에 두 사람이 다 오류를 찾을 확률은 단순히 개별 확률을 곱한 값, 즉 C=abM이 된다. 이 세 식을 조합하면 우리가 알 수 없는 a와 b를 없앨 수 있다. 즉 $AB=abM^2=(C/M)\times M^2$이므로 원고의 전체 오류 개수 M=AB/C라고 추측할 수 있다. 따라서 두 교정자가 찾지 못한 오류의 개수는 다음과 같다.

$$M-A-B+C=(AB/C)-A-B+C=(A-C)(B-C)/C$$

결국 앞으로 더 찾아야 할 오류의 개수는 첫 번째 교정자만 찾은 오류 개수와 두 번째 교정자만 찾은 개수를 곱한 값을 두 사람이 다 찾은 개수로 나눈 값이다. 이 결과는 우리의 직관과도 잘 맞는다. 만일 A와 B가 큰데 C가 작다면 두 교정자가 찾지 못한 오류가 여전히 많이 있을 것이다.

이 간단한 예는 두 교정자가 독립적으로 작업한 결과로부터 그럴듯한 추측을 할 수 있음을 보여준다. 두 교정자의 효율이라고 할 수 있는 a와 b는 계산에서 뺄 수 있다. 이 방법은 다른 정보에 바탕을 둔 문제를 해결할 때도 쓰일 수 있다. 예를 들어, 교정자가 두 사람이 넘을 경우 이들이 오류를 찾을 가능성과 실제 수행 결과를 바탕으로 그럴듯한 확률식을 만들 수도 있다. 통계학자들은 이런 접근법을 다른 흥미로운 표본 추출 문제에도 적용할 수 있음을 보여줬는데, 예를 들어 일정한 기간 동안 자신의 정원에서 발견한 새의 종류를 기록한 사람들의 여러 독립적인 조사를 바탕으로 새가 몇 종이나 되는지 추측하는 기법이 있다.

또 다른 흥미로운 응용은 셰익스피어의 각 희곡에 쓰인 단어 개수를 바탕으로 셰익스피어가 얼마나 많은 단어를 알고 있는지 추측하는 것이다. 이 경우 우리는 한 희곡에만 나온 단어의 개수나 희곡 두 작품에서만 나온 단어의 개수, 세 작품 또는 네 작품에서 나온 개수 등에 관심이 있다. 그리고 모든 희곡에서 쓰인 단어의 개수도 알아야 한다. 이 수들은 앞의 간단한 교정 예에서 나온 A, B, C에 해당한다. 이번에도 셰익스피어가 특정한 단어를 사용할 확률은 몰라도 그가 희곡을 쓸 때 사용할 수 있었던, 즉 알고 있었던 전체 단어의 개수를 추측할 수 있다. 물론 셰익스피어는 새로운 단어의 발명에도 꽤 재주가 있었고, '줄어들다dwindle', '결정적인critical', '절약하는frugal', '어마어마한vast' 같은 많은 단어들이 오늘날 일상에서 널리 쓰이고 있다. 햄릿 한 작품에만 새로운 단어가 600개나 소개되어 있다고 한다. 문헌학자들에 따르면 셰익스피어가 작품에서 사용한 단어는 31,534개이고 총 개수는 반복 사용을 포함해 884,647개다. 이 가운데 14,376개가 희곡 한 작품에서만 쓰였고, 4,343개가 두 작품에서, 2,292개가 세 작품에서, 1,463개가 네 작품에서, 1,043개가 다섯 작품에서, 837개가 여섯 작품에서, 638개가 일곱 작품에서, 519개가 여덟 작품에서, 430개가 아홉 작품에서, 364개가 열 작품에서 쓰였다. 이 정보를 통해 만일 지금까지 알려진 작품들 분량과 같은 셰익스피어의 새로운 작품들이 발견될 경우 새로운 단어가 얼마나 되는지 추측할 수 있다. 이 작업을 반복하면 셰익스피어가 알고는 있었지만 작품에 사용하지는 않은 단어의 개수가 대략 35,000개쯤 된다고 추측할 수 있다. 여기에 그의 작품에 쓰인 31,534개 단어를 더하면 셰익스피어의 어휘력이 66,534단어인 셈이다.

1976년 에프론Efron과 티스테드Thisted가 단어 빈도 분석을 처음 행하고(두 사람은 한 단어의 다른 형태, 예를 들어 단수와 복수를 다른 단어로 취급했다) 수년이 지난 뒤 셰익스피어의 새로운 소네트가 발견됐다. 이 작품은 429개의 단어로 이루어져 있는데, 알려진 작품들을 분석해 다른 작품에는 없고 소네트에만 등장하는 단어나 다른 작품 하나 또는 둘에서만 등장한 단어가 몇 개가 될지 예측하는 분석법이 정말 쓸모가 있는지를 알 수 있는 흥미로운 기회였다. 이전 모든 작품에 나오는 단어 빈도 분석에 따르면 다른 작품에는 등장하지 않고 이 소네트에만 있는 단어가 일곱 개다(실제로는 아홉 개). 그리고 다른 작품 하나에서 등장한 단어는 네 개 정도고(실제로는 일곱 개), 기존 두 작품에서 나온 단어가 세 개 정도다(실제로는 다섯 개). 이 예측의 정확성은 꽤 우수해서 셰익스피어의 단어 사용에 대한 통계 모형이 제대로 된 것임을 확증하고 있다. 다른 저자 또는 작가가 누구인지 논란이 되는 작품에 대해서도 같은 접근법을 쓸 수 있다. 본문이 길수록 단어도 많아지기 때문에 결과가 더 믿을 만하다.

069 첫 자리 숫자의 이상하고 놀라운 법칙

간단한 수학이면서도 아주 놀라운 예가 하나 있다면 벤포드의 법칙Benford's law으로 알려진 규칙이다. 1938년에 이에 관해 쓴 미국 공학자 프랭크 벤포드Frank Benford의 이름을 붙였지만, 사실은 1881년 미국 천문학자 사이먼 뉴컴Simon Newcomb이 처음 언급했다.

이 두 사람은 명백히 임의적인 것으로 보이는 수들을 많이 모아 놓은 자료들에서 첫 번째 자릿수가 아주 특이하면서도 꽤 정확한 확률 분포를 따른다는 사실을 알아차렸다. 즉 호수 면적, 야구 점수, 2의 거듭제곱, 잡지의 호수, 별의 위치, 가격 목록, 물리 상수, 회계 기장 같은 자료들이 그렇다.

얼마나 이상한가. 우리는 첫 자리에 1, 2, 3 … 9가 대등한 가능성, 즉 각각 0.11의 확률(숫자 아홉 개의 확률을 합치면 1이 된다)로 나타날 것이라고 예상하기 마련이다. 하지만 뉴컴과 벤포드는 크기가 충분히 큰 시료일 경우 첫 자리 숫자 d가 다른 단순한 빈도 법칙frequency law을 따르는 경향이 있다는 걸 발견했다(만일 숫자에 소수점이 있다면 소수점 아래 첫 자리 숫자를 택하라. 예를 들어 3.1348에서는 1이다).

$$P(d)=\log_{10}[1+1/d], \text{ 여기서 } d=1, 2, 3 \cdots 9$$

이 규칙에 따르면 P(1)=0.30, P(2)=0.18, P(3)=0.12, P(4)=0.10, P(5)=0.08, P(6)=0.07, P(7)=0.06, P(8)=0.05, P(9)=0.05의 확률이 된다.

숫자 1이 나올 빈도가 0.3으로 가장 높은데 이는 기댓값 0.11보다 훨씬 크다. P(d)를 나타내는 식을 얻는 꽤 복잡한 방법이 여럿 있는데, 숫자들이 나타날 확률이 로그 척도로 일관되게 분포함을 보여준다. 여기서 수가 작을수록 왜 빈도가 높은지에 대해 좀 더 간단하게 이해할 수 있다면 좋을 것이다. 수의 목록이 커질 때 숫자 1이 첫 자리에 올 가능성에 대해 생각해보자. 처음 두 수 1과 2만 생각하면 1이 첫 자리에 나올 확률은 딱 1/2이다. 9까지 모든 숫자를 포함하면 확률 P(1)은 1/9까지 떨어진다. 다음 수 10을 더하면 P(1)=1/5로 올라가는데, 첫 자리가 1로 시작하는 수가 두 개(1과 10)이기 때문이다. 11, 12, 13, 14, 15, 16, 17, 18, 19까지 포함하면 P(1)은 11/19까지 껑충 뛴다. 하지만 여기서부터 99까지 갈 동안 첫 자리가 1인 수가 나오지 않기 때문에 P(1)은 서서히 떨어져 99개가 되면 P(1)=11/99에 불과하다. 100이 나오면 다시 확률이 올라가기 시작해 199까지 계속 올라간다. 100에서 199 사이의 숫자는 1로 시작하기 때문이다. 이로부터 우리는 첫 자리 숫자가 1인 확률 P(1)이 9, 99,999를 지나면서 증가하며 오르내리는 톱니 패턴을 보임을 알 수 있다. 뉴콤-벤포드 법칙은 톱니 모양의 P(1) 그래프를 넓은 범위에서 평균한 값이다. 즉 P(1)의 평균이 대략 30%라는 말이다.

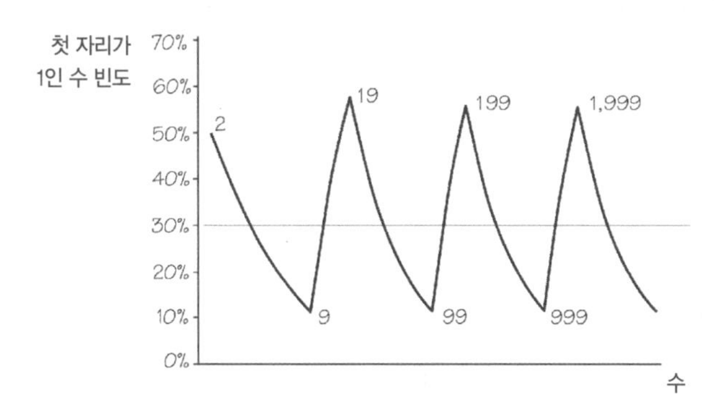

놀랍게도 뉴콤-벤포드 법칙은 도처에서 찾아볼 수 있다. 심지어 의심스러운 소득 신고액을 확인하는 수단으로도 쓰인다. 만일 숫자가 '자연스럽게' 나온 게 아니라 인위적으로 조작했거나 난수 발생기로 만든 거라면 뉴콤-벤포드 법칙을 따르지 않을 것이다. 1992년 신시내티 대학의 박사과정 학생인 마크 니그리니Mark Nigrini가 회계에 이 법칙을 적용한다는 아이디어를 내놓았고, 실제로 조작한 데이터를 규명하는 데 꽤 효과가 있었다. 브루클린 DA 사무실의 회계 담당자는 부정 회계 일곱 건을 대상으로 니그리니의 방법을 적용해본 결과 모두를 성공적으로 밝혀냈다(심지어 빌 클린턴의 소득 신고에 대해서도 적용해봤지만 의심스러운 점은 찾지 못했다). 이 분석법의 단점은 수치가 반올림된 것일 경우 원 데이터가 왜곡될 수 있다는 점이다.

뉴콤-벤포드 법칙이 여기저기에서 적용되고 있음에도, 이 법칙이 보편적인 것은 아니다. 즉 자연의 법칙은 아니다(뉴콤-벤포드 법칙은 x가 0에서 1 사이일 때 확률 분포 $P(x)=1/x$인 과정에서 정확히 들어맞는다. 만일 $P(x)=1/x^a$이고 $a \neq 1$일 때 첫 자리 숫자 d의 확률 분포 $P(d)=(10^{1-a}-1)^{-1}[(d+1)^{1-a}-d^{1-a}]$이다. $a=2$인 경우 $P(1)$은 이제 0.56이다). 키나 몸무게, IQ 데이터, 전화번호, 번지수, 소수, 복권 당첨 번호는 뉴콤-벤포드 법칙을 따르지 않는 것 같다.

첫 자리 숫자의 분포를 기술할 때 필요한 조건은 무엇일까? 먼저 취급하는 데이터가 같은 종류여야만 한다. 호수 면적과 국민보험번호를 한데 합치지 말라는 얘기다. 번지수처럼 수집한 숫자들이 최댓값이나 최솟값에 의해 정해진 반올림을 한 경우는 안 되고 우편번호나 전화번호처럼 특정 번호 부여 체계에 의해 할당된 수도 안 된다. 발생 빈도의 분포는 매끄러워야 하고 특정한 수 주변에서 튀는 일이 없어야 한다. 가장 중요한 전제는 데이터가 넓은 범위의 수에 걸쳐 있어야 한다는 것이다(수십, 수백, 수천). 그리고 빈도의 분포가 평균 부근에서 좁은 피크를 이루지 않고 넓고 완만해야 한다. 확률 분포를 그릴 때 특정 간격에서 곡선 아래 면적이 높이보다는 폭에 의해서 주로 결정돼야 한다는 뜻이다(예 a처럼). 만일 분포가 상대적으로 좁고(예 b처럼) 높이가 주된 결정 요인이라면(성인 몸무게 빈도처럼) 몸무게의 첫 자리 숫자는 뉴콤-벤포드의 법칙을 따르지 않는다.

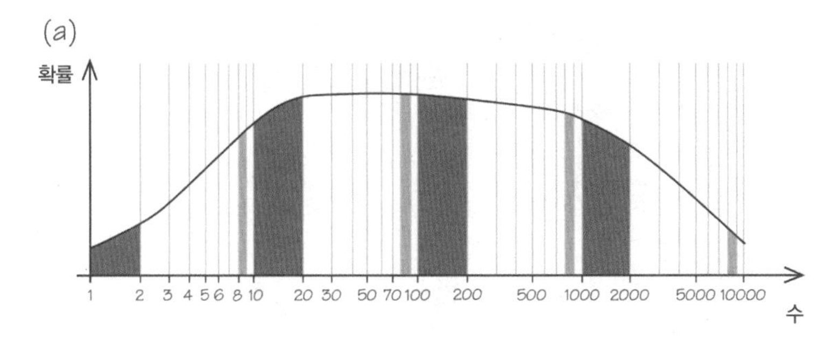
(a)
확률
1
2
3
4
5
6
8
10
20
30
50
70
100
200
500
1000
2000
5000
10000
수

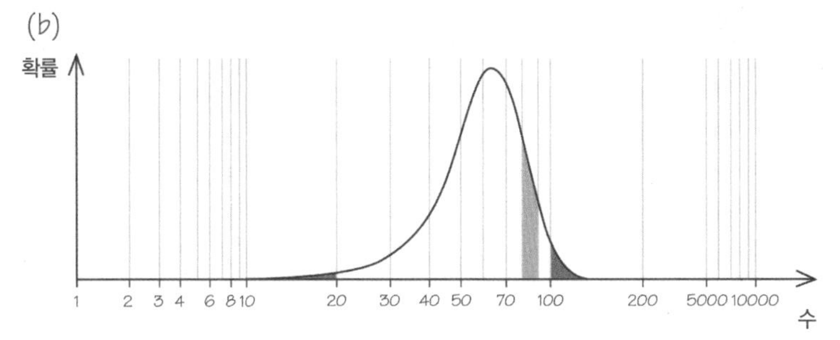
(b)
확률
1
2
3
4
6
8
10
20
30
40
50
70
100
200
5000
10000
수

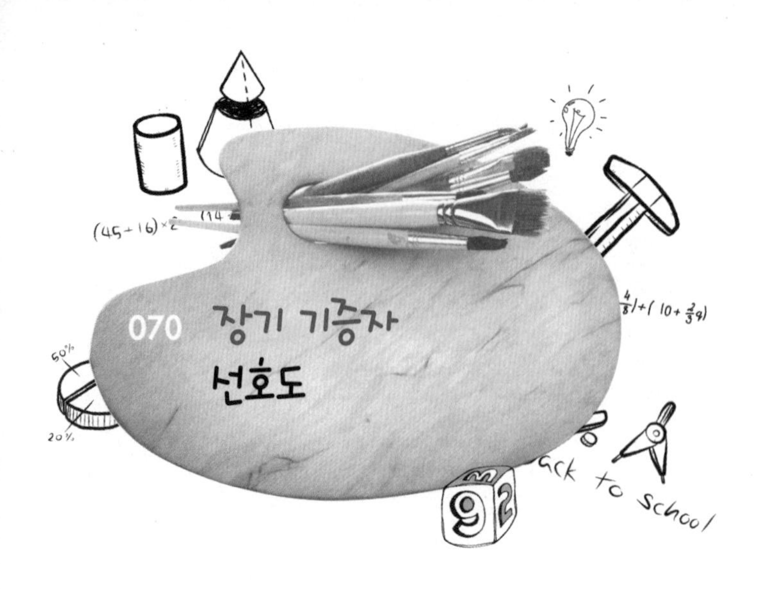

070 장기 기증자 선호도

사실상 투표가 진행되고 있다는 것이 명백한 상황이 꽤 있다. 선거에서 투표할 때도 있지만 입사 면접에서 면접관들은 가장 선호하는 지원자에게 표를 줄 것이다. 때로는 투표가 이뤄지고 있다는 사실을 미처 깨닫지 못하는 긴박한 상황도 있다. 예를 들어 우주선 로켓을 발사할 때나 기증된 장기를 이식받을 사람을 정하는 경우다. 로켓 발사 상황에서는 컴퓨터 여러 대가 개별적으로 최종 카운트다운 순간까지 발사가 안전한지 여부를 결정하기 위해 진단 프로그램을 총동원해 분석을 수행한다. 컴퓨터들은 각자 다른 프로그래밍과 알고리즘으로 정보를 평가한다. 각 컴퓨터가 '발사' 또는 '취소'를 놓고 '투표'를 하고, 다수가 발사에 투표해야 진행이 된다.

장기 이식 문제는 후보 순위를 매기는 또 다른 예로써 여러 다른 기준들, 즉 대기자가 얼마나 오래 기다렸나, 장기와 받는 사람의 항원 적합성 정도, 항체가 이식 조직을 거부할 것으로 보이는 사람의 비율 등에 따라 결정된다. 몇몇 점수 산정 시스템은 이들 기준 각각을 반영해 총합을 내어 이식할 심장이나 신장이 생겼을 때 최우선 수여자를 결정하는 순위 목록을 내놓는다. 따라서 생사가 좌우되는 의료 상황에서도 정치판과 비슷한 문제를 안고 있는 셈이다.

그런데 이 시스템이 때로는 이상한 결과를 내놓기도 한다. 항원과 항체의 적합성 측정은 정해진 규칙에 따라 진행된다. 즉 장기를 줄 사람과 받을 사람 사이에서 각 항체마다 적합성 여부에 따라 2점을 부여한다. 여기에는 다른 요인에 대해 상대적으로 이 점수를 얼마나 반영해야 하는가라는 문제가 뒤따른다. 당신이라면 어떻게 하겠는가? 이건 항상 어느 정도 주관적인 선택의 문제다. 대기 시간 항목은 더 애매한 문제다. 예를 들어 어떤 대기자에게 그와 그 뒤에 있는 사람들을 합친 수가 전체 대기자 수에서 차지하는 비율에 10을 곱한 점수를 준다고 하자. 이 경우 후보가 다섯 명이라면(A에서 E까지) 각각의 점수는 10, 8, 6, 4, 2가 될 것이다. 예를 들어 2순위인 대기자는 다섯 명 가운데 네 명이 자신과 뒤에 있는 사람들이므로 점수가 $10\times\frac{4}{5}=8$이 된다. 다른 기준들을 더해 다음과 같이 총점이 나왔다고 하자. A=10+5=15, B=8+6=14, C=6+0=6, D=4+12=16, E=2+21=23. 따라서 다음 수여자는 E가 될 것이고 만일 장기 두 개가 동시에 마련되면 D도 함께 받게 될 것이다.

여기서 두 번째 장기가 첫 번째 장기보다 약간 늦게 준비된 경우를 생각해보자. 그 사이 대기 시간 동안 수술에 들어간 E는 대기자 목록에서 빠졌고, 이제 대기 시간 점수를 다시 계산해야 한다. 그 결과 항원 항체 점수는 그대로이지만 대기 시간 점수가 달라졌다. 대기자가 네 명뿐이므로 이제 대기 시간 점수는 A=10, B=7.5, C=5, D=2.5가 된다(예를 들어 B의 경우 네 명 가운데 자신과 자신 뒤의 사람이 셋이므로 점수는 $10 \times \frac{3}{4} = 7.5$다). 총점을 다시 매기면 이제 A=15, B=13.5, C=5, D=14.5가 되고 1순위는 이전의 D가 아니라 A가 된다. 이 경우는 한 사람을 선택하는 투표 시스템에서 나올 수 있는 이상한 결과의 전형적인 예다. 이런 역설을 피하기 위해 채점 시스템과 기준을 손질하지만 그 결과 새로운 역설이 튀어나오기 마련이다(노벨상을 받은 경제학자 켄 애로Ken Arrow는 아주 일반적인 조건의 투표 시스템에 대해 이 같은 사실을 증명했다).

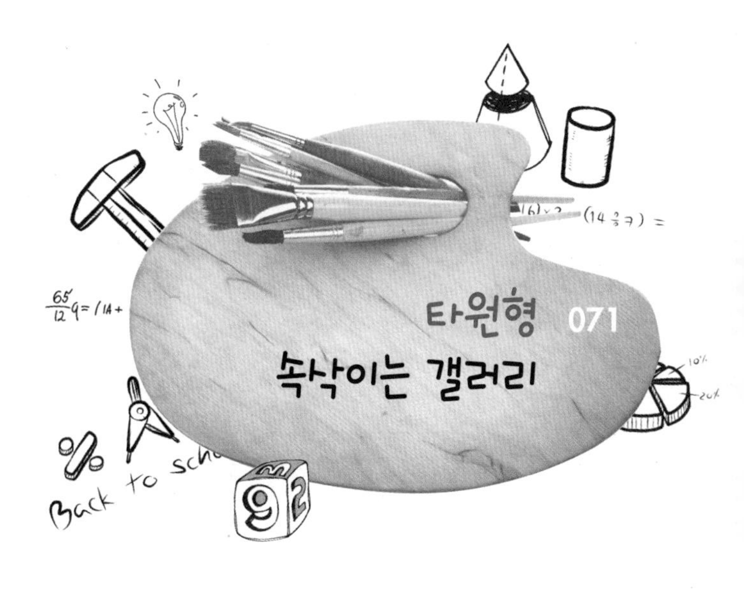

타원형 071

속삭이는 갤러리

세상에는 독특한 음향 특성을 지니고 있어서 '속삭이는 갤러리whispering galleries'라고 불리는 방이나 갤러리로 유명한 건물이 몇 곳 있다. 몇 가지 종류가 있지만 기하학적 관점에서 가장 흥미로운 건 타원형 방이다. 가장 유명한 예는 과거 하원 의사당으로 쓰인 미국 의사당 건물에 있는 인사당Statuary Hall이다. 훗날 대통령이 된 하원의원 존 퀸시 애덤스는 1820년대에 자신의 책상을 타원의 한 초점에 둘 경우 다른 초점 위치에 있는 동료들이 속삭이며 대화하는 소리도 들을 수 있다는 걸 깨달았다.

이 속삭이는 갤러리 효과는 타원의 고유한 기하학에서 비롯된다. 타원은 두 고정점에서 거리의 합이 일정한 점들의 궤적이다. 이때 두 고정점을 타원의 초점이라고 부른다.

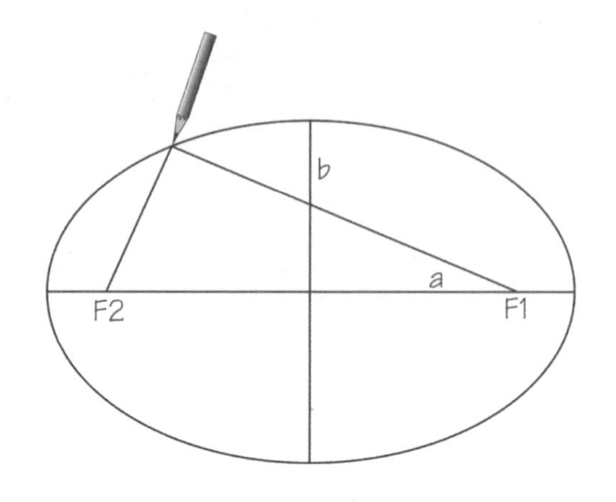

만일 한 초점에서 선을 그어 타원 경계에서 반사시키면 선이 다른 쪽 초점을 지나가게 된다(반사된 점에서 타원의 기울기를 그리면 기울기와 이루는 입사각과 반사각이 동일하다. 반사된 경로가 두 번째 초점을 지나가는 이유다. 역으로 두 번째 초점에서 출발한 선 역시 반사된 뒤 첫 번째 초점을 지난다). 따라서 첫 번째 초점에서 사방으로 음파를 내보내면 타원형 방의 벽을 때린 뒤 건너편 초점으로 다 모인다. 특히나 타원의 정의에 따라 타원체 벽의 어디에서 반사되든 모든 경로의 길이가 동일하다. 즉 건너편 초점에 동시에 도달한다는 말이다. 이 상황이 다음 페이지의 그림에서 묘사돼 있는데, 음파의 전면이 왼쪽 초점에서 출발해 벽에 반사된 뒤 오른쪽 초점으로 동시에 수렴함을 보여주고 있다.

오래전에 런던에 있는 왕립연구소에서 '야간 강좌' 강의를 할 때 당구의 혼돈 민감성에 대한 설명을 한 적이 있다. 여기서는 직사각형으로 구석에 구멍이 있는 당구대가 아니고 타원형이면서 한 초점 위치에 구멍이 있는 당구대를 설정했다. 이 경우 내가 다른 쪽 초점에 공을 놓고 아무렇게나 쳐도 공은 벽에 맞은 뒤 반사되어 구멍으로 떨어질 수밖에 없다.

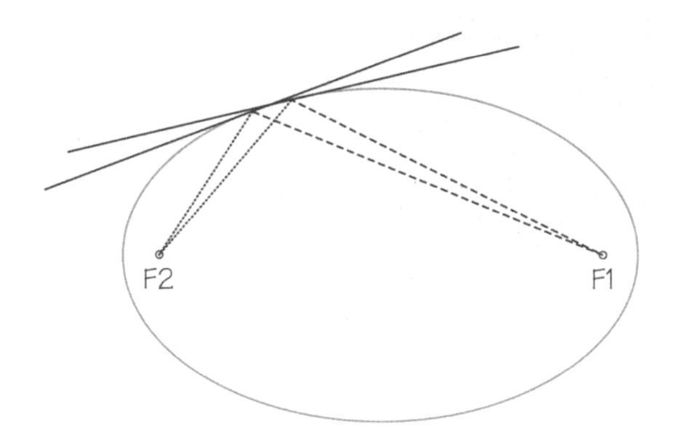

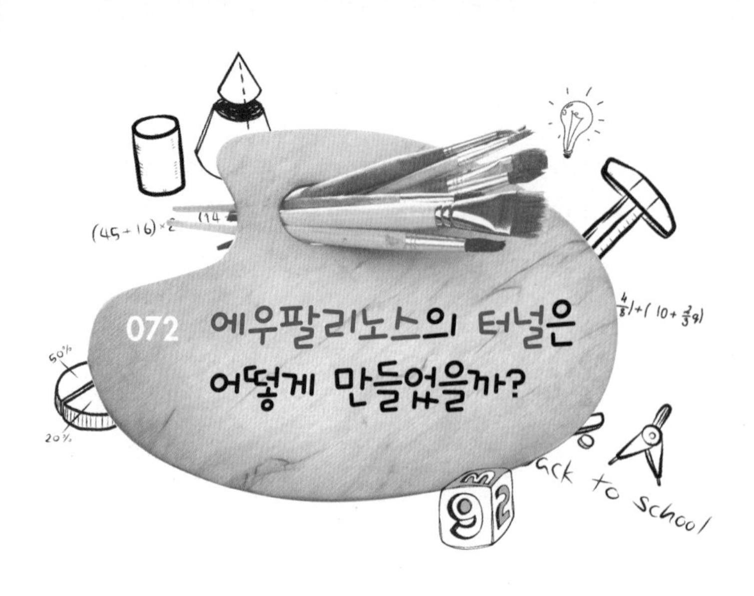

072 에우팔리노스의 터널은 어떻게 만들었을까?

그리스의 사모스 섬을 방문하면 이 섬의 주요 도시이자 피타고라스의 고향이라고 알려진 피타고레이온의 근방에 있는 고대 세계 공학의 불가사의 가운데 하나를 볼 수 있다. 처음 이곳을 방문했을 때 나는 2500년 전 사람들이 만들어 놓은 걸 보고 깜짝 놀랐다.

당시 피타고레이온은 외부 침략에 취약했는데, 땅 위에 설치된 수로를 통해 섬 바깥쪽에서 도시로 흘려보내는 물을 차단하거나 독을 탈 수 있었기 때문이다. 이런 잠재적인 위협에 대처하기 위해 사모스와 에게해 지역의 전제 군주인 폴뤼크라테스Polycrates는 안전한 수로를 만들기로 결정했다. 그는 당대 최고의 공학자인 메가라의 에우팔리노스Eupalinos를 고용해 숨겨진 샘에서 암페로스산을 관통해 피타고레이온까지 연결되는 수로를 내는 공사를 맡겼다. 공사는 기원전 530년에 시작해 10년 뒤 완공됐다. 에우팔리노스는 단면적 $2.6m^2$인 1,036m를 직선 터널을 뚫느라 $7,000m^3$의 석회석을 파내야 했다(아마도 폴뤼크라테스의 노예와 죄수가 동원됐을 것이다). 터널은 산꼭대기에서 평균 170m쯤 아래에 있다. 이곳에 가 보면 수로가 있다는 사실조차 눈치채지 못할 수 있는데, 길 아래 교묘하게 숨겨진 채 한쪽으로 들어가는 좁은 통로만 있기 때문이다.

이 터널은 정말 어려운 공학적 도전이었다. 에우팔리노스는 공사 기간을 절반으로 줄이기 위해 양쪽 끝에서 동시에 터널을 파 중간에서 만나기로 했다. 말은 쉽지만 고난도의 공사인 데다 폴뤼크라테스는 그다지 관대한 사람이 아니었다. 아무튼 터널을 파기 시작해 10년이 지난 뒤 양쪽 인부들은 60cm만 엇갈린 채 만났고 높이의 차이는 5cm에 불과했다. 도대체 이러한 공사를 어떻게 해낸 걸까? 당시 그리스인들은 자기 나침반이 없었고 지형을 세밀하게 그린 지도도 없었다. 이에 대한 답은, 유클리드가 유명한 『원론』에서 집대성하기 두 세기 전에 살았던 이들이 직각 삼각형의 기하학을 이해했고 이를 교묘하게 적용할 수도 있었다는 것이다. 당시 공학자들은 이 기하학을 잘 알고 있었고, 피타고라스와 관련이 있는 피타고레이온 사람들은 기하학 지식의 특별한 전통을 지켜봤다.

에우팔리노스는 터널을 파는 인부들이 같은 지점과 해수면을 기준으로 같은 높이에서 만난다는 확신이 필요했다. 산 양쪽에 있는 두 출발 지점의 높이는 찰흙으로 만든 긴 홈통에 물을 넣어 기포 수준기처럼 사용해서 정했다. 한 지점에서 출발해 홈통을 수평으로 해서(물이 한쪽으로 쏟아지지 않게) 산을 둘러 옮겨 건너편 같은 높이의 최종 지점에 도달했다.

그 뒤 피타고레이온에 가까운 지점의 높이를 샘이 있는 지점보다 약간 낮게 해 물이 도시 쪽으로 흐르게 했다. 이건 쉬운 일이다. 하지만 당시 공학자들이 어떻게 확신을 갖고 중간에서 만날 수 있도록 올바른 방향으로 터널을 뚫을 수 있었을까?

터널 양 끝을 각각 A와 B라고 할 때 그림은 위에서 지하 터널을 본 모습이다. 이제 출발 지점 A와 도착 지점 B 사이의 수평 거리 BC와 AC를 정하기 위해 조사를 해야 한다.

이건 쉬운 일이 아닌데, 땅이 평평하지 않기 때문이다. 에우팔리노스는 아마도 직선 자를 써서 똑바로 가다가 90도로 꺾어 직진하고 또 90도를 꺾어 직진하는 방식으로 A에서 B까지 이동했을 것이다.

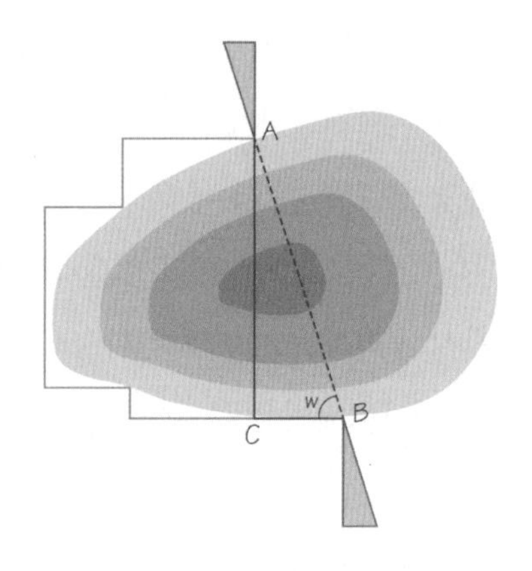

에우팔리노스는 이렇게 해서 서로 직각인 AC와 BC의 방향을 통해 A와 B 사이의 직선거리를 구했을 것이다. 직각 삼각형 모양이었기 때문에 그는 각도 w를 구할 수 있었다. 이제 에우팔리노스는 각도 w로 정해진 방향을 가리키는 일련의 표지를 A지점에서부터 설치할 수 있게 됐다. 다음으로 B로 가서 각도 90−w로 정해지는 방향을 가리키는 일련의 표지들을 설치했다. 이제 터널을 파는 인부들이 앞에 있는 표지가 가리키는 방향, 즉 AB 방향을 따라 전진한다면 중간에서 만나게 될 것이다.

에우팔리노스는 수년에 걸쳐 터널을 파다 보면 방향 오류가 쌓일 수 있다고 보고 양쪽이 터널 지점에 가까이 왔을 때 교묘한 수단을 강구해 두 팀이 만날 가능성을 높였다. 즉 양쪽 터널에서 의도적으로 방향을 약간 틀어 수평면에서 교차할 수 있게 했고 터널의 높이를 늘려 수직면에서 엇갈리지 않도록 했다. 실제 터널 중간을 보면 굽은 지점이 있다.

배수로 조각을 4,000개 넘게 설치한 10년의 작업 끝에 인부들은 12m 쯤 떨어진 곳에서 들려오는 상대편의 망치질 소리를 들었고, 서로 대략 90도 각도로 만나기 위해 방향을 틀었다.

이 경이로운 터널의 존재는 역사학자 헤로도토스Herodotos의 저작을 통해 알려져 있었지만(헤로도토스는 기원전 457년 사모스에서 살았다. 『역사』 3권 60장에 다음과 같은 구절이 있다. “내가 사모스인들에 관해 장황한 이야기를 늘어놓은 것은 그들이 헬라스에서 가장 위대한 공사를 셋이나 완성했기 때문이다. 첫째, 그들은 높이가 150오르귀이아(200m)나 되는 산 아래 입구가 둘인 터널을 뚫었다. 터널 길이는 7스타디온(1.4km)이고, 높이와 너비는 각각 8푸스(2.4m)다. 이 터널 밑에는 이 터널만큼 긴 제2터널을 파 놓았는데, 깊이가 20페퀴스(9.26m)고 너비가 3푸스(0.9m)인 이 터널을 따라 큰 샘에서 관을 통해 시내로 물이 흘러든다. 이 터널을 시공한 자는 나우스트로포스의 아들 에우팔리노스라 불리는 메가라인이었다." 『역사』, 천병희 옮김, 도서출판 숲, 2009) 1853년 프랑스 고고학자 빅토르 구에린Victor Guérin이 수로의 북쪽 말단을 발굴하면서 재발견됐다. 그 지역 수도원의 원장은 섬 사람들에게 터널을 복원하도록 설득했고, 1882년까지 자원 봉사자들이 상당 부분을 추가로 발견하고 정리했다. 불행히도 터널은 그 뒤 1세기 가까이 잊혀졌다. 그 뒤 전체 터널이 드러난 뒤에야 재정비를 하고 조명을 설치했다. 이제 여행객들은 피타고레이온 근처의 출입구에서 일정 구간을 둘러볼 수 있게 되었다(http://www.samostour.dk/index.php/tourist-info/eupalinos).

이집트 기자에 있는 쿠푸 왕의 대 피라미드는 고대 세계의 인류가 만든 놀라운 건축물로 세계 7대 불가사의 가운데서도 가장 오래됐다. 이 피라미드는 기원전 2560년에 완공했는데, 원래는 146.5m 높이로 세워졌다(45층 빌딩 높이다). 이 기록은 14세기 영국 링컨 대성당의 첨탑이 세워지기 전까지 깨지지 않았다(부피로 따져서 가장 큰 피라미드는 멕시코 푸에블라에 있는 촐룰라 대 피라미드다. 이 피라미드는 기원전 900년에서 30년 사이에 지어졌는데 세계에서 가장 거대한 건축물이다. 많은 고대 문화에서 피라미드가 건설됐는데, 기본적으로 기하학적 이점이 있기 때문이었다. 즉 구조물의 대부분이 땅에 가깝기 때문에 무게를 지탱하는 부담이 수직 형태의 탑보다 덜하다). 오늘날 우리가 보는 상태는 피라미드의 하부 구조로, 원래는 빛나는 흰 석회석이 씌워져 있었다. 기원후 1356년 지진이 일어나 덧씌운 돌들이 약해지면서 결국은 무너졌다. 이 돌들은 수 세기에 걸쳐 치워져 카이로의 보루와 모스크를 짓는 데 다시 쓰였다. 이제 피라미드 근처에는 몇 개만이 남아 있다.

피라미드의 기단부는 각 변이 230.4m로 오차가 18cm 이내이고, 피라미드는 석회석 700만 톤으로 이루어져 있다. 파라오(왕) 쿠푸는 기원전 2590년부터 2567년까지 23년 동안 재위했는데, 자신을 위한 거대한 무덤을 준비하기에 빡빡한 시간이었을 것이다. 겨우 8400일 동안 돌 230만 개를 옮겨야 한다는 뜻이기 때문이다. 그 이전의 거대 피라미드를 짓는 데는 대략 80년이 걸린 것으로 알려져 있다. 물론 누구도 처음부터 파라오가 언제 죽을지 알 수는 없다. 파라오들 가운데 다수가 꽤 장수를 했고 그 결과 평균 수명이 짧았던 이집트인들에게 신처럼 보이기도 했지만, 이들도 질병과 전쟁, 시기하거나 야심이 있는 왕족들의 암살 시도에서 살아남아야 했다.

1996년 미국 덴버 자연사박물관의 스튜어드 커클랜드 위어Stuart Kirkland Wier는 이 거대한 건설 프로젝트에 인력이 얼마나 동원돼야 하는지 추산하는 시간 동작 연구를 실시했다.

위어가 했던 것은 간단한 산술이다. 피라미드의 부피는 $V=(1/3)Bh$로, 여기서 기단부 정사각형의 면적 $B=230.4\times230.4m^2$이고 피라미드의 높이 $h=146.5m$다. 따라서 대 피라미드의 부피 $V=2.6\times10^6m^3$이다. 내부가 균일한 피라미드(그랬다고 가정한다)의 무게 중심은 기단에서 꼭대기 방향으로 수직으로 $(1/4)h$ 거리다(만일 피라미드 내부가 텅 비어 있다면 $h/3$가 될 것이다). 따라서 돌들을 땅에서 피라미드로 옮기는 데 들어간 일은 돌의 전체 질량을 M이라고 할 때 $Mgh/4$이다. 여기서 $g=9.8m/s^2$인 중력 가속도이고, $M=Vd$로 $d=2.7\times10^3 kg/m^3$인 석회석의 밀도다. 따라서 돌들을 수직으로 끌어올리는 데 들어간 전체 일은 2.5×10^{12}J이다. 보통 인부들이 하루에 할 수 있는 일은 2.4×10^5J 정도다. 하지만 4월 하순 피라미드를 방문했을 때(정말로 더워지기 직전이다) 나는 한여름에는 이집트 인부들이 이 정도로 일할 수 없을 거라고 느꼈다. 만일 피라미드 건설이 8400일, 즉 쿠푸 왕의 재위 기간 동안 진행됐다면 동원된 인부들의 숫자들은 적어도 다음과 같을 것이다.

$$\text{인부 숫자}=(2.5\times10^{12}\text{J})/(8400\text{일}\times2.4\times10^5\text{J}/\text{일})=1240$$

위어는 지금까지 추정한 것처럼 건설 속도가 일정한 경우가 아닌 다른 건설 방식도 고려해 봤다. 예를 들어 건물이 높이 올라갈수록 건설 속도가 늦어질 것이고 마지막에는 더 그럴 것이다. 하지만 이런 생각이 전체적인 그림에 큰 차이를 주지는 않았다. 고온과 우기 같은 날씨와 사고, 채석장에서 피라미드까지 무거운 돌을 옮길 때 마찰 등의 요인으로 전반적인 노동 생산성이 우리가 추정한 최고치의 10%에 불과하더라도 12,400명이 23년 동안 할 수 있는 일이다(학자들이 건설 프로젝트를 다른 식으로 결정적인 요인 분석을 해봐도 20년 정도면 이 정도 숫자의 인부들로 피라미드를 지을 수 있다고 대체로 동의했다). 이건 꽤 그럴듯한 시나리오인데, 당시 인구가 110만~150만 명으로 추정되므로 동원된 숫자가 인구의 1%에 불과하기 때문이다. 실제로 피라미드 건설에 동원된 '병역' 기간이 당시 남성들의 실업 문제를 완화하는 데 큰 영향을 주지 못한 것으로 보인다. 그동안 이런 대형 토목 사업을 하는 동기가 부분적으로 실업 해소를 위해서라는 주장이 있었다.

파라오 시대의 공학자들이 채석장에서 피라미드 현장까지 돌을 어떻게 옮겼고 피라미드를 지으면서 어떻게 들어 올렸는지는 여전히 제대로 이해하지 못하고 있다(도르래 한쪽에 돌덩어리를 올리고 다른 쪽에 사람들이 올라타 돌을 끌어올리는 방법이 최선일 것이다. 사람들의 무게가 돌덩어리보다 무거우면 사람은 내려가고 돌덩어리는 올라갈 것이다. 모래가 묻어 있는 돌덩어리의 표면을 적실 경우 잘 미끄러져 옮길 때 힘이 덜 든다는 사실이 최근 밝혀졌다). 당시 쓰이던 장비 가운데 온전하게 남아 있는 것이 없다. 그럼에도 위어는 인력만을 고려한 간단한 수학을 적용해 이 프로젝트에서 비현실적인 측면이 없다는 걸 잘 보여줬다. 이집트의 관리들에게 더 힘든 과제는 이런 장기간의 프로젝트를 진행하기 위해 조직을 유지하고 예산을 통제하는 일이었다. 왜냐하면 이 거대 프로젝트와 함께 파라오가 갑작스럽게 사망할 때를 대비해 규모가 작은 피라미드를 거의 완성 직전의 상태로 갖고 있어야 했기 때문이다.

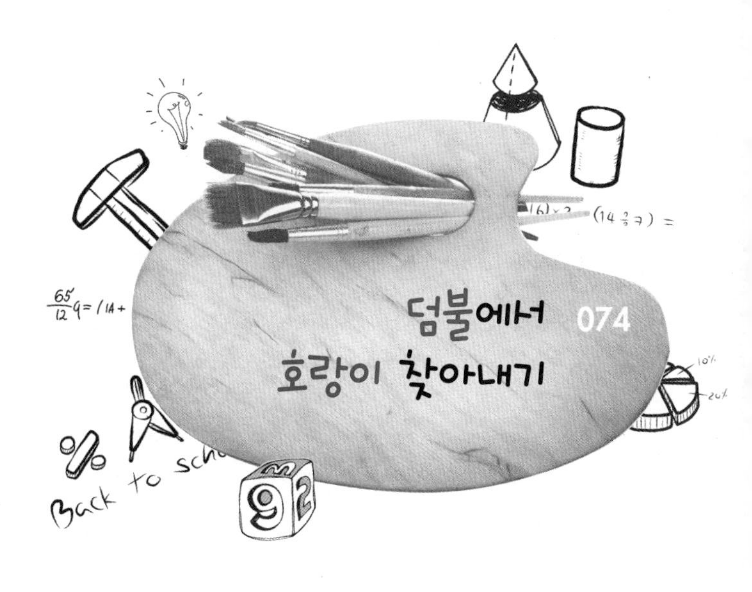

덤불에서 호랑이 찾아내기

추상 미술을 만드는 예술가들은 사람들의 눈이 패턴을 인식하는 데 뛰어나고, 그에 따른 취약성도 있다는 문제에 직면할 수밖에 없다. 우리는 진화의 역사를 거치며 대상이 가득한 장면에서 패턴을 보는 데 뛰어난 존재가 됐다. 잎이 무성한 곳에서 선들이 보인다면 호랑이 줄무늬일 가능성이 있다. 좌우 대칭인 뭔가는 동물의 얼굴처럼 살아있는 것일 수 있고 따라서 우리의 먹이일 수도 있고 잠재적인 짝일 수도 있고 우리를 잡아먹는 맹수일 수도 있다. 사물은 좌우 대칭인 경우가 흔치 않기 때문에 좌우 대칭은 동물이라는 유력한 첫 번째 실마리이다. 이런 오래된 민감성 때문에 사람들은 몸과 얼굴에서 아름다움을 판단할 때 외적 대칭성을 중요시하게 됐고 기업들이 신체의 외적 대칭성을 강화하거나 복원하고 유지하는 방법을 찾기 위해 그 많은 돈을 투자하는 것이다. 반대로 우리 몸 내부를 들여다보면 상당한 비대칭성이 드러난다.

패턴과 대칭성에 대해 상당히 민감한 사람이 둔감한 사람보다 무리에서 생존할 가능성이 더 높다. 25장에서도 언급했듯이 우리는 일종의 과민성을 물려받았을지도 모른다.

그러나 이런 유용한 능력은 엉뚱한 부산물도 내놓기 마련이다. 사람들은 차 잎과 화성의 바위, 밤하늘의 별자리에서 사람 얼굴을 본다. 심리학자들은 패턴을 인식하는 우리의 성향에서 많은 걸 읽어낸다. 1920년대 스위스 심리학자 헤르만 로르샤흐Hermann Rorschach는 유명한 잉크 얼룩 검사를 고안했는데, 잉크 얼룩에서 지각한 패턴이 개인의 성격 특성 그리고 결함을 드러낸다는 오래된 아이디어의 핵심적인 요소를 형식화하려는 시도였다(http://www.inkblottest.com/test). 원래 로르샤흐는 조현병(정신분열증)에 대한 지표로 쓰려고 검사법을 고안했지만 그의 사후에 일반적인 성격 검사로 쓰이고 있다. 검사는 카드 열 개로 구성돼 있는데 몇 개는 흑백이고 몇 개는 약간의 색이 첨가되어 있다. 카드의 패턴은 모두 좌우 대칭이다. 피험자는 카드를 한 번 이상 볼 수 있고 돌려 볼 수도 있다. 그리고 연상되는 걸 자유로이 쓰면 된다. 이런 과정이 의미가 있는가에 대한 논란이 여전하다. 그러나 사람들이 본 것에 대한 해석과는 상관없이 거의 모든 사람들이 이 잉크 얼룩에서 뭔가를 본다는 건 부정할 수 없는 사실이다. 즉 패턴을 찾으려는 뇌의 성향을 드러내는 것이다.

이런 경향은 추상 미술가들을 곤혹스럽게 한다. 자신들의 추상 작품에서 관람객들이 데이비드 베컴의 얼굴이나 숫자 '666' 같은 무언가 구체적인 것을 본다는 게 불편하다. 임의의 패턴에는 여러 특징이 있을 수 있기 때문에 모든 종류의 상관관계를 파악하는 데 민감한 우리 눈은 뭔가를 끄집어내지만 단순한 통계 지침에 따라 찾는 컴퓨터 프로그램은 그렇지 못하다. 미술가들은 다른 각도와 다른 거리에서 아주 주의 깊게 살펴봐야 추상 작품에서 원치 않는 패턴이 나오는 걸 피할 수 있다. 일단 어떤 패턴이 확인되어 알려지면 사람들은 누구나 그걸 '볼' 것이고 이 과정은 되돌릴 수가 없다.

꼭 추상 미술가만이 자신의 작품에서 원치 않는 패턴이 나오는 불상사를 겪는 건 아니다. 바닷가에서 초상화를 그리는 화가들을 지켜보면 그림 솜씨가 좋다는 걸 보여주기 위해 가져다 놓은 작품들 중 많은 얼굴들이 이상하게도 비슷해 보이고 화가 자신과 더 닮아 보이는 작품도 여럿 있다. 초상화 전문가가 아닐 경우 노련한 화가조차도 자신의 얼굴을 그리는 경향이 있다. 과학박물관이 스티븐 호킹Stephen Hawking의 70번째 생일을 축하하기 위해 데이비드 호크니David Hockney에게 의뢰한 호킹의 초상화(2012년 작품)를 보고 나는 깜짝 놀랐다. 이 그림은 아이패드로 그림을 그리려는 호크니의 새로운 열정이 담긴 작품이다. 그런데 내가 보기에 호킹의 초상화가 어딘지 모르게 데이비드 호크니를 약간 닮은 것 같았다.

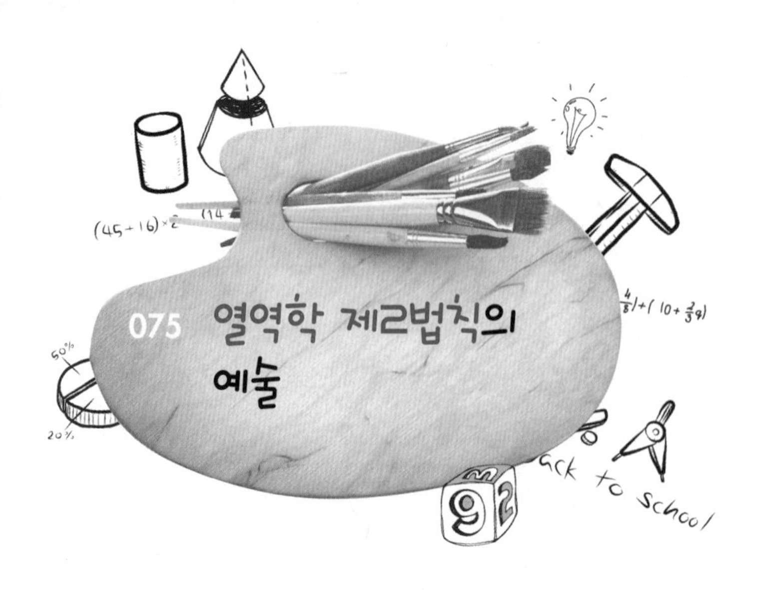

075 열역학 제2법칙의 예술

추상 표현주의자의 예술에 대한 만화가의 두 칸짜리 논평이 있다. 첫 번째 칸에서 예술가는 빈 캔버스를 향해 물감이 들어 있는 커다란 양동이를 던진다. 두 번째 칸에서 우리는 그로 인한 예상치 못한 결과를 본다. 캔버스 아래로 흘러내린 물감 몇 방울에서 완벽하게 전형적인 여인의 초상이 드러난다. 이 만화가 재미있나? 물론 이런 일이 실제로는 일어나지 않겠지만, 만일 일어난다면 자연이 정말 추상 표현주의자들에게 음모를 꾸민다고 말할 수 있을 것이다. 이런 일이 실제로는 결코 일어날 수 없다는 믿음은 경험에서 온 것으로 그 자체가 흥미로운 현상이다. 뿌려진 물감이 완벽한 초상화를 만든다고 하더라도 자연의 법칙을 위반한 것은 아니다. 하지만 여전히 경험상으로 있을 수 없는 일이다. 뉴턴의 운동 법칙은 캔버스를 향해 날아가는 모든 물감 입자가 완벽하게 짜 맞춰진 방식으로 캔버스에 부딪치게 기술하는 식을 내놓을 수 있다.

와인 잔이 깨질 때도 같은 상황이 일어난다. 바닥에 잔을 떨어뜨리면 많은 유리 조각으로 깨질 것이다. 시간을 거꾸로 돌리면, 즉 필름을 뒤로 돌리면 흩어진 모든 파편들이 모여 온전한 잔으로 재구성되는 걸 볼 수 있다. 두 시나리오 모두 뉴턴의 운동 법칙을 따르지만 우리가 실제로 볼 수 있는 건 첫 번째 사건, 즉 잔이 깨져 조각으로 흩어지는 것이지, 두 번째는 결코 아니다. 또 다른 익숙한 예로는 아이들의 방이 변하는 모습이다. 그냥 두면 아이들은 방을 점점 더 어질러 놓을 것이다. 알아서 깔끔하게 정리되는 일은 절대 일어나지 않을 것이다.

이 모든 예들에서—뿌려진 물감, 떨어진 와인 잔, 지저분한 방—열역학 제2법칙이 작용하고 있음을 알 수 있다. 사실 이 경우 중력의 법칙 같은 맥락의 '법칙'은 아니다. 열역학 제2법칙은 외부의 개입이 없을 경우 사물들이 갈수록 무질서해지는 경향, 즉 '엔트로피entropy'가 증가하는 경향이 있다는 말이다. 열역학 제2법칙은 확률을 반영한다. 시간이 지남에 따라 사물들이 무질서해지는 방식은 아주 많지만 질서 있게 배치되는 방식은 몇 가지 안 된다. 그렇기 때문에 무언가 또는 누군가가 개입하지 않는 한 무질서가 증가하는 현상이 나타난다.

따라서 십억 년을 기다리더라도 만화가가 상상한 장면을 볼 수는 없을 것이다. 무질서에서 질서를 창조하려면 일을 투입해야 한다. 즉 정해진 위치로 조준해서 물감 방울을 차례대로 떨어뜨려야 한다. 다행히 이런 작업을 하는 데도 엄청나게 많은 경우의 수가 있다. 물론 무질서한 경우의 수에 비한다면 보잘것없이 작지만.

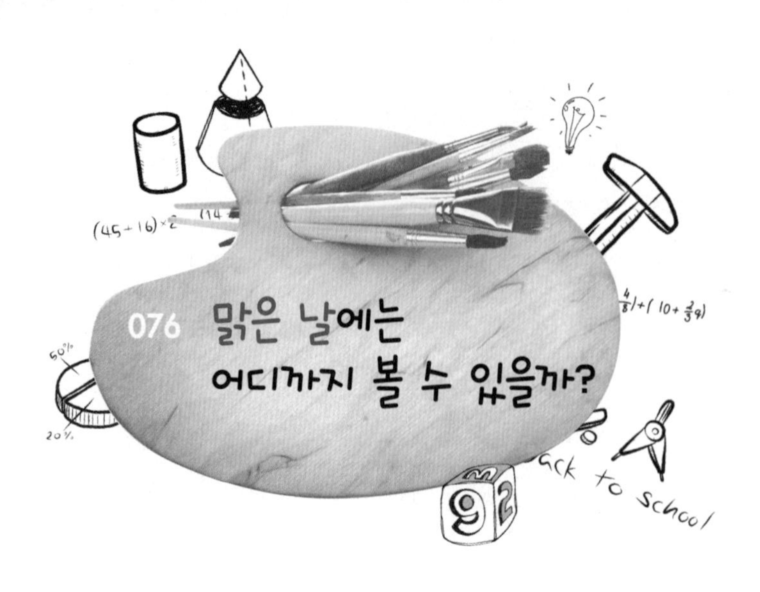

076 맑은 날에는 어디까지 볼 수 있을까?

'…어디까지라도 볼 수 있어요.' 앨런 러너Alan Lerner의 브로드웨이 뮤지컬에 따르면 그렇다. 정말 그럴까? 최근 나는 롱비치 미술관에서 열린 '수평선 쪽으로 12마일Twelve Miles to the Horizon'이라는 제목의 전시회에서 캐서린 오피Catherine Opie의 사진 스무 점을 감상했다. 이들 작품은 한국 부산에서 미국 캘리포니아 롱비치의 부두까지 12일의 항해 동안 찍은 일출과 일몰 사진이다. 전시 제목은 고독과 분리라는 느낌을 불러일으키기 위해 지은 것이지만, 그 안에 도량형의 진실을 조금이나마 담고 있지 않을까? 얼마나 멀어야 수평선이라고 부를 수 있을까?

지구가 매끄러운 구라고 가정하자(지구가 정확한 구형은 아니다. 극 방향의 반지름 b=6356.7523km이고 적도 방향의 반지름 a=6378.1370km다. 지구를 회전 타원체로 봤을 때 평균 반지름은 $(2a+b)/3=6371.009$km다). 우린 지금 바다에 나와 있고 따라서 시야를 막는 산도 없다. 또 비나 안개, 햇빛이 대기를 통과할 때 굴절되는 효과도 무시하자. 우리 눈이 해수면에서 높이 H에 있다면 우리가 수평선을 바라볼 때 수평 거리 D는 직각 삼각형의 한 변이고 다른 두 변은 지구의 반지름 R과 지구의 반지름에 H가 더해진 길이로 아래 그림과 같다.

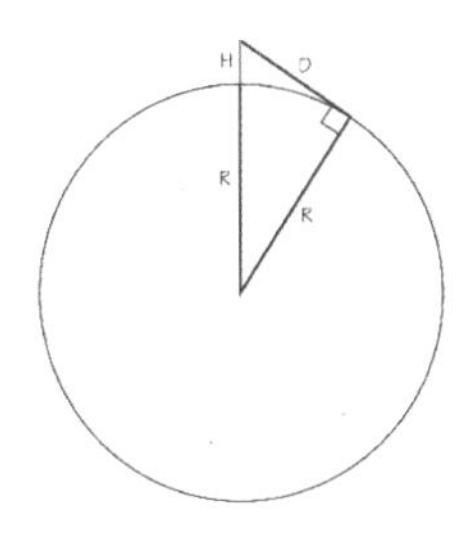

이 삼각형에 피타고라스의 정리를 적용하면 다음과 같다.

$$(H+R)^2=R^2+D^2 (*)$$

지구의 평균 반지름이 대략 6,400km로 눈높이 H보다 훨씬 큰 값이므로 R^2과 비교하면 H^2은 무시할 수 있다. 즉 $(H+R)^2=H^2+R^2+2HR \approx R^2+2HR$이다. 이를 위의 식(*)에 적용하면 수평 거리 $D=\sqrt{(2HR)}$로 아주 괜찮은 근사 값이다. 위의 식에 지구 반지름 값을 넣으면 다음의 관계를 얻을 수 있다.

$$D=1600\times\sqrt{(5H)}\text{m}$$

만일 키(엄밀히는 눈높이)가 1.8m라면 $\sqrt{(5H)}=3$이고, 수평거리 D=4,800m로 아주 정확한 값이다. 우리가 볼 수 있는 거리는 키의 제곱근에 비례해 늘어나므로 180m 산에 올라가 본다면 열 배는 더 멀리 볼 수 있다. 세계에서 가장 높은 빌딩인 두바이의 부르즈 할리파 맨 위층에서 볼 경우 102km를 볼 수 있다. 에베레스트 산 정상이라면 336km를 볼 수 있어서 어디까지라도 볼 수 있는 건 아니지만 꽤 먼 거리다. 그리고 캐서린 오피처럼 12마일(약 19.3km) 떨어진 수평선을 보고 싶다면 해수면에서 144/5=28.8m 높이에서 바라보면 된다. 보통 크기의 유람선을 탔다면 그럴듯한 얘기다.

077 살바도르 달리와 네 번째 차원

뉴욕 메트로폴리탄 미술관에는 살바도르 달리가 1954년 그린 충격적인 십자가상 그림이 걸려 있다. 〈십자가에 못 박힌 예수-초입방체Corpus Hypercubus〉라는 제목의 이 작품은 입방체(정육면체) 여덟 개로 만든 십자가 앞에 예수가 매달려 있는 형상으로, 가운데 있는 입방체의 여섯 면에 입방체가 하나씩 붙어 있고 아래 면에는 추가로 하나가 더 붙어 있다(http://upload.wikimedia.org/wikipedia/en/0/09/Dali_Crucifixion_hypercube.jpg). 이 그림과 제목을 이해하려면 범상치 않은 수학 교사이자 발명가인 찰스 힌튼Charles Hinton이 처음 제시했던 기하학을 약간 알아야 한다. 그는 첼튼햄 여학교와 아핑검 스쿨(재직 중에 이중 결혼을 하고 도망쳤다), 프린스턴 대학교(여기서는 자동 야구공 피칭 머신을 발명했다), 미 해군 천문대, 미 특허청에서 근무했다.

다른 많은 빅토리아 시대 사람들처럼 힌튼도 '또 다른 차원'에 매료됐지만 순수하게 정신적인 측면을 추구하기보다는 명확한 기하학 용어를 통해 문제를 바라보았고, 이 주제에 대해 20년에 걸쳐 에세이와 논문을 발표한 뒤 1904년 책을 한 권 펴냈다. 그는 4차원을 시각화하는 데 매료됐다. 힌튼은 3차원 물체가 2차원 평면에 그림자를 드리우고 해체될 수 있거나 2차원 표면에 투영될 수 있음을 인식했다. 각각의 경우 3차원 물체의 형태와 그것의 2차원 그림자 또는 투영 사이에 단순한 연관성이 존재한다. 이 연관성을 알면 4차원 물체가 투영되거나 해체될 때 어떤 형태일지 짐작할 수 있다. 종이로 만든 속이 빈 3차원 입방체를 생각해 보자. 입방체를 해체하기 위해 모서리를 자르면 아래와 같은 정사각형으로 이뤄진 2차원 십자가 형상이 된다.

3차원에서 2차원으로 투영할 때 어떤 패턴이 드러난다. 3차원 입방체는 2차원 정사각형 여섯 개가 여섯 면을 이루고 있고 열두 개의 1차원 선분으로 둘러싸여 있다. 그리고 0차원 꼭짓점이 여덟 개 있다.

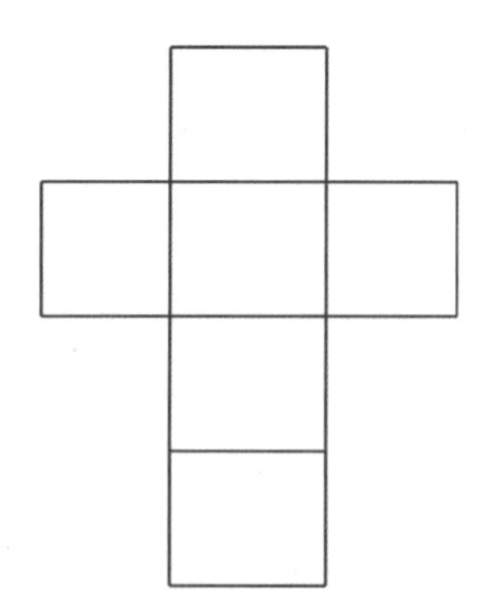

힌튼은 비슷한 방식으로 해체된 4차원 초입방체의 모습을 제시했다. 그는 이를 테서랙트tesseract라고 불렀는데, 그리스어로 '네 가닥의 광선'이라는 뜻이다. 가운데 정사각형의 각 변에 네 개의 정사각형이 붙어 있고 아래에는 추가로 하나가 더 있는 것처럼, 테서랙트는 가운데 입방체 각 면에 입방체 여섯 개가 붙어 있고 아래에 추가로 하나 더 있는 형태다. 즉 초입방체가 3차원에서 해체될 때 보이는 모습이다.

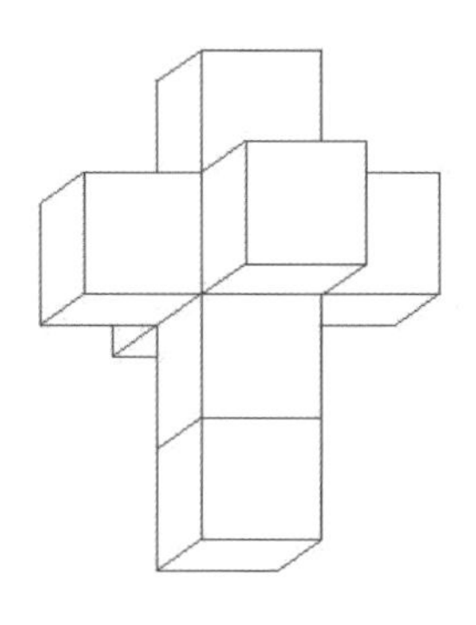

달리는 초월의 형이상학을 포착하려는 시도로 〈십자가에 못 박힌 예수-초입방체〉에서 이 형상을 십자가로 사용했다. 하지만 작품을 자세히 보면 그림이 납득이 되도록 기하학적으로 약간의 수정을 했음을 알 수 있다. 중간에 입방체가 튀어나와 있기 때문에 예수의 몸은 십자가에 밀착되지 않은 상태다. 따라서 팔과 다리가 입방체에 붙어 있지 않다. 예수의 몸은 거대한 체커 판 위에 떠 있는 초입방체 앞에 공중 부양된 상태다. 달리의 부인 갈라Gala가 모델인 막달라 마리아가 전면에서 예수를 올려다보고 있다. 가시 면류관도 없고 팔을 고정하는 데 쓰인 못도 없다. 대신 작은 3차원 입방체 네 개가 예수의 몸 앞에서 정사각형 패턴을 이루고 있다.

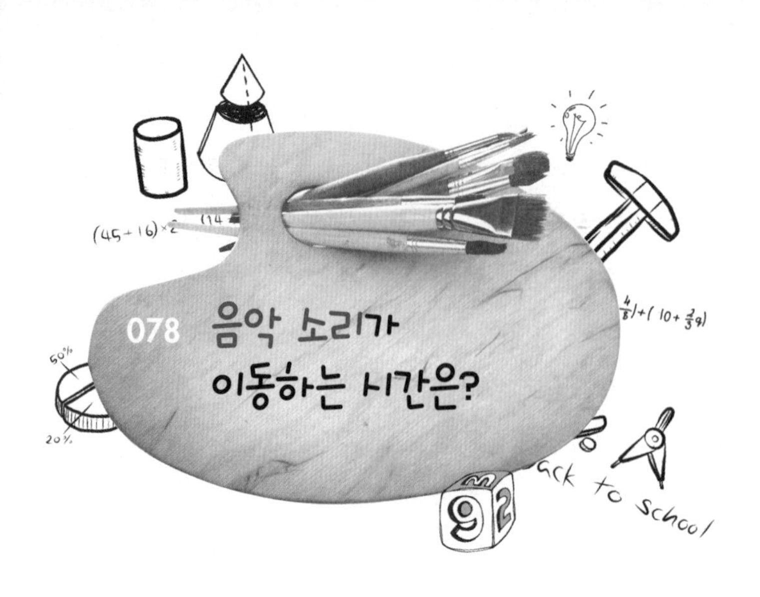

078 음악 소리가 이동하는 시간은?

나는 별로 좋아하지 않지만 대형 팝 콘서트를 보러 갔을 때 무대 위의 음악가들과 그쪽의 스피커에서 직접 나오는 음악의 소리가 전부가 아님을 알 수 있다. 모든 사람들에게 비슷한 그리고 꽤 시끄러운 음향을 체험하게 하려면 무대에서 40m 넘게 떨어진 먼 곳에 있는 청중들을 위해서 별도의 스피커 시스템이 있어야 한다. '공원에서' 열리는 클래식 콘서트나 연극, 오페라도 같은 문제를 안고 있는데, 소리가 즉각적으로 이동하지 않기 때문이다. 스피커에서 나오는 소리는 무대 위의 밴드에서 나는 라이브 소리와 동시에 나와야 한다. 그렇지 않으면 불협화음으로 들릴 것이기 때문이다.

이런 동기화를 이루기 위해 음향 공학자들은 공기를 통해 청중에게 직접 전해지는 소리와 전선을 통해 청중 뒤에 있는 스피커로 전달되는 소리가 같은 시간에 도달하게 만들어야 한다. 음파가 공기를 통과할 때보다 소리 신호가 전자공학 장비를 지날 때 훨씬 빨리 이동한다(사실상 즉각적으로). 만일 이들 도착 시간이 잘 조율되지 않으면 이상한 메아리 효과가 나타난다. 즉 뒤쪽 스피커에서 먼저 소리가 들리고 이어서 같은 소리가 앞쪽 무대로부터 또 들려온다.

만일 뮤지션들이 앞쪽 무대 가운데서 소리를 낸다면 해수면 높이에서 소리는 331.5+0.6T m/s의 속력으로 이동을 한다. 여기서 T는 공기의 섭씨온도다. T=30도인 여름이라면 소리는 349.5m/s의 속력으로 이동할 것이고 무대에서 40m 떨어진 청중들에게 도달하는 시간은 40/349.5=0.114초, 즉 114밀리초가 걸릴 것이다. 스피커가 같은 소리를 내보낼 때 이 기간만큼 지연시킨다면 두 소리가 동시에 들릴 것이다. 하지만 이것은 이상적인 상태가 아니다. 청중들은 무대 위의 공연에서 소리가 들려오는 것이 아니라 근처 스피커에서 들리는 것 같은 느낌을 싫어한다. 따라서 공학자들은 스피커에서 나오는 소리를 10~15밀리초가량 추가로 지연시켜 음향 균형을 맞춘다. 그 결과 뇌가 무대에서 직접 오는 소리를 먼저 등록하고 나서 거의 즉시 스피커에서 더 큰 소리가 나와 효과를 강화한다. 전체적인 지연 시간은 124~129밀리초이고 그 결과 모든 소리가 무대에서 직접 나는 것처럼 느껴진다. 공기 온도가 20도에서 40도로 올라가면 소리 속력은 약 11.5m/s 증가하지만 무대에서 40m 떨어진 청중에게 미치는 변화는 3밀리초 빨라지는 데 불과하므로 그 효과는 미미하다.

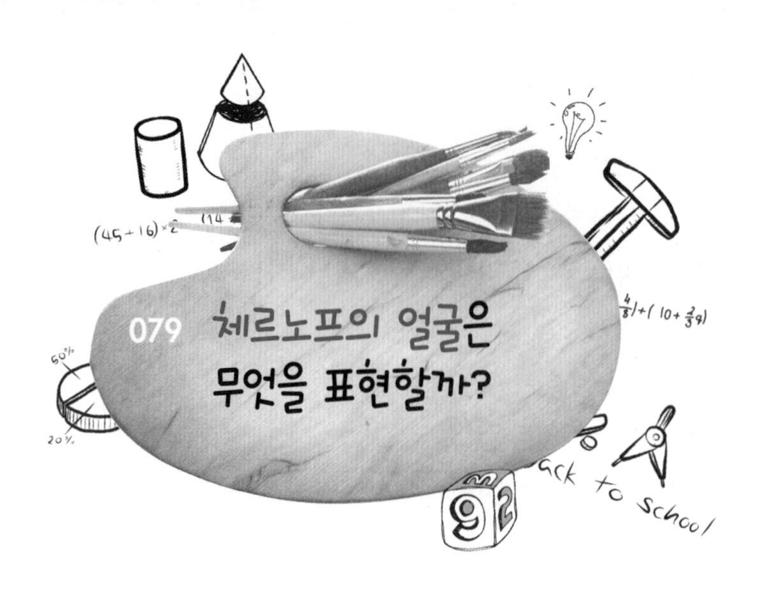

079 체르노프의 얼굴은 무엇을 표현할까?

통계에는 속임수가 내포될 수 있다. 때로는 의도적으로 그렇게도 한다. 정부나 기업이 경제 관련 주장을 할 때는 확보한 데이터에 대한 올바른 분석이 필요하지만 명쾌하고 정확하고 설득력 있는 방식으로 통계 정보를 제공할 필요도 있다. 이를 위해서 우리는 어떤 유형의 패턴이나 일탈에 대한 눈의 놀라운 민감성을 이용할 수 있다. 이미 언급했듯이 이런 민감성은 어떤 유형의 시각 민감성에 보상을 해준 자연 선택과 성 선택의 오랜 과정을 통해 다듬어져 왔다. 우리는 얼굴에 매우 민감하고 적어도 처음 만나는 사람의 경우 얼굴을 보고 그 사람의 여러 측면을 평가한다. 사고가 나거나 나이가 들면서 얼굴의 대칭성이 손상을 입은 사람들은 많은 돈을 들여 대칭성을 강화하고 복원하려고 한다. 신문에 실린 만화가나 캐리커처 작가의 작품들을 보면 천재성이 느껴지는데, 인물의 얼굴을 왜곡해 꽤 다르게 보임에도 여전히 누구를 그린 건지 바로 알아차릴 수 있기 때문이다. 원래 이미지로 시작해서 거의 평균 얼굴에서 살짝 벗어난 수준인 몇몇 특징을 과장함으로써 두드러지게 만든다.

1973년 통계학자 허먼 체르노프Herman Chernoff는 얼굴 만화를 이용해 변화하는 특성 다수를 지닌 대상에 대한 정보를 부호화하는 방식을 제안했다. 여기서 두 눈 사이의 거리는 비용을, 코 크기는 근로 시간을, 눈 크기는 근로자 수를 나타내는 식이다. 이렇게 해서 체르노프는 약간 다른 방식으로 평균 얼굴에서 조금씩 벗어나는 모든 얼굴의 목록을 만들었다. 그가 사용한 다른 변수로는 얼굴 크기와 모양이 있고 입의 위치도 있다. 처음에 체르노프는 작은 얼굴 그림으로 최대 열여덟 가지 변수를 나타낼 수 있다고 제안했다. 이것들은 다 대칭적이다. 여기에 비대칭성을 도입한다면(예를 들어 짝눈) 정보의 양은 두 배가 될 수 있다.

얼굴 특징 각각에 대해 우리의 민감성이 다르고 따라서 작은 변화를 감지하는 것이 필요할 경우 그에 맞춰 정보를 부호화하는 게 가능하다. 체르노프의 갤러리를 보면 특정한 평균값을 둘러싼 통계적 변이의 소위 정규 분포에 대한 생생한 인상을 느낄 수 있다. 얼굴 변수와 변이의 차원을 증가시키면, 뇌에서 가장 민감한 패턴 추구 프로그램이 동시에 데이터에 집중될 수 있다. 그 결과 변이성을 즉시 평가할 수 있게 한다.

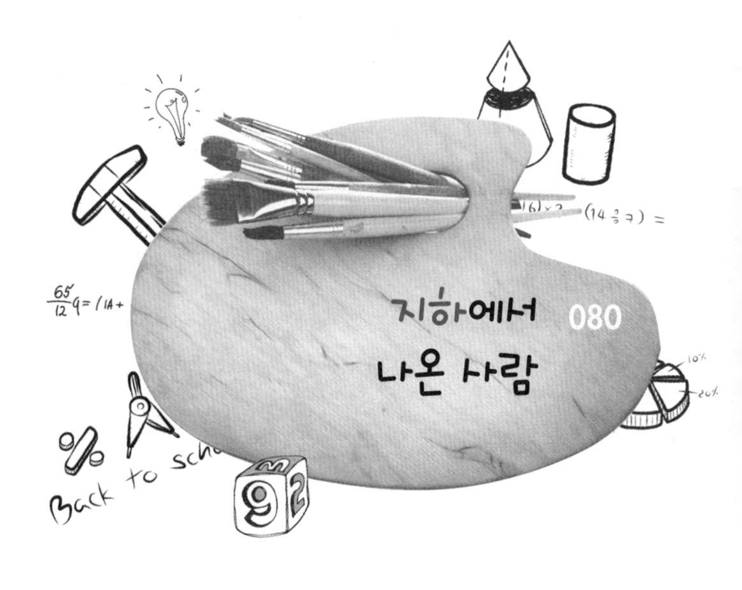

080 지하에서 나온 사람

언젠가 두 여행객이 지하철 지도를 보며 런던 중심가 거리에서 길을 찾으려고 하는 장면을 목격했다. 순간적으로 보드 게임 판을 보는 것보다는 조금 낫겠지만 큰 도움은 되지 않을 것이라는 생각이 들었다. 런던 지하철 지도는 기능적 디자인과 예술적 디자인 측면에서 놀라운 특징을 지닌 대단한 작품이다. 모든 역이 지리적으로 정확한 위치에 놓여 있지 않다. 이건 위상학적 지도다. 즉 역 사이의 연결은 정확하게 나타내지만 미적 이유와 실용적 이유로 실제 위치를 왜곡한다.

전자공학을 전공하고 제도사로 일하고 있던 젊은 직원 해리 벡Harry Beck이 런던 지하철 경영진들에게 이런 유형의 지도를 처음 소개했다. 이 회사는 1906년에 설립됐는데 1920년대가 되자 이용객이 줄어 적자에

허덕이게 됐다. 무엇보다도 외곽에서 런던 중심가로 가는 길이 시간도 많이 걸리고 복잡했기 때문인데 특히 갈아타야 할 경우 더 그랬다. 지리적으로 정확한 지도는 알아보기가 힘들었는데, 지난 수백 년 동안 아무런 계획 없이 늘어난 런던 시내의 길이 뒤죽박죽인 데다 지하철도 규모가 컸기 때문이다. 런던은 도로를 깔끔하게 구획한 뉴욕은 물론 심지어 파리와도 비교가 안 됐다. 그 결과 사람들은 일찌감치 지하철을 타는 걸 포기했다.

비록 처음에는 지하철 홍보부가 받아들이지 않았지만, 벡의 우아한 1931년 지도는 많은 문제를 해결했다. 이전의 노선 지도와는 달리, 벡의 지도는 전자 회로기 판이 연상됐다. 여기서는 수직선과 수평선, 45도 각도의 대각선만 썼다. 따라서 템스 강도 상징적으로 그려 넣었다. 환승역은 깔끔한 방식으로 표현했다. 런던 외곽의 지리는 상당히 왜곡해서 릭먼스워스나 모든, 욱스브리지, 콕포스터 등 멀리 있는 장소를 도시 중심에 가깝게 그렸고, 노선이 복잡한 시내 중심은 확대했다. 이후 40년 동안 벡은 새로운 노선과 기존 노선의 확장에 맞춰 지도를 다듬고 확장했는데, 늘 단순성과 명쾌함을 추구했다. 그는 멋지게 성공했다.

이제는 고전이 된 벡의 디자인은 최초의 위상 지도였다. 즉 어떤 부분을 늘리거나 뒤틀 수는 있지만 역 사이의 연결을 끊으면 안 된다. 고무판에 지도를 그렸다고 생각할 수 있는데, 잡아 늘리고 비틀 수는 있지만 자르거나 찢어서는 안 된다. 노선과 역이 많아 복잡한 중심가는 공간을 늘려서 표시하면 되고, 멀리 떨어진 역들은 중심에 가까이 옮겨 지도에 쓸데없는 빈 공간을 만들지 않아도 된다. 벡은 역과 각 노선의 위치 사이의 공간을 조정해 지도에 펼쳐져 있는 정보에 미적으로 유쾌한 균형감과 일관성을 부여했다. 외곽 지역을 중심가에 가까이 둠으로써 런던 시민들이 좀 더 연결돼 있다는 느낌을 줬을 뿐 아니라 한두 번 접어 호주머니에 넣을 수 있는 깔끔한 노선도도 만들었다.

위상 지도는 사람들이 런던을 바라보는 관점을 바꾸게 하면서 지도 제작법뿐 아니라 사회학적으로도 큰 영향을 미쳤다. 즉 외곽 지역을 지도에 포함하면서 그곳 거주자들이 런던 중심에 가깝다고 느끼게 만들었다. 그리고 위상 지도를 보면 부동산 가격도 짐작할 수 있었다. 벡의 작품은 도시에 사는 사람들 대다수의 머릿속에 런던 지도로 자리 잡았다. 지상에 있을 경우에는 벡의 지도가 큰 도움이 안 되겠지만—앞에서 언급한 여행객들이 깨달은 것처럼—위상적 접근은 의미가 있다. 지하철을 이용할 경우 지상을 걸을 때나 버스를 이용할 때와는 달리 지금 어디를 가고 있는지 알 필요가 없다. 다음 역이 어딘가, 어디서 타고 내리는가, 다른 노선을 어떻게 갈아타느냐만 생각하면 된다.

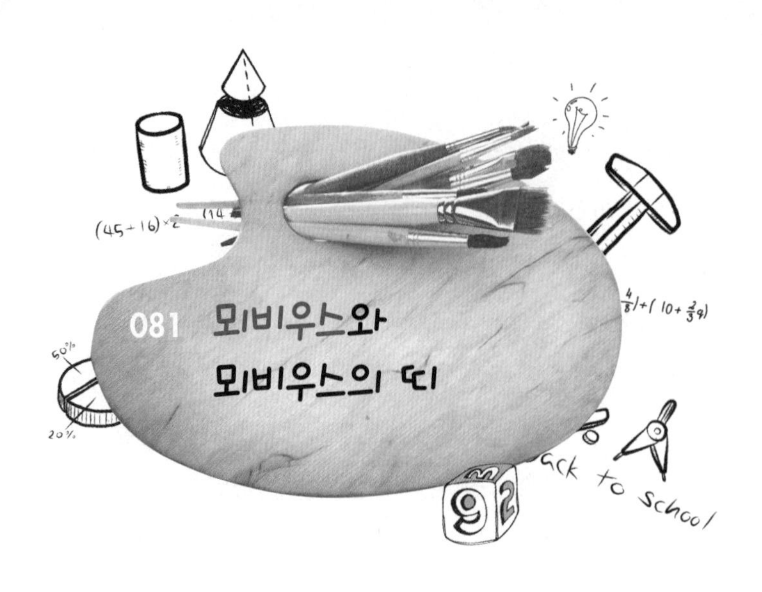

081 뫼비우스와 뫼비우스의 띠

한쪽이 긴 직사각형 종이 띠의 양 끝을 붙이면 아주 납작한 원기둥이 된다. 초등학생 때 이런 걸 여러 번 만들었다. 원기둥은 안쪽 면과 바깥쪽 면이 있다. 하지만 띠를 한 번 꼰 뒤 붙이면 뭔가 다른 이상한 것이 나온다. 이렇게 만든 띠는 8자나 무한대 기호의 교차하는 모습과 닮았는데, 놀라운 특성을 지니고 있다. 즉 안쪽 면과 바깥쪽 면이 없다. 단지 하나의 면만 있을 뿐이다(이런 특성은 띠를 홀수 횟수로 꼰 뒤 붙일 때도 나타나지만 짝수 횟수로 꼰 뒤 붙이면 나타나지 않는다). 크레용을 종이에서 떼지 않으면서 한쪽 면을 칠하면 결국에는 띠 전체를 칠하게 될 것이다. 공장에서 컨베이어 벨트를 설치할 때 한 뻔 꼬아주면 닳아서 교체할 때까지 수명이 두 배는 될 것이다.

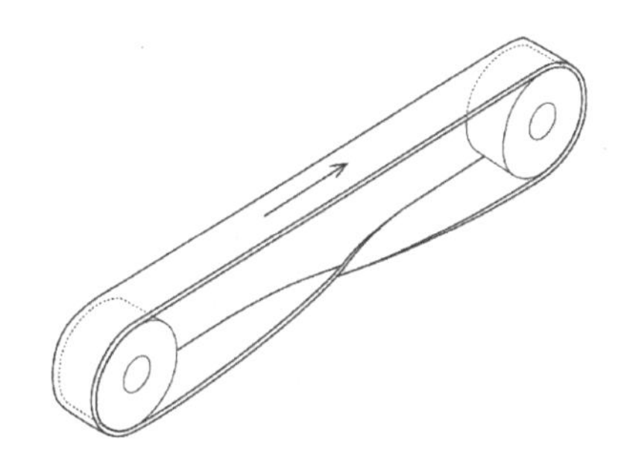

이런 피상적인 현상이 흥미로운 상태임을—오늘날 수학자들이 '방향성이 없는 표면non-orientable surface'이라고 부르는—처음 알아차린 사람은 독일의 수학자이자 천문학자인 아우구스트 뫼비우스Augustus Möbius다. 뫼비우스는 1858년에 '뫼비우스의 띠'를 발견했다는 메모를 남겼는데, 1868년 9월 사망한 뒤 서류 더미에서 발견됐다. 1858년 7월, 요한 리스팅Johann Listing이라는 또 다른 독일 수학자가 독립적으로 뫼비우스 띠를 발견했다. 어쨌든 이 띠에는 뫼비우스의 이름만이 붙었고 줄곧 그렇게 알려져 왔다.

종종 모리츠 에셔Maurits Escher의 작품인 불가능한 삼각형과 폭포와 함께 있는 뫼비우스의 띠를 보고 사람들은 뫼비우스의 띠 역시 상상 속의 대상이라고 생각하곤 한다. 1930년대 스위스 조각가 막스 빌Max Bill은 위상학 분야에서 개발된 새로운 수학이 예술가들에게 미지의 세계를 열어줄 것이라고 확신했고, 뫼비우스의 띠를 패러다임으로 해서 금속과 화강암으로 끝없는 리본 조각을 시리즈로 만들어냈다. 에셔가 지면에서 뫼비우스의 띠를 적용했다면, 빌은 3차원 고체에서 구현했다.

1970년대 미국 고에너지 물리학자와 조각가인 로버트 윌슨Robert Wilson은 스테인리스강과 청동을 재료로 한 작품에서 뫼비우스의 띠를 이용했고, 영국 조각가 존 로빈슨John Robinso은 작품 〈불멸Immortality〉에서 뫼비우스의 띠로 고광택의 청동 재질 세 잎 모양 장식 매듭trefoil knot을 만들었다(51장에서 세 잎 모양 장식 매듭의 기하학을 얘기했다). 이들 외에도 많은 예술가와 디자이너들이 건축에서 뫼비우스의 띠를 이용해 근사한 건물과 톡톡 튀는 아이들 놀이 공간을 만들었다. 뫼비우스의 띠는 여전히 우리의 상상력을 지배하고 있다. 뫼비우스의 띠를 처음 보는 사람은 누구나 매료되기 마련이다.

디자인에서 뫼비우스의 띠를 사용했던 한 가지 예가 있는데, 이제 우리에게 너무도 익숙해 그 사실을 알아차리지도 못하고 있다. 1970년 서던캘리포니아 대학교의 학생 개리 앤더슨Gary Anderson은 산업 그래픽 디자인을 이끄는 컨테이너 코퍼레이션 오브 아메리카에서 주최한 학생 디자인 공모전에서 당선됐다. 이 회사는 소비자와 다른 회사들의 환경 책임감을 고취시켜 포장재의 재활용을 촉진하기 위해 로고를 공모했다. 앤더슨은 뫼비우스 띠를 사용한, 지금은 유명해진 재활용 상징물로

상금 2,500달러를 받았다. 이 기호는 컨테이너 코퍼레이션의 뜻에 따라 상표로 등록되지 않아 공공 영역에서 마음대로 쓸 수 있다. 앤더슨은 그래픽 디자인과 건축, 도시 계획 분야에서 괄목할 만한 경력을 쌓았다. 뫼비우스의 띠를 변용한 그의 작품은 어디에서나 볼 수 있다.

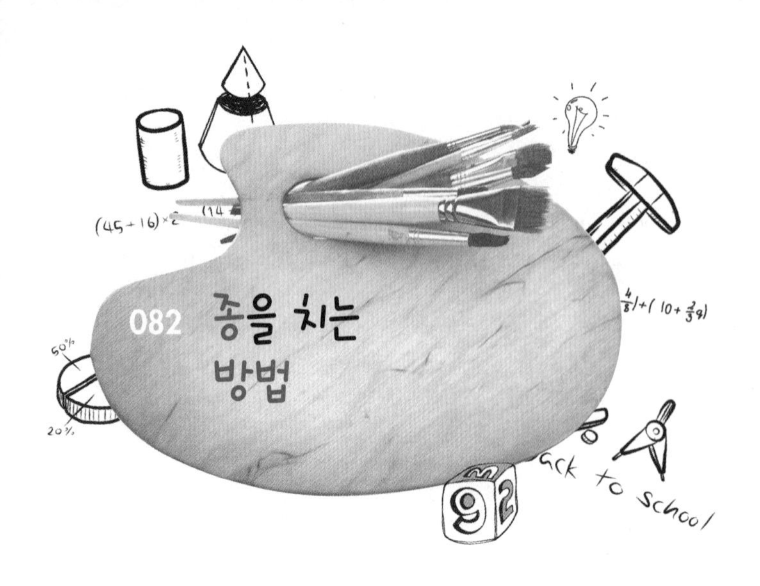

082 종을 치는 방법

12세기 이래로 영국 마을의 교회에서는 종을 쳤다. 그런데 1600년 무렵 종탑이 높은 작은 교회가 많은 잉글랜드 동부 지역에서부터 새로운 스타일이 시작됐다. 이런 변화는 종탑에서 멀리 떨어진 곳에서도 들리게 좀 더 조율된 일련의 소리를 만들려는 열망에서 비롯됐지만 19세기에 들어서는 그 자체가 하나의 도전적인 예술로 진화했다. 종은 시간을 알려주고, 사회나 교회의 큰 행사를 알리고, 때로는 경고를 하는 역할도 하면서 지역 사회에 기여했다. 교회 종은 거대한 질량과 관성으로 일단 한 번 울리면 통제가 안 된다. 즉 복잡한 멜로디를 만들어내지는 못한다. 음조를 오르내리는 기분 좋은 효과를 내려면 복잡한 순서로 종을 쳐야 한다.

종을 치는 일, 즉 '종학campanology'은 전통적으로 '숙련 과정exercise'으로 여겨지는데, 제대로 치려면 신체적 · 정신적 역량이 조합되어야 한다. 종지기 여러 명이 문서로 된 지침 없이도 긴 시간 동안 변화를 주며 순서대로 종들을 친다. 모든 것이 머릿속에 들어 있어야 한다. 만일 종이 네 개라면 각각 한 번씩 네 번을 치는 것이 한 단위로, 가장 작은 종이 1번으로 가장 높은 소리가 나고(트레블treble) 가장 큰 종에서 가장 낮은 소리가 난다(테너tenor). 시작할 때는 음이 내려가는 1234 순서로 친다. 이 단순한 순서를 '라운드round'라고 부른다. 종을 치는 순서를 결정하는 규칙은 한 단위에 각 종을 한 번만 친다는 것이다. 다음 단위의 순서는 한 쌍만 바뀌칠 수 있고(따라서 1234→2134는 되지만 1234→2143은 안 된다), 같은 단위를 반복해서도 안 된다(처음과 마지막 순서 1234는 예외다).

순서가 원래 1234 라운드로 돌아가면 종을 그만 친다. 종 네 개를 치는 순서는 4×3×2×1=24가지가 있다. 만일 종이 N개라면 N!가지가

4 bells		
1234	2314	3124
1243	2341	3142
1423	2431	3412
4123	4231	4312
4213	4321	4132
2413	3421	1432
2143	3241	1342
2134	3214	3124
		(1234)

가능하다(N 팩토리알, 즉 N!은 N×(N−1)×(N−2)×⋯×2×1이다. 예를 들어 3!=6이다). 이 가능성의 집합을 종의 개수가 주어졌을 때 '규모extent'라고 부르는데, 그 크기는 N이 커짐에 따라 급격히 커진다. 종이 여덟 개만 돼도 40,320 가지 변화가 가능하다. 종지기가 이런 순서를 기억해야만 한다는 점을 기억하자. 보통 종 하나가 2초 정도 울리므로 규모가 24일 경우 완주하는 데 48초 정도 걸린다. 종이 여섯 개라면 규모가 720이어서 완주하는 데 24분이 걸린다.

종지기 한 사람이 종 하나를 맡을 때 실질적으로 가능한 상한선은 종 여덟 개다. 이 경우 규모를 다 연주하려면 스물두 시간이 넘게 걸리지만 열여덟 시간 이내로 행해진다. 규모가 커 연주가 길어질 때는 일정 시간이 지나면 종지기를 바꿔준다. 아래 그림은 '플레인 밥Plain Bob'이라는 순서로 종 네 개에 대해 스물네 가지 순열을 통해 연주된다. 모든 순서는 옛스러운 영어 이름을 갖고 있는데, 'Reverse Canterbury Pleasure Place Doubles', 'Grandsire Triples', 'Cambridge Surprise Major' 같은 것들이다.

이것은 왠지 수학처럼 들리는데 정말 그렇다. 종의 순열은 1600년대 이미 파비안 스테드먼Fabian Stedman이 연구했는데, 1770년대 정식으로

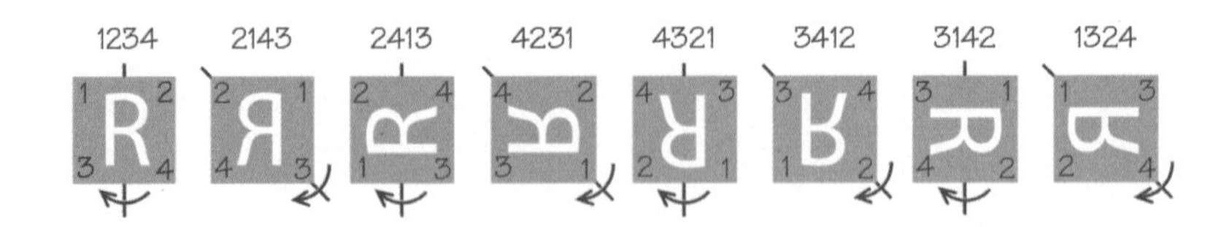

수학의 분야로 인정받기도 전이다. 종 네 개의 순열은 각 모퉁이에 숫자가 써 있는 정사각형을 돌리는 시각적 표현으로 멋지게 구현될 수 있다(글자 'R'을 넣어 서로 다른 방향을 더 잘 보이게 했다).

종의 개수가 더 많을 경우 정사각형을 면의 개수가 종의 개수와 같은 다각형으로 바꾼 뒤 방향에 대한 모든 가능한 연산을 수행한다.

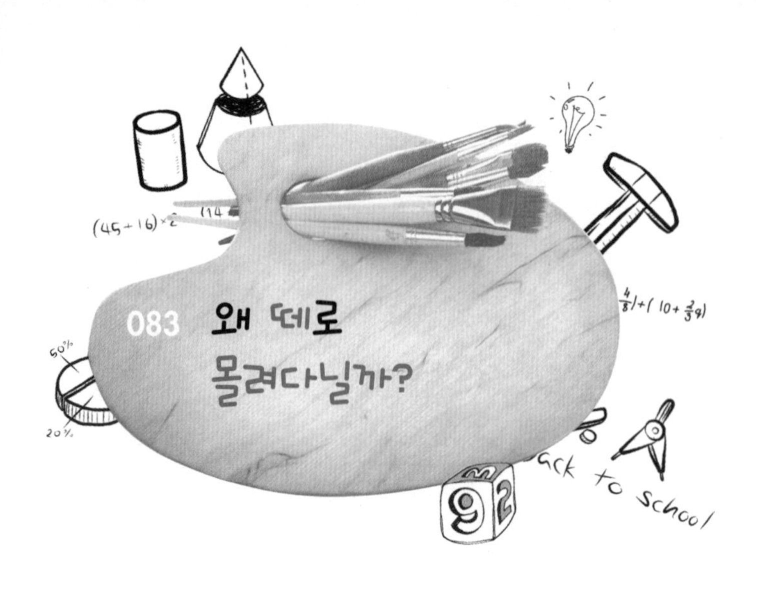

083 왜 떼로 몰려다닐까?

새와 물고기, 영양과 버팔로 같은 많은 포유동물은 서로 모여 '무리'를 이루는데 이를 '떼'라고 부른다. 이 동물들의 자기 조직 행동은 종종 놀랍게도 정밀하다. 거대한 찌르레기 떼가 낮이 끝날 무렵 하늘을 가르며 날 때 마치 잘 조율된 한 몸처럼 움직이는 걸 보고 어떻게 스스로를 구조화했는지 묻게 된다. 때로는 이런 움직임은 단순한 방어 법칙을 따른 결과다. 물고기 떼가 상어의 공격을 받는다면 가능한 한 중심에, 즉 가장자리를 피하는 게 상책이다. 위험한 가장자리를 피하려고 하다 보니 떼가 계속 휘돌아다닌다. 반대로 어떤 날벌레는 잠재적인 짝의 주의를 끌기 위해 무리에서 벗어나려고 한다. 몇몇 새와 물고기는 바로 옆 동료 근처에 머문다. 그러다 너무 가까워지면 다시 거리를 두기 위해 움직이고 너무 멀리 떨어져 있으면 이번엔 다가간다. 어떤 종류는 주변의 일고여덟개쯤 되는 개체에 주의하면서 이들이 움직이는 속도와 방향에 맞춰 위치를 잡는다.

이 모든 전략들의 결과, 큰 규모에서 질서 정연한 떼가 만들어지고, 우리가 자연에서 볼 수 있는 새와 물고기 무리의 인상적인 패턴이 나온다. 인간의 상호 작용에는 더 복잡한 전략이 있다. 예를 들어 큰 규모의 칵테일파티에서 어떤 사람은 한 사람에게 최대한 접근하기 위해 주위를 어슬렁거릴 수도 있고 어떤 경우는 특정인에게서 최대한 멀어지려고 할 수도 있다. 한 파티에서 많은 사람들이 이런 식으로 행동하면 결과를 예측하기가 쉽지 않다.

수학적으로 흥미로운 다른 예로는 사자 같은 포식자 한 마리가 지평선에 나타났을 때 영양 떼가 취하는 전략이 있다. 각 동물은 자신과 포식자 사이의 선상에 적어도 다른 동물 한 마리는 존재하도록 움직이려고 한다. 포식자가 움직이지 않을 경우 이런 전략의 결과 동물 떼는 수학자들이 '보로노이 조각화Voronoi tessellation'라고 부르는 특정한 패턴을 보인다. 점들의 무리로 이 패턴을 만들려면 가까이 있는 두 점을 잇는 직선의 중간을 수직으로 분할하는 새로운 직선을 그리면 된다. 이렇게 분할하는 직선들이 서로 만날 때까지 계속하다 멈추면 보로노이 다각형Voronoi polygons 네트워크가 나온다. 각 다각형의 중심에는 점이 하나 있다. 그리고 점을 둘러싼 다각형 내부 공간은 다른 어떤 점보다도 이 점에 더 가깝다.

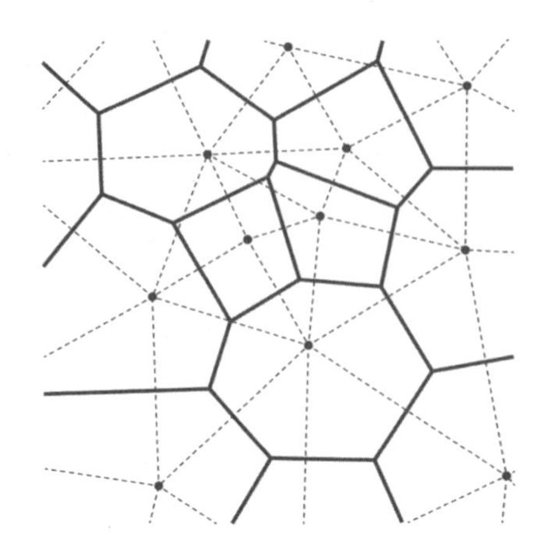

이 다각형은 그 중심점에 있는 동물의 위험 영역을 보여준다. 만일 어떤 동물의 위험 영역에 포식자가 들어오면, 그 동물이 가장 가까이 있는 잠재적인 먹이라는 뜻이다. 각 동물은 자신의 위험 다각형을 가능한 작게 만들고 포식자에게서 멀리 떨어지려고 한다. 이런 유형의 집단 행동을 '이기적인 떼selfish herd'의 행동이라고 부르는데, 각 구성원이 자신만을 위해 움직이기 때문이다. 사자 같은 포식자들은 주변을 재빨리 움직이며 무리가 실제 상황에 맞게 보로노이 다각형을 바꾸지 못하게 한다. 컴퓨터 프로그램으로 쉽게 예측을 따라잡을 수 있지만 천천히 움직이는 포식자(먹이 시나리오)가 필요하다.

농게 무리가 위협을 느낄 때 움직임을 촬영한 흥미로운 연구가 있다. 게들은 느리고 숫자가 그리 많지 않기 때문에 포식자의 위협 전과 후의 움직임을 주의 깊게 연구할 수 있다. 처음 위협을 느꼈을 때 녀석들은 이기적인 떼 행동에 아주 가까운 움직임을 보이며 각자의 주변에 큰 보로노이 다각형 패턴을 형성한다. 뒤이어 대혼란 양상이 나타나면서 서로 가까이 붙어 보로노이 다각형이 작아지면서 자신과 포식자 사이에 다른 개체가 들어가게 한다. 위험에 처한 게들이 반드시 포식자로부터 황급히 도망치는 건 아니다. 녀석들은 무리의 중심으로 이동해 자신과 포식자 사이에 다른 동물들을 두려고 한다.

–포식자 위협 이전

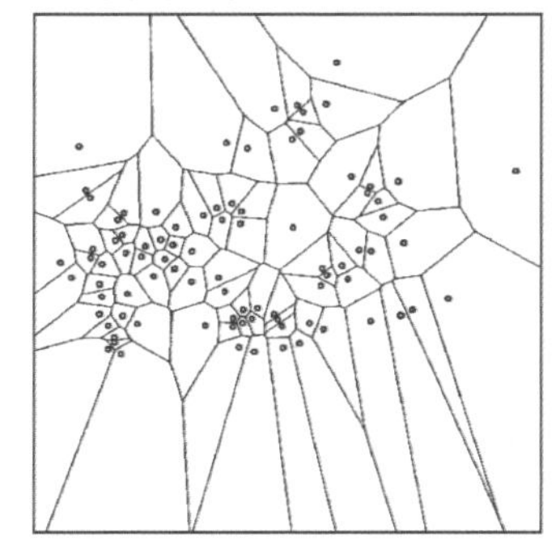

–포식자 위협 이후

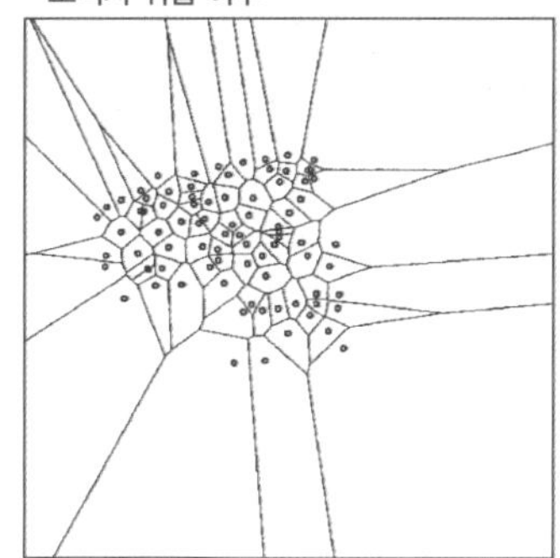

때때로 이런 움직임이 사실상 포식자를 향해 달려가는 셈이 되기도 한다. 개체 수준의 위험도는 위험 영역을 정의하는 보로노이 다각형의 면적에 비례한다는 걸 기억하자. 게들이 공포를 느껴 서로 가까워지면 이 영역이 작아지면서 다들 더 안전하다고 느끼게 된다. 진화 생물학자들에 따르면 이 행동을 제대로 따르지 않는 게는 포식자 바다 새에게 잡아먹힐 가능성이 더 큰 반면, 본능에 따라 재빨리 대응하는 녀석들은 살아남아 역시 그런 특성을 지닌 새끼를 낳을 가능성이 더 크다.

084 손가락으로 숫자를 셀 때도 문화가 보인다

수를 세는 체계에서 인간의 해부 구조의 영향을 보는 건 어렵지 않다. 많은 고대 문화에서 열 손가락과 열 발가락이 수를 세는 체계의 기본이 됐는데, 이른바 '십진법'이라는 것이다. 사람들은 어떤 사물의 양을 기록할 때 손가락으로 숫자를 셌고 다섯 개, 열 개, 스무 개(발가락을 더해)를 한 묶음으로 간주했다. 가끔은 흥미로운 변이가 있다. 예를 들어 예전 중미의 한 인디언 문화에서는 10 대신 8을 기본으로 썼다. 나는 강의 도중에 청중들에게 왜 8이 선택되었을까를 묻곤 한다. 왕립예술학회의 크리스마스 강연에 온 여덟 살짜리 여자아이만이 정답을 말했다. 인디언들은 손가락 대신 손가락 사이를 센 거였는데, 여기에 물건을 끼워두기 때문이다. 아마도 그 아이는 '실뜨기' 같은 놀이를 많이 한 것 같다.

손가락으로 세는 방식을 도처에서 볼 수 있는 걸로 봐서 십진법은 여기서 비롯된 것으로, 오늘날 자릿수 체계는 초기 인도 문화에서 나와 10세기 중세 아랍 무역로를 거쳐 유럽까지 퍼져 나갔다. 십진법 자릿수 체계에서는 숫자의 상대적 위치가 정보를 담고 있다. 예를 들어 111은 백+십+일을 뜻하지 3(1+1+1)이 아니다. 반면 로마 숫자나 고대 이집트와 중국의 표기법은 자릿수 체계가 아니다. 자릿수 체계는 영을 뜻하는 상징이 필요한데, '1 1'이 '11'과 헷갈리지 않게 빈자리를 채워서 '101'처럼 명쾌히 하기 위해서다. 오늘날 수를 셀 때 십진법 자릿수 체계가 완전히 보편화됐기 때문에 아무리 널리 쓰이는 문자 언어나 알파벳도 그에 미치지 못한다.

세계 곳곳의 사람들이 손가락으로 수를 세지만 오늘날에도 문화에 따라 세는 방식이 약간씩 다르다. 다음은 제2차 세계대전 동안 인도에서 있었던 이야기다(『수학, 천상의 학문』, 존 D. 배로, 경문사, 2004). 한 인도 소녀가 예고도 없이 집을 방문한 영국 군인에게 자신의 동양인 친구들 가운데 한 명을 소개해야 했다. 소녀의 친구는 일본인으로 방문자에게 알려질 경우 영국군에 체포될 처지였다. 소녀는 친구를 중국인이라고 속였다. 그 군인은 의심스러워하며 잠시 후 동양인 소녀에게 느닷없이 손가락으로 다섯까지 세어보라고 시켰다. 인도 소녀는 그 군인이 제정신이 아니라고 느꼈고, 그 동양 소녀도 이상했지만 손가락으로 하나, 둘, 셋, 넷, 다섯을 셌다. 아하! 그 남자가 말했다. 넌 일본인이구나. 아이는 손가락을 편 뒤 하나씩 접으며 다섯까지 셌다. 그런데 중국인은 그렇게 세지 않는다. 중국인은 영국인처럼 주먹을 쥔 뒤 엄지손가락부터 시작해서 손가락을 하나씩 펴면서 센다. 그는 인도 친구의 거짓말을 알아차린 것이다.

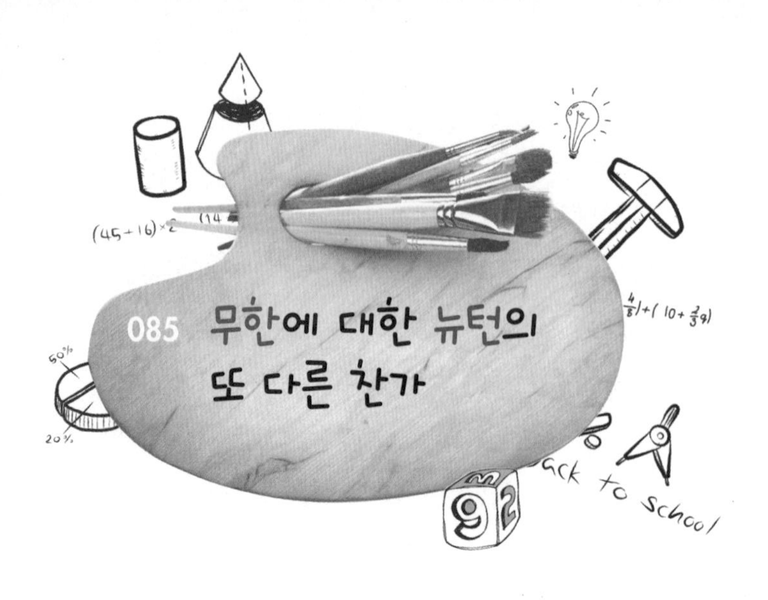

085 무한에 대한 뉴턴의 또 다른 찬가

무한은 19세기 후반까지 수학자들에게는 위험스러운 주제로 고도의 주의와 심지어 경멸감을 지닌 채 다루었다. 1, 2, 3, 4… 같은 수의 무한 목록을 세려고 하다 보면 즉각적인 모순에 직면하는데, 짝수 2, 4, 6, 8…로 이루어진 또 다른 무한 목록과 비교하면 자연수 목록보다 짝수 목록을 이루는 수가 절반인 것이 확실해 보이기 때문이다. 하지만 첫 번째 목록의 각 수와 두 번째 목록의 각 수를 선으로 이으면 1에는 2, 2에는 4, 3에는 6, 4에는 8 이런 식으로 연결된다. 두 목록 각각의 모든 수는 상대 짝과 1:1로 대응한다. 이런 식으로 무한히 연결해 나가면 첫 번째 목록과 두 번째 목록의 개수가 정확히 같다는 사실을 알 수 있다. 이 두 무한 집합은 대등하다. 모든 홀수에 대해서도 같은 식으로 볼 수 있지만 두 무한(홀수와 짝수)을 더해도 무한 하나(자연수)와 여전히 같다. 이상하지 않나?

독일 수학자 게오르크 칸토어Georg Cantor가 이 상황을 최초로 명확히 정리했다. 자연수 1, 2, 3, 4…와 1:1로 대응될 수 있는 무한 집합을 '셀 수 있는' 무한이라고 부르는데, 대응은 곧 체계적으로 셀 수 있음을 뜻하기 때문이다. 1873년 칸토어는 셀 수 있는 무한보다 더 큰 무한이 있음을 보였는데, 여기서는 이런 대응을 만들 수 없기 때문이다. 즉 체계적인 방식으로 셀 수가 없다. 이런 셀 수 없는 무한의 한 예로 소수점 이하가 끝이 없는 모든 수, 즉 무리수의 집합을 들 수 있다. 칸토어는 다음으로 무한의 끝없는 계단을 만들면서, 각각은 계단 바로 아래 무한과 1:1 대응을 할 수 없기 때문에 그 아래보다 무한히 더 크다는 걸 보였다.

갈릴레오 같은 위대한 물리학자들은 무한 집합의 수를 셀 때 모순을 발견하고 그와 관련된 논의를 피했다. 1693년 1월 아이작 뉴턴은 리처드 벤틀리Richard Bentley에게 보낸 편지에서 무한 공간에서 서로 반대되는 중력 사이에 이뤄진 평형에 대한 문제를 설명하려고 시도하다가 동등한 두 무한 가운데 하나에 한정된 양을 더할 경우 더 이상 동등하지 않게 된다는 생각을 하면서 논의에서 벗어났다. 우리가 보았듯이, 만일 N이 셀 수 있는 무한이라면 '초한transfinite' 산술의 법칙을 따르므로 한정된 양을 다루는 일상적인 산술과는 꽤 다르다. 즉 N+N=N, 2N=N, N−N=N, N×N=N, N+f=N(f는 한정된 양)이다.

아이작 뉴턴은 무한을 다루면서 길을 잃었지만, 18세기 동시대인으로 그와 성이 같고 노예 무역을 하다 손을 뗀 존 뉴턴John Newton이 처음으로 제대로 해낸 것 같다. 존 뉴턴은 유명한 찬송가인 〈어메이징 그레이스Amazing Grace〉의 작사가다. 익명의 작곡가가 1835년 곡을 썼고 뉴턴의 글이 1847년에 가사로 붙었다. 이 노래는 20세기 동안 상업적으로나 종교적으로 널리 불렸는데, 부분적으로는 도입부의 놀라운 '뉴브리튼' 음조 때문이다.

〈어메이징 그레이스〉의 가사는 원래 존 뉴턴이 버킹엄셔 올니 교구의 작은 마을을 그리며 쓴 시다(역대기 상권 17절 다윗의 기도에 기반을 두고 있다. 올니 찬송가집에는 성서의 각 권에 해당하는 찬송가가 있고 〈어메이징 그레이스〉는 역대기를 위한 찬송가다). 당시 사람들은 시를 읊었지 노래하지는 않았을 것이다. 이 시는 존 뉴턴과 윌리엄 카우퍼William Cowper가 1779년 2월에 펴낸 올니 찬송가 모음집에서 처음 보인다. 뉴턴은 스탠자(stanza: 4행 이상의 각운이 있는 시구)를 여섯 편 썼다. 앞부분은 이렇게 시작한다. '어메이징 그레이스 얼마나 달콤한 소리인가/ 나 같은 죄인 살리셨네/ 잃었던 나 이제 찾았네/ 한때는 눈 멀었지만 이제 볼 수 있네.' 하지만 그의 여섯 번째 스탠자는 오늘날 불리지 않는다(대지는 눈처럼 곧 녹아내릴 것이고/ 태양은 감히 빛나지 않는다/ 하지만 나를 여기 아래로 부른 신은/ 영원히 나에게서 존재하리). 대신 다른 스탠자가 들어갔다. '우리가 그곳에서 만 년을 살아갈 때/ 우리는 태양처럼 빛을 발하고/ 우리에겐 여전히 신을 찬양할 노래를 부를 날이 남아 있네/ 만 년 전 처음 시작할 때만큼'(앞의 두 행은 작가정신에서 2010년 출간한 『엉클 톰스 캐빈』의 번역을 그대로 적었지만 뒤의 두 행은 의역(처음 시작할 때처럼/ 언제나 하나님을 찬송하리라)으로 무한을 다루는 맥락을 반영하지 못해 역자가 직역으로 번역했다).

이 시구에서 수학자들은 무한 또는 영원성의 특징이 정확히 표현됐음을 알 수 있다. 어떤 한정된 양을 빼더라도(이 경우 '만 년') 그 값은 작아지지 않고 여전히 무한이다.

그런데, 존 뉴턴은 이 스탠자를 쓰지 않았다. 찬송가 사이에서 스탠자를 이리저리 옮기는 게 특이한 일은 아니었다. 이 특별한 '방랑하는 스탠자'는 저자가 알려져 있지 않지만(이 스탠자는 1790년 출간된 리처드 브로더스와 앤드류 브로더스가 편집한 신성한 발라드 모음집 A Collection of Sacred Ballads에 있는 '예루살렘, 내 행복한 집'이라는 제목의 익명 작가의 찬송가의 50편이 넘는 스탠자 가운데 마지막 편이다), 적어도 1790년부터 존재했고, 해리엇 비처 스토Harriet Beecher Stowe의 1852년 작품인 반反노예 소설『엉클 톰스 캐빈』에서 절망한 톰이 부르는 찬송가에서 처음 나온다. 작사가가 누구인지는 모르겠지만, 무한에 대한 심원한 정의를 포착했다. 반면 18세기의 위대한 수학자들은 이를 놓쳤는데, 진짜 무한의 특성에 대해 진지하게 생각해볼 확신이 부족했기 때문이다.

칸토어는 올바른 길을 분명하게 봤지만, 당시 영향력 있는 수학자들이 무한에 대한 그의 연구가 수학의 완전한 구조를 위협할 수 있는 논리적 모순을 허용해 수학을 전복시킬 가능성이 있다고 생각해 오랫동안 그의 수학 연구를 비난했다. 오늘날 칸토어의 통찰은 완전히 인정받고 있으며 집합과 논리의 표준 이론에서 한 부분을 차지하고 있다(『수학, 천상의 학문』, 5장 참조. 존 D. 배로, 경문사, 2004).

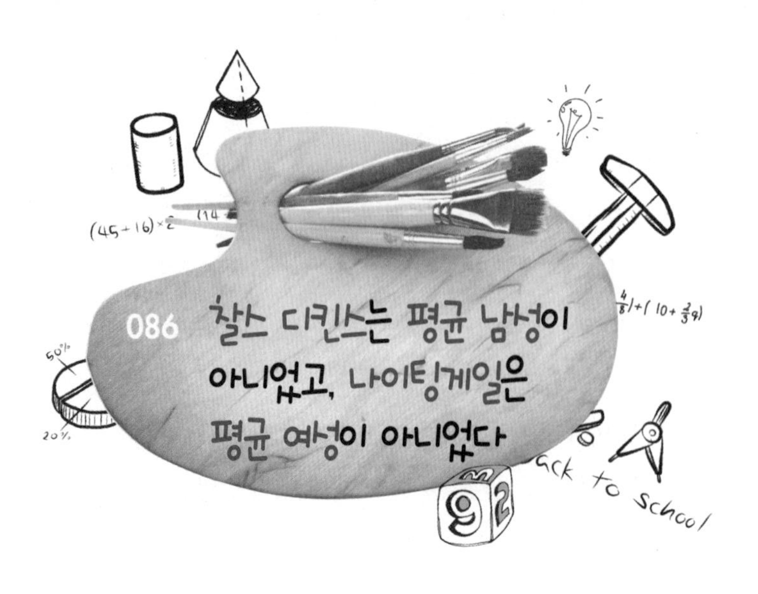

086 찰스 디킨스는 평균 남성이 아니었고, 나이팅게일은 평균 여성이 아니었다

위대한 소설가 찰스 디킨스Charles Dickens가 수학과 불편한 관계였다는 사실은 거의 알려져 있지 않다. 사실 디킨스는 수학의 한 부분에 대항하는 대규모 선전 운동을 이끌었다. 그는 통계학이 빅토리아 시대의 사회와 정치에 상당한 영향을 미치며 부상하고 있는 시기에 살았다. 벨기에의 아돌프 케틀레Adolphe Quetelet 같은 개척자들은 범죄학과 인간행동학—케틀레는 이를 '사회물리학'이라고 불렀다—같은 정량적인 사회과학을 처음 만들었고, 플로렌스 나이팅게일(Florence Nightingale: 1858년 영국 왕립통계학회 회원으로 선출됐다) 같은 케틀레의 제자들은 병원의 위생 상태와 환자 관리를 개선하고 데이터를 명쾌하게 표현하는 새로운 방법을 고안할 때 통계를 이용했다. 스코틀랜드에서는 윌리엄 플레이페어William

Playfair가 다양한 그래프와 막대 도표를 만들어 경제학과 정치학을 혁신시켰다. 오늘날에는 정보를 나타내고 사회와 경제 경향 사이의 관계에 대한 상호 관계를 찾는 표준 도구로 쓰이는 것들이다.

디킨스는 다른 여러 주요 정치 개혁가들과 마찬가지로 통계학이라는 새로운 학문에 깊은 의혹을 품었다. 실제로 그는 통계학을 커다란 죄악으로 간주했다. 오늘날 사람들에게는 이상하게 들릴 것이다. 디킨스는 왜 그런 생각을 했을까? 디킨스는 평균에 기초해 사회의 안녕을 평가하는 걸 반대했는데, 다수의 통계로 사회의 건전성이 진단되는 사회에서 소수자인 불운한 사람들의 운명이 간과되기 때문이다. 케틀레의 유명한 개념인 '평균인the average man'은 혐오의 대상이었는데, 가난한 사람들이 더 가난해지고 일터가 더 위험해져도 정부가 이 개념을 이용해 사람들의 삶이 더 나아졌다고(평균에 따르면) 주장할 수 있기 때문이다. 평균 생산성을 더 높게 할 필요에 따라 임금이 낮은 직업은 통계에서 제외될 수도 있었다. 개인들은 종 모양의 통계 곡선의 꼬리에서 자취를 감췄다. 디킨스는 정치가들이 진보적인 사회 제도의 법률화를 막는 데 통계를 이용한다고 생각했다. 정치가들이 개인의 불행과 범죄 행동을 통계적으로 일어나는 불가피한 현상으로 간주했다는 것이다.

디킨스의 위대한 소설 가운데 몇 편은 통계에 대한 그의 깊은 반감을 드러내고 있는데, 특히 1854년에 출간된 『어려운 시절*Hard Times*』이 그렇다. 이 책은 오직 사실과 숫자만을 추구하는 토머스 그래드그라인드의 이야기를 들려주는데, 토머스는 '인간 본성이라면 뭐든지 측정할 준비가 되어 있고 무슨 일이 일어날지 정확히 말할 수 있다'고 믿는다. 학교에서 그가 가르치는 제자들조차 숫자로 환원된다. 책의 내용 중 9장을 잠깐 살펴보면 딸의 친구인 씨씨 주프는 수업 시간에 그래드그라인드의 질문에 늘 틀리게 대답해 괴로워한다. '인구가 100만 명인 도시에서 매년 25명이 거리에서 굶어 죽을 경우 비율이 얼마인가'라는 질문에 씨씨는 인구가 100만이든 100만의 100만 배이든 고통스러운 건 마찬가지일 거라고 대답하지만 그래드그라인드 씨는 '이 역시 틀린 대답이다'라고 말한다. 그의 사무실 벽에는 '완벽하게 통계적인 시계'가 걸려 있다. 소설은 이런 태도가 그 자신의 삶뿐 아니라 그가 '결혼 통계'를 들이대며 소개한 탓에 사랑하지 않는 남자와 어쩔 수 없이 결혼한 딸 루이자의 삶을 어떻게 황폐화시키는지 이야기하고 있다. 그래드그라인드의 편협한 철학이 모두의 삶을 끔찍하게 만들었다.

디킨스는 잘못 쓰이고 있다고 판단한 수학의 새로운 분야에서 영감을 얻은 위대한 소설가의 두드러진 한 예다. 그가 오늘날 살아 있다면 통계 실적표 같은 것들에 더 많이 둘러싸여 있을 것이다.

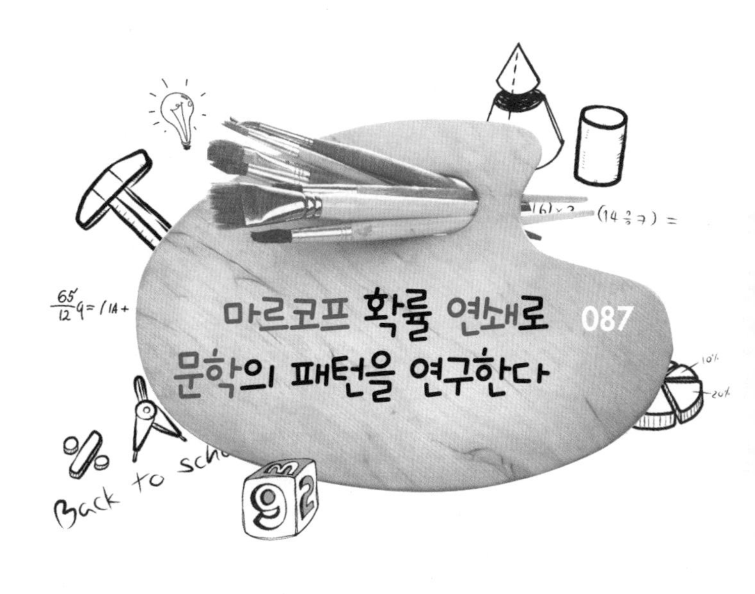

확률 공부는 주사위를 던지는 것 같은 단순한 상황에서 시작한다. 이 경우 주사위가 제대로 만들어졌다면 각 숫자가 나올 가능성이 $\frac{1}{6}$ 확률로 같다. 주사위를 던지는 것은 독립 사건이므로 한 번 더 던졌을 때 두 번 다 6이 나올 확률은 각각의 확률의 곱, 즉 $\frac{1}{6}\times\frac{1}{6}=\frac{1}{36}$이다. 하지만 우리가 경험하는 연속적인 사건이 모두 독립적인 건 아니다. 오늘 대기 온도는 보통 어제 온도와 관련이 있고, 특정한 주식의 오늘 주가는 과거의 주가와 연결되어 있다. 그럼에도 이런 연결에는 확률적인 요소가 있다. 날씨를 단지 세 가지 상태, 즉 덥다(H), 중간(M), 춥다(C)로 단순화해 보자. 이틀 연속 온도는 아홉 가지 가능한 상태, 즉 HH, HM, HC, MH, MM, MC, CH, CM, CC 가운데 하나다. 각 쌍의 확률은 과거 증거를 바탕으로 주어질 수 있는데, 예를 들어 HH, 즉 어제도 덥고 오늘도 더운 확률은 0.6이라는 식이다. 이렇게 아홉 가지 확률로 이뤄진 3×3 행렬 Q를 만들 수 있다.

HH	HM	HC
MH	MM	MC
CH	CM	CC

아홉 가지 온도 전이에 대해 숫자를 부여했다면, 이틀 뒤의 날씨가 더울 확률은 오늘이 더우냐 추우냐에 따라 행렬 Q에 Q를 곱해 얻은 행렬의 곱 Q^2을 구하면 알 수 있다. 오늘의 날씨를 바탕으로 3일 뒤의 온도 확률을 예측하려면 Q를 한 번 더 곱해 Q^3을 얻기만 하면 된다. 행렬 Q를 여러 차례 곱할수록 초기 상태의 기억이 점차 상실되면서 전이 확률이 일정한 상태로 안정화되고 행렬의 각 행의 값이 동일해진다.

동전이나 주사위를 던지는 연속적인 독립 사건에 대한 전통적인 18세기 확률 이론을 확장해 훨씬 더 흥미로운 상황인 '의존 사건의 확률 이론'은 1906년에서 1913년 사이 러시아 상트페테르부르크의 수학자 안드레이 마르코프Andrei Markov가 만들었다. 오늘날 연결된 임의 사건의 연쇄에 대한 그의 기본 이론은 과학의 중심 도구이고 구글 같은 검색 엔진에서 핵심 역할을 한다. 웹사이트 주소 수십 억 개가 상태 행렬이고 그 사이의 링크가 전이이다. 마르코프의 확률 연쇄는 검색하는 독자가 특정 페이지에 도달하는 확률과 시간이 얼마나 걸리는지를 결정할 때 도움을 준다.

의존 사건 연쇄의 확률에 대한 일반 이론을 만든 뒤 마르코프는 상상력을 동원해 이를 문학에 적용했다. 그는 작가가 습관적으로 사용하는 글자 순서의 통계적 특징으로 그 작가의 스타일을 규정할 수 있는지 알아봤다. 오늘날 이런 방법은 새로 발견된 원고가 셰익스피어 같은 유명 작가의 진작인지 위작인지 가리는 데 쓰이고 있다. 아무튼 마르코프의 새로운 수학 방법을 적용한다는 아이디어를 처음 실행해본 사람 역시 마르코프다.

마르코프는 푸시킨의 운문 소설 『예브게니 오네긴*Eugene Onegin*』의 1장 전부와 2장 일부를 이루는 글자 2만 개(물론 러시아어)를 갖고 특징적인 운율 패턴을 조사했다. 앞에서 온도를 단지 세 가지 상태로 단순화한 것처럼, 마르코프는 푸시킨의 글에서 모든 구두점과 띄어쓰기를 무시하고 모음(V)이냐 자음(C)이냐에 따라서만 연속된 글자 사이의 관계를 조사했다. 그는 손수 힘들여 작업을 했고(당시는 컴퓨터가 없었다), 모음이 8,638개, 자음이 11,362개로 집계됐다. 다음으로 마르코프는 연속된 글자 사이의 전이에 관심을 둬 인접한 자음과 모음의 패턴, 즉 VV, VC, CV, CC의 빈도를 조사했다. 그 결과 VV가 1,104회, VC와 CV가 각각 7,534회, CC가 3,827회 나타났다. 이들 숫자는 흥미로운데, 만일 자음과 모음이 그 개수의 비율에 따라 임의로 나타난다면 VV가 3,731회, VC와 CV가 각각 4,907회, CC가 6,454회 나타나야 하기 때문이다. 푸시킨이 임의로 글자를 가져다 쓴 건 아니므로 놀랄 일은 아니다. VV나 CC의 확률은 VC와 꽤 다르고 이 사실은 언어를 글로 쓰기 전에 먼저 말로 했다는 사실, 즉 명확한 발성을 위해서는 모음과 자음이 인접해야 함을 반영한다. 아무튼 마르코프는 푸시킨의 글에서 임의적이지 않은 정도를 정량화해 모음과 자음의 사용 패턴을 다른 작가들과 비교할 수 있었다. 만일 푸시킨의 글이 임의적이라면 어떤 글자가 모음일 확률은 8,638/20,000=0.43이고 자음일 확률은 11,362/20,000=0.57이다. 임의적으로 배열했을 때 연속하는 두 글자가 모음(VV)일 확률은 0.43×0.43=0.185이므로 19,999개의 글자 쌍 가운데 VV는 19,999×0.185=3,731쌍이다(소수점 아래 둘째 자리로 반올림한 0.43이 아니라 $(8,638/20,000)^2$× 19,999로 계산한 값이다). 푸시킨의 글에서는 단지 1,104쌍뿐이다. 자음 쌍(CC)일 확률은 0.57×0.57=0.325다. 모음 하나와 자음 하나로 이뤄진 쌍인 CV 또는 VC일 확률은 2(0.43×0.57)=0.490이다.

나중에 마르코프는 다른 작품에 대해서도 같은 식으로 분석했다. 불행히도 그의 연구는 언어의 통계에 대한 관심이 생겨나던 1950년대 중반이 되어서야 제대로 평가됐지만, 그의 혁신적인 논문은 2006년에야 영어로 번역됐다(브라이언 헤이즈Brian Hayes는 예브게니 오네긴의 영어판을 분석한 결과를 격월간 과학지 〈American Scientist〉에 실었다(2013년 3/4월호, 92쪽). 이에 따르면 러시아어와 영어 사이에는 자음과 모음의 비율이 다소 다르다. 저자는 영어판을 분석한 데이터를 썼지만 한글판에서는 예브게니 오네긴 원서(러시아어)를 분석한 마르코프의 데이터를 썼다). 독자들도 어떤 작품에 대해 그의 방법을 직접 써 볼 수 있을 것이다. 물론 자음과 모음 패턴 말고도 문장이나 단어의 길이 측정 같은 다른 많은 지표를 선택할 수도 있다. 그리고 컴퓨터 덕분에 복잡한 지표도 쉽게 평가할 수 있다.

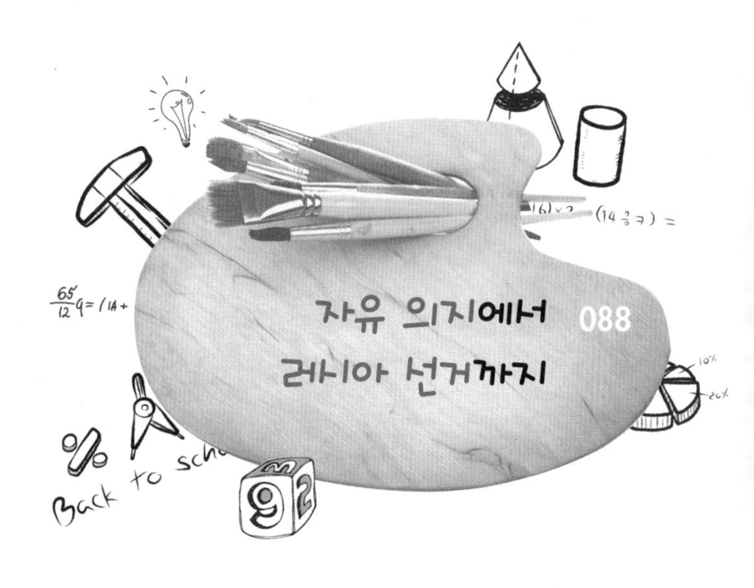

앞서 우리는 수학 통계가 사회 개혁에 부정적인 영향을 미친다고 생각한 찰스 디킨스가 이에 반대하는 선전전에 참여했다는 사실을 언급했다. 20세기 첫 10년 동안 러시아에서도 통계학과 인문학 사이에 비슷한 충돌이 일어났다. 러시아정교와 밀접하게 연결돼 있는 몇몇 러시아 수학자들은 통계학이 자유 의지의 존재를 입증하는 데 쓰일 수 있음을 보이고자 했다. 이런 운동의 지도자는 모스크바 주립 대학교의 수학과 교수인 파벨 네크라소프Pavel Nekrasov로, 당시 이 대학은 러시아정교의 보루였다. 원래 네크라소프는 사제 교육을 받았지만 수학으로 방향을 바꿔 중요한 발견들을 하게 된다.

네크라소프는 자신이 자유 의지와 결정론에 대한 해묵은 논쟁에 중요한 기여를 할 수 있다고 믿었다. 그는 자유인의 행동을 이전에 행해진 것에서 결정되지 않는 통계적으로 독립적인 사건으로 특성화했다.

수학자들은 이미 중심 극한 정리Central Limit theorem, 즉 소위 '큰 수의 법칙'을 증명했는데, 통계적으로 독립적인 사건 다수가 더해진다면 다른 가능한 결과가 나올 빈도의 패턴이 정규 분포 또는 가우스 분포로 알려진 특정한 종 모양의 곡선이 된다는 것이다. 사건의 횟수가 커질수록 이 곡선 유형에 점점 더 가깝게 수렴한다. 네크라소프는 사회과학자들이 큰 수의 법칙을 따르는 인간의 행동과 범죄, 기대 수명, 질병을 지배하는 모든 종류의 통계를 발견했다고 주장했다. 따라서 그는 이런 일들이 아주 많은, 통계적으로 독립적인 행동의 합으로부터 일어난다고 결론지었다. 즉 이런 일들은 자유롭게 선택된 독립 행위이고 따라서 사람들은 자유 의지를 갖고 있음을 뜻한다.

안드레이 마르코프는 네크라소프의 주장에 화를 내며 네크라소프가 수학을 오용해 논란을 일으킨다고 주장했다. 우린 앞 장에서 마르코프가 의존적인 확률의 시계열의 수학을 발명했다는 내용을 다뤘다. 상트페테르부르크에 살며 괴팍하기로 유명한 마르코프는 모스크바 학계를 싫어했던 것 같다. 즉 교회와 군주제를 옹호하는 학풍과 특히 네크라소프를 싫어했다. 마르코프는 자유 의지의 '증명'에 대응해 임의 과정의 연쇄 연구를 가져와 비록 통계적 독립성이 큰 수의 법칙으로 이어지더라도 네크라소프의 결론은 진실이 아님을 보였다. 만일 어떤 계가 한정된 숫자의 상태 가운데 하나에 있고, 그 다음 상태는 현재 상태에만 의존하고 다음 시간 단계가 일정하게 남아 있다면, 상태는 시간이 증가함에 따라 큰 수의 법칙이 예측하는 정해진 분포를 향해 더욱더 가까이 진화할 것이다(이런 경우를 '에르고드 정리ergodic theorem'라고 부른다. 결과를 내려면 언제라도 한정된 확률의 집합만을 갖고 있어야 한다. 다음 시간 단계에 도달하는 상태는 현재 상태에만 의존하고(그 이전의 역사가 아니라) 어떤 단계에서 일어날 수 있는 각 변화의 가능성은 고정된 전이 확률의 집합에 의해 규정된다. 시간이 충분히 주어진다면 허락된 어떤 두 상태 사이라도 건너뛸 수 있다. 그리고 계는 시간에 따른 주기적인 순환을 갖고 있지 않다. 만일 이런 조건들이 유지된다면, 어떤 마르코프 과정도 출발 상태나 그 전개 과정에서 시간 변화의 패턴에 관계없이 고유한 통계적 평형으로 수렴한다).

마르코프는 네크라소프의 대단한 주장에 동의하지 않았는데, 이를 위해 새로운 수학을 개발해야만 했다. 그는 확률 이론에서 전수되는 지혜의 일부인 독립성과 큰 수의 법칙 사이의 관계에 대한 당시 추론만 사용했을 뿐이다. 연결된 확률의 연쇄를 처음 연구한 마르코프는 네크라소프의 연역이 틀리다는 걸 보이는 데 필요한 반증의 예를 내놓을 수 있었다. 사회과학자들이 발견한, 사회적 행동이 평형 분포를 따른다는 사실이 평형 분포가 통계적으로 독립적인 사건으로부터 나옴을 의미하지는 않고, 따라서 평형 분포는 자유 의지에 대해 할 말이 없다는 것이다.

놀랍게도, 같은 유형의 논란이 2011년 12월 러시아의 하원격인 두마 의원 선거 직후 다시 등장했다. 즉 선거에 부정이 있었다는 주장이 널리 퍼졌는데, 다른 선거구 사이의 투표 분포(다른 정당에 투표하는 퍼센티지)가 큰 수의 법칙을 따르지 않았기 때문이다. 거리에 걸려 있는 현수막에는 '우리는 정규 분포를 지지한다'와 '푸틴은 가우스에 동의하지 않는다' 같은 글귀(러시아어로)가 찍혀 있었다. 하지만 사람들은 그들의 친구와 이웃, 가족과 독립적으로 투표하는 것이 아니고 따라서 큰 수의 법칙은 선거구들에 걸친 투표 패턴에 적용되지 않는다. 대신 우리는 마르코프와 같은 상황, 즉 각 개인의 투표가 다른 사람들의 투표에 영향을 받는 상황에 놓여 있다. 다른 선거구 사이의 투표 분포를 보면 항의 포스터에서 부정이라고 주장한 평평한 패턴임을 쉽게 알 수 있다. 모든 사람들이 동전을 던져 투표를 하지 않는 이상 결과 분포가 큰 숫자에 대한 가우스의 법칙을 따르지는 않을 것이다. 하지만 투표 패턴이 마르코프의 그림과 맞아떨어진다는 이유만으로 조작되지 않았음을 의미하지는 않고, 따라서 결과에 대한 논란은 체계적인 불규칙성이 다른 좀 더 복잡한 통계적 탐색에 기반해 만들어졌다는 주장과 함께 한동안 계속됐다.

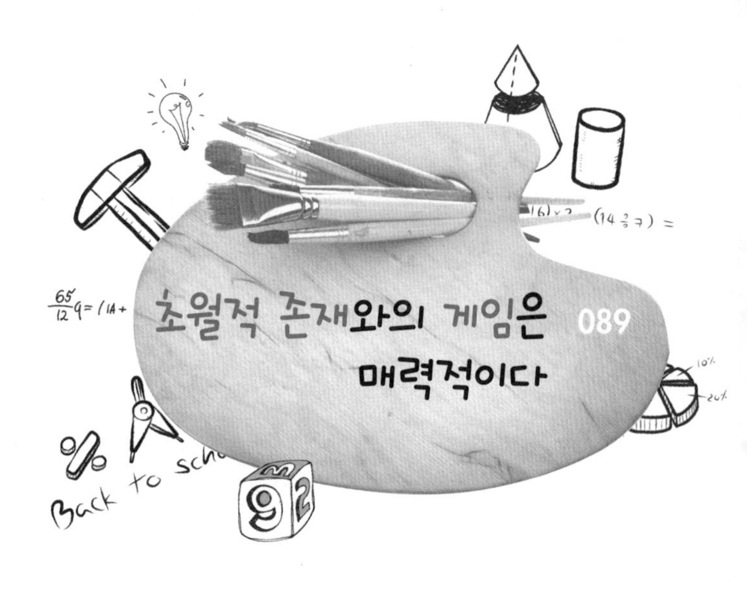

089 초월적 존재와의 게임은 매력적이다

수학에서 가장 매력적인 것 가운데 하나는 수학이 아니라고 생각되는 분야에 적용될 때이다. 수학을 창조적으로 적용하는 수학자 가운데 내가 좋아하는 사람이 뉴욕 대학교의 스티븐 브람스Steven Brams다. 그의 관심 가운데 하나는 게임의 수학 이론을 정치와 철학, 역사, 문학, 신학의 문제에 적용하는 것이다. 다음은 신이 존재하느냐의 여부에 대한 철학적 신학 문제의 한 예다.

브람스는 이에 대해 인간(human being: H)과 신(또는 초월적 존재Supreme Being: SB)이 선택할 다른 전략들을 생각했다. 유대교와 기독교 전통의 핵심에서 몇 가지에 기초해 브람스는 아주 간단한 드러냄 '게임'을 만들었는데, 여기에는 H와 SB 둘 다 취할 수 있는 두 가지 가능한 전략이 있다. H는 SB의 존재를 믿을 수 있거나 SB의 존재를 믿지 않을 수 있다. SB는 자신을 드러내거나 드러내지 않을 수 있다.

H의 경우, 주목표는 구할 수 있는 증거로, 믿음 또는 불신을 입증하는 것이다. 그 다음 목표는 SB 존재를 믿는 것에 대한 선호도다. 하지만 SB의 경우 주목표는 H가 자신의 존재를 믿게 만드는 것이고, 그 다음 목표는 자신을 드러내지 않는 것이다.

이제 드러냄 게임에서 두 '참가자'에 대한 네 가지 가능한 조합을 볼 수 있다. 각 참가자의 결과 점수는 1(최악의 결과)에서 4(최선의 결과)까지 매겨진다. 아래 표는 가능한 조합을 보여주는데, 네 가지 가능한 결과 각각이 (A, B) 쌍으로 표기된다. 첫 번째 자리 (A)에는 이 전략에서 SB의 순위를 넣고 두 번째 자리 (B)에는 인간의 점수를 넣는다.

이제 이 드러냄 게임에서 인간과 초월적 존재가 채택할 수 있는 최적의 전략이 있는지 묻는다. 만일 둘 가운데 하나가 최적 전략에서 벗어난다면 이것은 답이 아니다. H가 SB의 존재를 믿을 때 SB는 자신의 존재를 드러내지 않는 것이 낫고(첫 번째 자리에서 4>3) H가 SB를 믿지 않을 때도 마찬가지다(2>1이므로). 즉 SB는 자신의 존재를 드러내지 않을 것이다.

	H는 SB의 존재를 믿는다	H는 SB의 존재를 믿지 않는다
SB가 존재를 드러냄	(3,4) H의 믿음이 증거로 확인됨	(1,1) H는 증거가 있음에도 믿지 않는다.
SB가 존재를 드러내지 않음	(4,2) H는 증거가 없음에도 믿는다.	(2,3) H의 불신은 증거 부족으로 정당화됨

하지만 H 역시 결과표로부터 이 사실을 알 수 있고 이에 따라 SB를 믿는 것(그에게는 2점)과 믿지 않는 것(그에게는 3점) 사이에서 고르게 된다. 따라서 이 점수 체계대로라면 H는 좀 더 점수를 받을 수 있는 SB의 존재를 믿지 않는 쪽(3)으로 가야 한다. 따라서 각 참가자가 상대의 선호도를 안다면 둘 모두를 위한 최선의 전략은 SB가 자신을 드러내지 않는 것이고 인간은 신의 존재를 믿지 않는 것이다. 하지만 유신론자에게 이 결론은 문제가 많아 보이는데, 역설이 존재하기 때문이다. 즉 두 참가자 모두 결과가 SB가 자신을 드러내고 H의 믿음이 확증되는 경우인 (3,4)보다 못하다. 불행히도 SB는 자신을 드러내지 않는데, 그가 존재하지 않거나 비밀스러운 쪽을 선택했기 때문이다. 이 사실이 H가 마주한 주된 어려움으로, 게임 이론은 SB의 드러내지 않기 전략의 이유를 설명할 수 없기 때문이다.

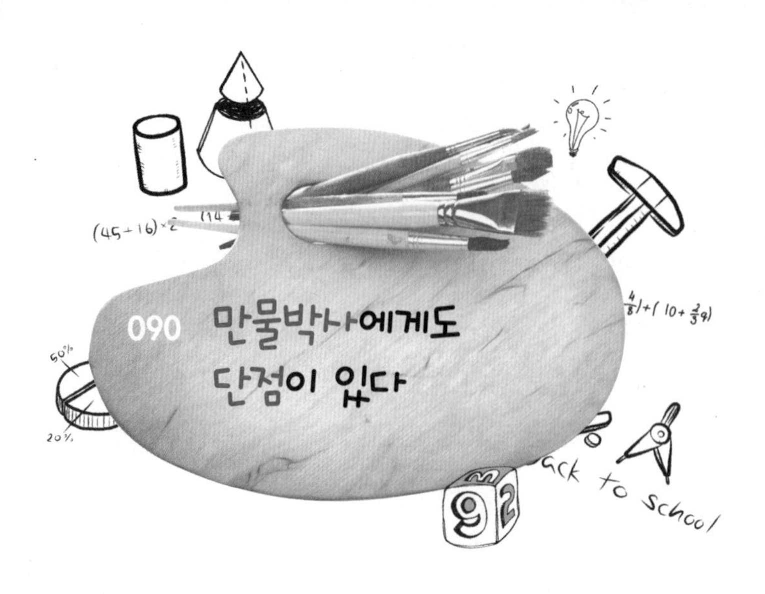

090 만물박사에게도 단점이 있다

모든 걸 다 안다는 박식함은 가끔 머리가 아플 때도 있지만 유용한 속성으로 들린다. 하지만 놀랍게도 박식할 때 정말로 골치 아픈 상황이 있고, 따라서 차라리 박식하지 않는 게 나을 때도 있다. 간단한 예로 두 사람이 '치킨' 게임을 하는 상황이 있다. 이 게임에서 패자는 먼저 눈을 깜빡이는, 즉 물러서는 사람이다. 만일 둘 다 물러서지 않으면 파국으로 이어진다. 두 핵보유국 사이의 충돌이 한 예다. 또 다른 예는 두 운전자가 최고 속도로 서로를 향해 차를 몰고 질주하는 경우로 충돌을 피하려면 핸들을 꺾어야 한다. 패배자는 물론 먼저 발을 뺀 쪽이다.

치킨 게임은 예상치 못한 특성이 있다. 박식함이 독이 되는 것이다. 만일 당신의 박식함을 상대가 알고 있다면 당신은 늘 패배할 것이다.

만일 상대가 박식해 미래에 당신이 어떻게 할지 늘 알고 있음을 당신이 알고 있다면, 이는 당신이 다가오는 충돌을 결코 회피해서는 안 된다는 의미다. 당신의 박식한 상대는 당신의 이 전략을 알아차릴 것이고, 파국을 피하기 위해 발을 뺄 수밖에 없을 것이다. 만일 상대가 박식하지 않다면 당신이 위기를 느껴 꽁무니를 빼기를 기대할 것이다.

박식함은 비밀리에 지니고 있을 때 힘을 발휘한다. 그렇지 않으면 지식이 있다는 것이 오히려 나쁜 상황이라는 말을 들을 수 있고 너무 많이 아는 건 훨씬 더 나쁘다는 소리를 듣는다.

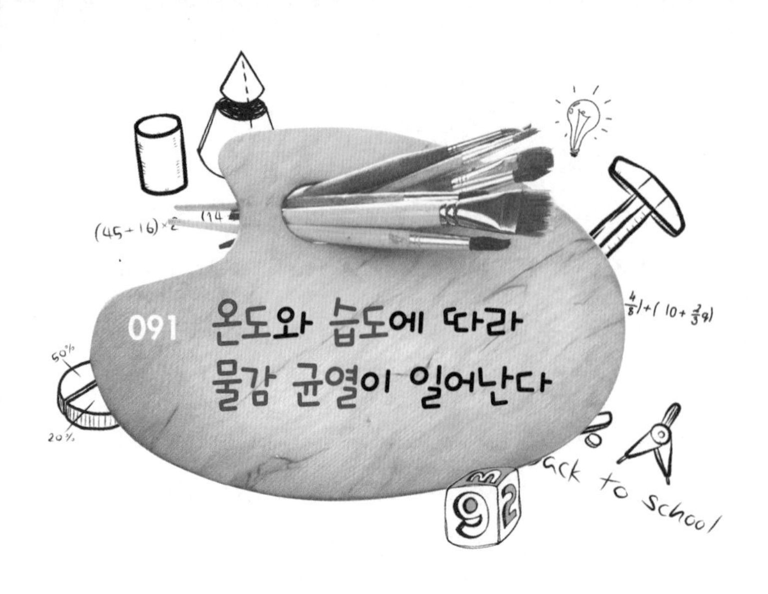

091 온도와 습도에 따라 물감 균열이 일어난다

잔금은 미세한 균열로 오래된 유화의 표면에서 볼 수 있는데, 오랜 시간 온도와 습도의 변화에 대한 안료와 접착제, 캔버스의 반응 때문에 생긴다. 그런데 이런 반응들이 다 제각각이라는 게 문제를 복잡하게 만든다. 때로 십자형 패턴이 그림에 두드러진 고풍스러운 특성을 부여하기도 하는데, 그 효과가 규칙적이고 적당한 경우다. 또 위작과 구분하는 특징이 될 수도 있는데, 옛날 그림의 잔금을 그럴듯하게 만들기가 굉장히 어렵기 때문이다.

캔버스를 팽팽하게 당겨 나무틀에 고정한 뒤에는 팽팽했던 것이 느슨해지면서 당기는 힘이 처음엔 급격히 줄어들고 그 뒤로는 서서히 줄어 처음 약 400N/m에서 세 달 뒤에는 절반인 200N/m가 된다. 이런 느손함이 일어나지 않는다면 유화는 살아남을 수 없다. 물감 표면에 가해진 변형력이 너무 크기 때문이다. 만일 캔버스가 너무 늘어져도 물감이 표면에 붙어 있지 않고 떨어져 나갈 것이다. 유화 물감에 힘이 가해져 변형이 생기면 힘의 방향으로 늘어난다. 그리고 물감은 결국 금이 간다. 이런 일은 캔버스가 건조해져 줄어들었을 때나 온도가 올라가거나 습도가 떨어져 물감이 말라 버렸을 때 일어날 수 있다. 이런 이유로 화랑이나 레오나르도의 〈최후의 만찬〉 같은 위대한 작품이 그려져 있는 밀라노 산타마리아델레그라치에 성당의 내벽 같은 곳에서는 방문객 수를 통제하기도 한다. 방문객은 열과 습도를 의미한다. 방문객이 떠난 뒤 열기가 사라지면 물감이 수축될 것이다. 물감이 오래될수록 유연성이 떨어지기 때문에 이런 스트레스에 취약하다. 섭씨 10도와 20도 사이의 온도 변화가 습도 15%에서 55% 사이의 습도 변화보다 영향이 더 큰 것 같다. 우리가 흔히 듣는 습도를 조절하는 것이 가장 중요하다는 관점에 맞서는 결과다. 캔버스만 놓고 시험을 해보면 온도와 습도의 상대적인 중요성이 뒤바뀐다. 유화 물감 표면에 균열이 일어날 때는 그 패턴에 간단한 논리가 있다(http://www.conservationphysics.org/strstr/stress4.php).

다음 페이지의 그림은 온도가 섭씨 20도 정도로 떨어질 때 작품이 겪게 되는 운명을 보여준다. 오른쪽 끝은 위와 아래가 수직 테두리를 따라 고정된 틀에 잡혀 있어 온도가 떨어져 물감 층이 수축되는 경향이 억제돼 있다. 가는 실선 격자 선은 물감의 원래 위치를 보여준다. 각 정사각형은 일정한 비율로 수축되려고 하지만 틀에 고정된 가장자리에서는 그럴 수 없다. 그 결과 모서리의 정사각형은 뒤틀리는데 그림에서 점선으로 나타냈다. 예를 들어 정사각형 1(그리고 그에 상응하는 아래 구석 정사

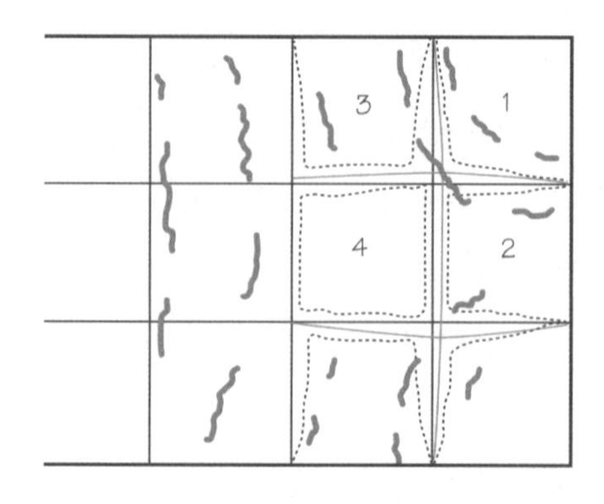

각형)은 두 테두리의 틀에 고정돼 있어서 뒤틀림이 가장 심하다. 정사각형 2와 3은 한 테두리에만 고정돼 있어서 그보다는 덜하다. 정사각형 4는 모든 방향으로 움직일 수 있고 따라서 가장 스트레스를 많이 받는 두 모퉁이 쪽으로 당겨진다. 그림 중앙으로 갈수록 스트레스와 균열은 점점 덜할 것이다. 불안정한 물감은 변형을 이완하는 방향으로 먼저 균열이 일어날 것이다. 이런 변형은 부여되는 스트레스와 수직 방향으로 나타나고 그림에 꾸불꾸불한 짧은 실선으로 나타냈다. 그림 중간을 보면 수직 테두리에 평행하게 균열이 나 있음을 알 수 있다. 수직 테두리에 점차 가까워질수록 균열이 돌아가면서 수평 방향으로 바뀐다. 역으로 수직 테두리의 중간에서 시작된 균열은 틀에서 가장 가까이 있는 위나 아래 수평 모퉁이를 향해 휘어진다. 그 중간에서는 수평 방향이다. 이 과정을 시뮬레이션해 보면 냉각 스트레스가 그림 전반에 균열을 일으키고 모퉁이의 스트레스가 중앙의 스트레스보다 불과 5% 정도 더 큰 것으로 나온다. 반대로 물감 층의 스트레스가 물감이 건조해져 생기는 것이라면 모퉁이와 가운데 사이의 변이는 훨씬 더 클 것이고(두 배 정도) 그 결과 모퉁이 네 곳에서 균열이 더 두드러지게 일어날 것이다.

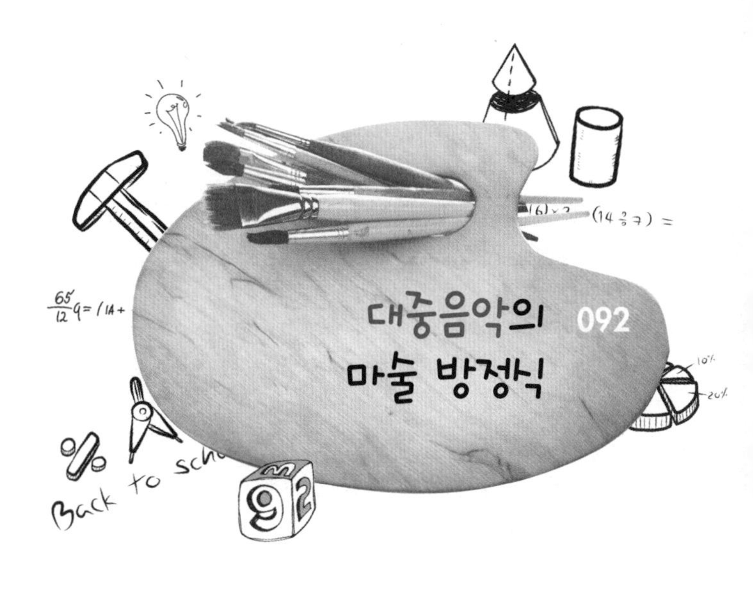

092 대중음악의 마술 방정식

가장 맛있는 초콜릿 케이크를 굽는 방법이나 최고의 결혼 상대자를 만나는 방법, 가장 멋진 예술 작품을 창조하는 방법을 예측하는 방정식에 대한 뉴스가 종종 나온다. 이런 이야기들은 역사가 오래됐다.

이 장르에서 좀 더 복잡한 예로는 가요 음반이 '히트' 할 수 있는 필수 요소를 포착하는 방정식을 만들려는 시도다. 사실 이런 작업을 확실히 하려면 실패한 음반과 판매가 어중간한 많은 음반들의 특징들 역시 예측할 수 있어야만 한다.

2012년 브리스톨 대학교 공학과 티즐 드 비Tijl de Bie 교수가 이끄는 지능시스템 그룹은 대중음악의 고유한 특성들을 알아내 각각의 비중에 맞게 합쳐 이런 예측을 해보려고 시도했다(http://scoreahit.com/science). 이렇게 해서 대중가요의 '점수score' S를 나타내는 방정식이 나왔는데, 스물세 가지 고유한 특성 Q_1에서 Q_{23} 각각에 가중치 w_1에서 w_{23}을 반영했다(수학자들은 이를 벡터 w와 Q의 스칼라곱 w · Q로 해석한다).

$$S=w_1Q_1+w_2Q_2+w_3Q_3+w_4Q_4+\cdots+w_{23}Q_{23}.$$

스물세 가지 Q를 만들기 위해 고른 특성은 다들 정량화하고 특성화하기에 간명하다. 우리가 뭘 좋아할지 결정할 때 분명히 뇌 구조가 중요한 역할을 하지만, 이 복잡한 신경 및 심리적 요인은 쉽게 발견할 수도 없고 측정할 수도 없다. 연구자들은 녹음에 얼마나 많은 돈이 들어갔는지, 가수가 일탈 행위로 체포된 적이 있는지, 유명한 축구선수와 결혼을 했는지 같은 외부 영향도 배제했다. 대신 연구자들이 고른 스물세 가지 특성에는 지속성, 소리 크기, 빠르기, 박자의 복잡성, 비트의 변화, 화음의 단순성 정도, 에너지, 불협화음의 정도 등이 있다. 이런 것이 Q의 목록이다. 그렇다면 w는 뭘가? 어떤 컴퓨터가 과거와 현재 성공한 곡들의 Q 데이터를 확보했다고 하자. 연구자들은 곡들의 히트 정도와 특성들을 연관시켜 어떤 특성이 곡의 성공에 더 기여했는지 어떤 특성은 덜 기여했는지 알아냈다.

물론 음악에 대한 취향은 시간에 따라 지속적으로 바뀌기 때문에 이런 분석에는 미묘한 점이 있다. 이 연구에서 가장 흥미로운 부산물 가운데 하나는 다른 시대에 어떤 특성이 더 부각되는가 하는 점이다. 이런 시대에 따른 대중가요 취향의 흐름이 S의 방정식에 반영된다. 변화하는 취향은 가중치가 시대에 따라 천천히 바뀔 필요가 있음을 의미하고 트렌드와 취향이 바뀜에 따라 예전에 높이 평가한 특성이 기억에서 잊혀진다. 점차적으로 방정식은 과거 경향을 지우고 새 경향을 받아들인다. 이 작업은 각각의 Q_j를 $Q_j \times m^{t-j}$로 바꿔치기함으로써 이뤄진다. 여기서 m은 기억 인자memory factor로, 사람들이 시간이 지남에 따라 어떤 특성을 얼마나 좋아하는가를 평가한다. 사람들은 한때 아주 시끄러운 음악을 좋아했지만 지금은 그렇지 않다. j가 1에서 23까지 커지면서 합 S가 되는데, m에 대한 $t-j$승은 j가 커질수록 점점 작아져 j가 가장 큰 값인 $t=j$가 되면 기억의 효과는 사라지고(이를 t의 정의로 생각할 수 있다), 반면 $j=1$일 때 기억 효과가 가장 클 것이다. 이제 새로운 방정식은 최적화돼(전문 용어로 이 방법을 '능형 회귀ridge regression'라고 부르는데, 티호노프 정규화Tikhonov regularisation라고도 알려져 있다) 특성들에 대해 가장 높은 점수를 주는 가중치의 집합을 찾을 수 있다. 가수 지망생의 데모 CD를 받으면 기획사는 마술 방정식을 적용해 히트할 잠재성을 평가할 수 있다.

브리스톨 연구팀은 이러한 방정식을 예전에 영국에서 크게 히트한 몇몇 곡들에 적용해 제대로 작동함을 보여주었다. 즉 1960년대 후반 엘비스 프레슬리의 〈서스피셔스 마인즈Suspicious Minds〉, 1970년대 티 렉스의 〈겟 잇 온Get It On〉, 1980년대 후반 심플리 레드의 〈If You Don't Know Me By Now〉다. 하지만 몇몇 히트곡에서는 방정식의 점수가 낮았다. 즉 1990년 월드컵 경기장의 많은 관중들 앞에서 파바로티가 부른 〈공주는 잠 못 이루고(Nessun Dorma: 푸치니의 오페라 '투란도트'에 나오는 테너 아리아)〉와 1968년 플리트우드 맥의 〈알바트로스Albatross〉가 그런 곡들로, 둘 다 동시대 로큰롤 경쟁자들의 비전형적인 뭔가를 지니고 있지만 다른 요소 때문에 히트한 것 같다.

말할 필요도 없지만, 대학의 연구자들이 이런 컴퓨터 인공지능을 개발한 이유는 대중음악의 구조를 연구하는 데 경력을 걸기 위함이 아니다. 가장 성공적인 가요를 이해하기 위해 쓰인 컴퓨터 분석과 요소 분석 유형은 음악에만 한정된 것이 아니다. 즉 사람들이 그저 직관적으로 판단을 내리는 것처럼 보이는 많은 복잡한 문제들을 바라볼 수 있는 중요한 방식으로, 문제를 제대로 평가할 경우 간명한 최적의 선택인 것으로 보인다.

무작위 미술 작품은 여러 동기로 만들어진다. 고전 미술 스타일에 대한 반응일 수도 있고, 순수한 색채를 탐색하려는 욕구일 수도 있고, 관람자의 마음에서 일어나는 구성을 보려는 시도일 수도 있고 아니면 단순히 새로운 미술 표현 형태 실험일 수도 있다. 캔버스에 무엇을 채워야 하느냐에 대한 규칙과 제한이 없다는 매력에도 불구하고, 이 미술 형태는 놀랍도록 잘 정의된 여러 장르를 만들어냈다. 그 가운데 잭슨 폴락과 피에트 몬드리안의 장르가 가장 유명하다. 두 장르는 모두 독특한 수학적 특성이 있는데, 폴락은 규모 불변성인 프랙털 패턴을 분명히 썼고(다음 장에서 살펴보겠지만 이 부분이 점점 논란이 되고는 있다) 몬드리안의 원색 직사각형은 앞의 36장에서 언급했다.

세 번째 예는 폴락의 추상 표현주의도 아니고 몬드리안의 큐비즘 미니멀리즘도 아닌 형식적 구성주의로 엘스워스 켈리Ellsworth Kelly나 게르하르트 리히터Gerhard Richter가 주도했다. 두 사람 다 이목을 끌기 위해 임의의 색을 골라 썼다. 색들은 서로 명확히 구분되게 규칙적으로 배열됐는데, 색칠한 정사각형 격자에서 가장 두드러진다(2009년 발매된 펫샵 보이스의 음반 '예스Yes'의 커버에 비슷한 구성이 쓰였다). 리히터는 서로 다른 10×10(또는 5×5) 패널 196개를 붙이기도 했는데, 각 격자 정사각형에는 25가지 색 가운데 하나를 썼다. 리히터는 이를 갖고 하나의 거대한 1,960×1,960(또는 980×980) 정사각형을 만들거나 전시 공간에 맞춰 별도의 패널로 구성했다. 각 정사각형의 색상은 임의로 골랐고(어떤 색상이든 25분의 1의 가능성) 흥미로운 심리적 효과를 보였다. 사람들 대다수는 임의의 패턴이 어떻게 보이는가에 대해 잘못된 관점을 지니고 있다. 즉 직관적으로 같은 것이 연속해서 나오지 말아야 한다고 생각한다. 진짜 임의의 순서라면 극단적인 경우가 거의 없이 질서 있는 것과는 거리가 멀어야 한다는 말이다. 다음은 동전을 서른두 번 던졌을 때 앞면(H)과 뒷면(T)이 나오는 순서대로 적은 것이다. 하나는 동전을 던진 결과 임의로 생성된 것이고 다른 하나는 가짜다. 어느 것이 진짜일까?

THHTHTHTHTHTHTHTHTTTHTHTHTHTHTHH

THHHHTTTTHTTHHHHTTHTHHTTHTTHTHHH

대다수 사람들은 위쪽의 순서가 임의의 결과라고 생각한다. H와 T가 교대로 나오는 경우가 많고 H나 T가 연속해서 길게 나오는 경우가 없기 때문이다. 아래쪽 순서는 직관적으로 임의로 나온 것이 아닌 것처럼 보이는데, H와 T가 연속해 나오는 경우가 몇 곳 있기 때문이다. 그런데 진실은 아래쪽이 정상적인 동전을 던져 임의로 생성한 것이고, 위쪽은 내가 '임의로 나온 것처럼' 보이게 하기 위해 H나 T가 연속해서 나오지 않게 순서를 만든 것이다.

동전 던지기가 독립적이라면 이전 결과가 영향을 주지 않는다. 공정하게 던진다면 앞면이나 뒷면이 나올 가능성이 직전의 결과와 관계없이 매번 $\frac{1}{2}$이다. 즉 각각이 독립적인 사건이다. 앞면이나 뒷면이 r번 연속해서 나올 가능성은 $\frac{1}{2}\times\frac{1}{2}\times\frac{1}{2}\times\frac{1}{2}\times\frac{1}{2}\times\cdots\times\frac{1}{2}$의 곱을 r번 한 값이다. 즉 $\frac{1}{2^r}$이다. 하지만 동전을 아주 많이 던져 r번 던진 게 N번이 된다면 이런 패턴이 나올 가능성이 $N\times\frac{1}{2^r}$로 늘어난다. 따라서 $N=2^r$일 때 같은 면이 r번 연속해 나올 횟수는 $N\times\frac{1}{2^r}$로부터 대략 1에 해당함을 알 수 있다. 이 의미는 단순하다. 동전을 임의로 N번 던졌을 때 $N=2^r$이라면 한 면이 r번 연속해 나오는 걸 볼 수 있을 것이다. 앞의 예는 $N=32=2^5$이므로 앞면이나 뒷면이 연속해서 다섯 번 나올 가능성이 있고, 따라서 연속해서 네 번 나올 가능성은 거의 확실하다. 예를 들어, 동전을 서른두 번 던질 경우 앞면이나 뒷면이 연속 다섯 번 나올 경우는 스물여덟 가지가 있으므로 앞, 뒷면을 생각하면 평균 두 번 정도 나올 수 있다. 동전을 던지는 횟수가 커질 때 우리는 동전을 던지는 횟수와 한 면이 연속적으로 나오는 시작점의 개수 사이의 차이를 무시할 수 있으므로 $N=2^r$을 좋은 경험 법칙으로 쓸 수 있다. 첫 번째 서열에서는 앞면이나 뒷면의 이런 연속이 없기 때문에 의심이 들고 두 번째 서열이 임의적인 결과라고 확신할 수 있다. 여기서 교훈은 임의성에 대한 우리의 직관이 실제보다 좀 더 균일하게 배열된 상태에 치우쳐 있다는 점이다.

켈리와 리히터 같은 미술가는 순전히 임의의 순서에서 보이는 이런 반직관적인 구조를 이용해 그림을 바라보는 사람들을 사로잡았다. 리히터의 패널에서 구현된 임의성은 각 정사각형에 배당된 색상이 다른 모든 정사각형의 색상들과는 독립적으로 임의로 선택됐다는 뜻이다. 따라서 한 색상이 연속된 경우가 나타난다. 예를 들어 10×10 정사각형 196개로 이뤄진 거대한 격자를 보자. 각 행을 분리해 일렬로 붙이면 1,960×1,960=3,841,600개의 정사각형으로 이뤄진 띠가 된다. 각각은 스물다섯 색에서 고르므로 3,841,600=25^r일 경우 같은 색이 r번 연속해서 한 번쯤 나온다. 25^4=309,625이고 25^5=9.765.625이므로 연속된 네 사각형이 같은 색일 경우를 찾을 가능성이 꽤 높고 가끔은 연속된 다섯 사각형이 같은 색인 경우도 볼 수 있다. 하지만 색의 선이 정사각형 형태로 배열돼 있으므로 우리 눈은 수직이나 대각선으로도 같은 색이 무리지어 있는 걸 볼 수 있다. 다음 그림은 5×5 정사각형으로 각각에 동

전을 던져 나온 임의의 앞면(H)과 뒷면(T)을 왼쪽 위부터 차례대로 표시했다. H 정사각형은 검은색으로 나타냈다.

단지 두 색으로 이뤄진 블록에서 한쪽 색이 좀 더 많아 보인다. 색상이 늘어날수록 패턴이 더욱 다채로워진다. 색 두 가지에서 임의로 넣은 n×n 블록 배열 정사각형에서 수평과 수직으로 한 색상이 연속되는 길이는 log(n)에 비례한다. 대각선도 고려할 경우 이런 확률은 두 배가 된다. 같은 색의 블록이 줄줄이 놓이는 것만 특이한 건 아니다. 같은 색의 블록이 뭉쳐 있을 수도 있다. 순수하게 임의적으로 색이 배열된 정사각형들이 격자를 이룰 경우 같은 색으로 이뤄진 블록 덩어리가 너무 많기 때문에 작가가 개입해 몇 군데 색을 바꿔 전반적인 패턴을 조화롭게 만들기도 한다. 미적으로 끌리는 임의의 미술 작품을 만드는 것이 쉽지 않다는 말이다. 관람객들은 늘 진짜 임의의 패턴을 보면서 그 안에 질서를 너무 많이 담고 있다고 생각하는 경향이 있다.

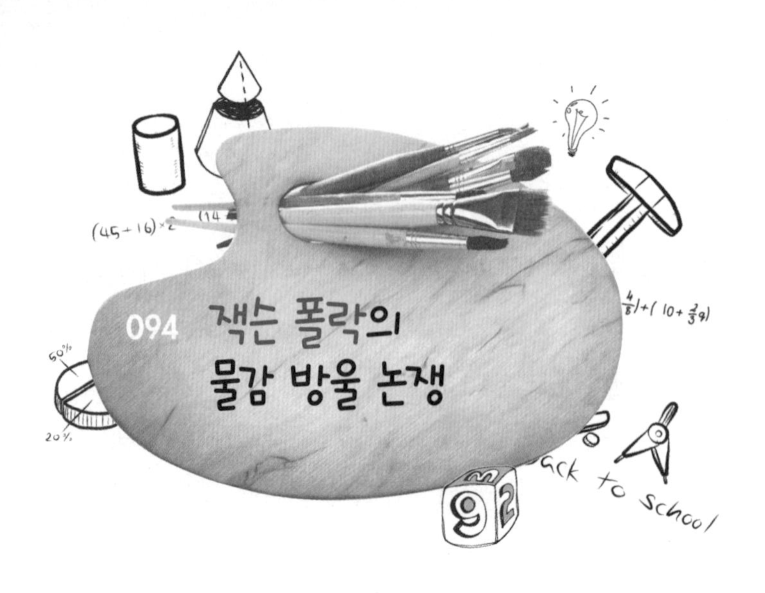

094 잭슨 폴락의 물감 방울 논쟁

수학을 미술에 멋지게 적용하는 하나의 사례를 두고 최근 상당한 논쟁이 벌어졌다. 미술사가와 감정인, 경매 회사는 화가의 작품을 완전히 확신할 수 있는 방법을 찾고자 한다. 2006년 이전엔 적어도 한 유명한 화가에 대해서는 정말 이런 방법을 찾은 것처럼 보였다. 즉 미국 유진에 있는 오리건 대학의 리처드 테일러Richard Taylor와 동료들은 추상 표현주의 화가 잭슨 폴락의 작품에서 물감 층의 복잡성을 수학적으로 분석해 특별한 복잡성 서명을 밝혀낼 수 있음을 보였다. 이 서명은 붓놀림의 '프랙털 차원'이었다. 대충 말해서 붓놀림의 '분주함'을 측정한 것으로, 그림에서 조사한 영역의 크기에 따라 이 성질이 어느 정도 편차가 있다.

작은 정사각형 격자로 나뉜 정사각형 캔버스를 떠올려보자. 캔버스를 가로지르는 직선을 그릴 경우 지나가는 정사각형의 수는 격자 정사각형의 크기에 따라 변할 것이다. 격자가 작을수록 더 많은 정사각형을 지나갈 것이다. 직선의 경우 지나가는 정사각형의 수는 1/L에 비례하는데, 여기서 L은 격자 정사각형의 한 변 길이다.

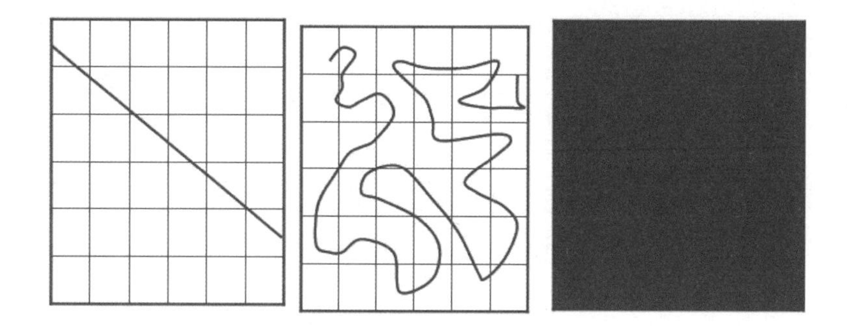

만일 직선이 아니라 캔버스 위에 제멋대로 선을 그릴 경우 직선일 때보다 훨씬 더 많은 격자 정사각형을 지나갈 것이다. 설사 격자가 아주 작더라도 모든 정사각형을 지나갈 만큼 충분히 복잡한 선을 그릴 수 있다. 이 정도로 구불구불한 선의 경우, 기하학적 관점에서 선 자체는 1차원일지라도 공간을 거의 덮기 때문에 2차원 면처럼 작용한다. 이런 경우를 '프랙털'이라고 부르는데, 격자 정사각형 변의 길이 L이 점점 더 작아질수록 선이 지나가는 정사각형의 수는 $1/L^D$에 비례해 늘어난다. 수 D는 프랙털 차원으로 불리는데, 선 패턴의 복잡성을 나타낸다. 그 값은 직선일 경우인 1에서 주어진 면적이 매우 복잡한 선으로 완전히 채워질 경우인 2까지 된다. D가 1과 2 사이일 때 선은 분수 차원을 갖는다.

어떤 패턴이 이 간단한 $1/L^D$ 규칙을 따를 필요는 없다. 모든 패턴이 프랙털 형태인 건 아니다. 프랙털에서 L이 2L로 두 배가 되더라도 선이 지나가는 정사각형의 수는 여전히 $1/L^D$에 비례한다. 이 '자기유사성 self-similarity'은 프랙털의 특성이다. 돋보기로 프랙털을 보더라도 모든 배율에서 통계적으로 동일하게 보일 것이다. 이 자체가 추상 미술 작품의 아주 흥미로운 특성이다. 앞의 50장에서 암시했듯이, 아마도 폴락은 그의 작품에서 이 특성을 직관적으로 감지했을 것이다. 이는 그림을 실물 크기로 보든 책에 실린 축소판을 보든 동일한 인상을 준다는 말이다.

테일러는 이 방법을 잭슨 폴락이 물감을 뿌려 그린 여러 작품의 다른 물감 층에 적용했다. 폴락이 작업 중인 장면을 찍은 동영상을 보면 그의 기법을 어느 정도까지 이해할 수 있다. 폴락은 화실 바닥에 놓인 커다란 캔버스에 그림을 그린다. 최종 작품은 테두리 효과를 최소화하기 위해 중앙을 기준 삼아 적당한 곳에서 자른다. 두 가지 기법을 써서 여러 다른 색을 층층이 입힌다. 가까운 거리에서는 물감을 떨어뜨리고 먼 거리에서는 물감을 되는대로 뿌린다. 테일러는 정사각형 격자 크기를 L=2.08m(전체 캔버스 크기)에서 L=0.8mm(가장 작은 물감 방울 자국 크기)까지 바꿔가며 폴락의 작품 열일곱 점을 분석했다. 테일러는 이들 작품이 이중 프랙털 구조를 지니고 있음을 발견했는데, $D_{\text{뿌림}}$은 1cm〈L〈2.5m 범위에서 2에 가까웠고, $D_{\text{떨어뜨림}}$은 1mm〈L〈5cm 범위에서 1.6−1.7에 가까웠다. 큰 규모의 복잡성이 작은 규모의 복잡성보다 크므로 $D_{\text{떨어뜨림}}$은 늘 $D_{\text{뿌림}}$보다 작은 값이다.

각 색상 층에 대해 이 작업을 할 수 있다. 테일러와 동료들은 그 뒤 다른 미술 작품의 패턴에 대한 연구를 통해 D가 1.8 부근일 때 다른 값보다 미적으로 더 즐거움을 준다고 주장했다. 다른 연구자들은 이 접근법을 좀 더 심도 깊게 연구해 다른 추상 미술 작품에 적용했다. 이 작품들도 비슷한 특성을 지니는 것으로 나타났고 따라서 프랙털 방법을 서로 다른 작가들의 작품을 구별하기 위한 확실한 수단으로 볼 수 없게 됐다. 비록 이런 구분이 '화가' 가운데 한 사람이 미지의 위조범인 경우를 빼면 거의 필요하지 않지만. 테일러와 동료들은 폴락의 작품을 연구한 결과 1940년부터 1952년까지 $D_{\text{떨어뜨림}}$의 값이 1 근처에서 대략 1.7까지 점차적으로 증가했다는 증거가 있다고 주장했다. 따라서 폴락의 작품은 후기로 갈수록 더 복잡하다.

이들 흥미로운 연구로부터 서명이 없는 '폴락의 작품들'(꽤 된다)의 진품 여부를 프랙털 분석으로 규명하는 게 가능하다는 제안이 나왔다. 즉 각 물감 층에 대해 크고 작은 규모에서 프랙털 변이를 규명해 수 센티미터 규모에서 D 값의 특징적인 변화가 존재한다는 것과 $D_{\text{떨어뜨림}} < D_{\text{뿌림}}$이라는 기준을 내놓았다.

테일러는 이 방법을 써서 적어도 하나의 폴락 위작을 밝혀냈고 그 뒤 폴락-크래스너 재단에서 초청을 받아 2005년 알렉스 매터Alex Matter가 그의 작고한 부모들이 갖고 있던 서른두 점의—사인이 없지만 폴락이 그린 것으로 보이는—소품 가운데 여섯 개에 대한 분석을 의뢰받았다. 매터 부부는 폴락의 절친이었고 이 캔버스들은 이들이 죽은 뒤 발견됐는데, 아버지 허버트가 쓴 '폴락(1946~~1949)'의 '실험적인 작품들'이라는 글귀가 있었다. 저명한 폴락 학자인 케이스웨스턴리저브 대학의 엘렌 란다우Ellen Landau는 진품이라고 감정했지만, 테일러가 뉴욕의 폴락-크래스너 재단(리 크래스너Lee Krasnersms는 잭슨 폴락의 아내였다) 의뢰로 그 작품들에 프랙털 방법을 적용하자 모두 가짜로 드러났다. 지금까지 이 작품들 가운데 한 점도 팔리지 않았다. 진품 여부에 대한 의문은 상당히 심각한 문제로 폴락의 작품들이 워낙 비싸기 때문이다. 〈No. 5, 1948〉이라는 작품은 2006년 소더비 경매에서 1억 6,100만 달러(약 1,900억 원)가 넘는 가격에 낙찰됐다. 이런 논란 속에서, 2006년 하버드 대학교 미술관은 몇몇 작품의 물감에 대해 법의학 분석을 실시한 결과 잭슨이 사망한 1956년보다도 한참 뒤인 1971년에야 나온 오렌지색 안료가 들어 있었다고 주장했다. 이는 문제의 작품들이 적어도 폴락 사후에 누군가가 가필했음을 시사한다.

새로운 방법의 개발을 둘러싼 관심을 보고 케이트 존스-스미스Kate Jones-Smith와 하시 매더Harsh Mathur는 케이스웨스턴리저브 대학의 란다우처럼 폴락 작품의 프랙털 서명을 다시 들여다보기로 했다. 이들은 테일러의 주장에 동의할 수 없다고 결론내렸다. 이들은 폴락의 여러 작품들이 프랙털 기준을 충족시키지 못한다는 걸 발견했고 너무 적은 폴락의 작품을 분석해 정량적인 프랙털 시험법을 만든 게 문제라고 생각했다. 게다가 사용된 격자 크기의 범위도 문제였는데 캔버스 크기에서 물감 방울 자국 크기까지 축소하는 것으로는 프랙털 행동과 D 값의 변화를 규정하기 어렵다고 생각했다. 이들은 매터가 소장한 작품들 가운데 하나가 가짜라는 데도 동의하지 않았고 이들이 손으로 그리고 포토샵 작업을 한 작품이 테일러가 출판한 폴락 진품 테스트를 통과했다고 밝혔다. 결국 이런 식의 단순한 프랙털 분석으로는 폴락 작품의 진위를 구분할 수 없다는 입장이다.

현재 아담 미콜리치Adam Micolich와 데이비드 조나스David Jonas와 함께 연구하고 있는 테일러는 이에 대해 격자 크기의 범위는 적절하며 적어도 자연에서 다른 많은 프랙털을 확인할 때 쓰이는 정도는 된다고 대응했다. 이들은 또 공개한 방법 이외에 폴락의 진품을 시험할 때 쓸 수 있는 또 다른 기준을 개발했다고 밝혔다. 존스-스미스와 매더가 제시한 가짜는 좀 더 엄격한 이 기준을 통과하지 못했고 프랙털도 제대로 모방하지 못했다. 추가적인 기준의 일부는 발표했지만, 테일러에 따르면 추가적인 모든 기준을 공개하지는 않을 것이라고 한다. 이들은 색상들을 분리할 때 이런 방법들을 사용한다. 이건 놀랄 일이 아니다. 위조범들은 노력의 결과가 진품으로 인정받기 위해 어떤 시험을 통과해야 하는지 알아서는 안 된다. 확실히 이런 유형의 수학적 분석의 마지막 한 방울은 아직 떨어지지 않았다.

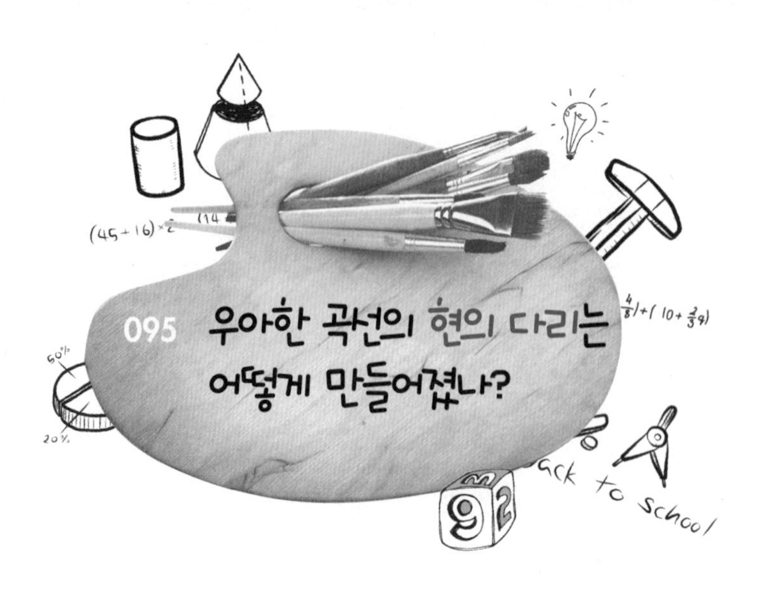

예루살렘 현교Jerusalem Chords Bridge라고도 불리는 현의 다리Bridge of Strings는 미적으로 즐거움을 주는 강철 케이블에 연결돼 118m 높이에 떠 있는 다리로, 스페인 건축가 산티아고 칼라트라바Santiago Calatrava가 설계해 2008년에 개통됐다. 이 다리는 서쪽에서 예루살렘으로 들어가는 관문으로 경전철이 다닌다. 예루살렘 시장은 칼라트라바에게 가능한 최고로 아름다운 다리를 만들어달라고 주문했다. 칼라트라바는 우아한 수학적 구성을 이용해 이에 답했는데, 다리를 붙잡고 있는 케이블을 하프(아마도 다윗왕의 하프)의 줄(현)처럼 보이게 만들면서도 우아하게 흐르는 곡선을 창조해냈다.

이 구성의 기본 원리는 소규모의 끈 예술에서 알 수 있는 그런 것이다. 우리는 직선의 모음으로 매끄러운 곡선을 만들어낼 수 있다. 이 곡선은 직선이 교차하는 점들을 따라 궤적을 그린다. 아래 그래프에서 보듯이 x축과 y축은 각각 0, 0.1, 0.2, 0.3…으로 눈금이 표시돼 있다.

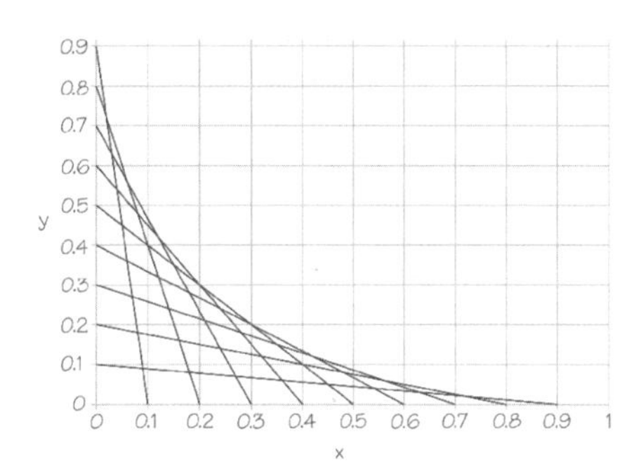

이제 점$(x, y)=(0, 1-T)$에서 직선을 그어 $(x, y)=(T, 0)$인 지점에서 x축과 만나게 그린다. $x=T$에서 교차하는 이 직선의 방정식은 다음과 같다.

$$y_T = 1 - T - x(1-T)/T \ (*)$$

앞의 그림을 보면 세로축에서 같은 간격으로 떨어져 있는 선들이 가로축에서도 같은 간격으로 떨어져 있다. 그리고 이 선들이 어떻게 곡선을 만드는지 볼 수 있는데, 직선 사이의 축 간격이 촘촘할수록, 즉 직선이 많을수록 곡선이 점점 더 매끈해진다.

그렇다면 이 곡선은 어떤 형태인가? 매끈한 형태를 만들려면 그저 T를 0에서 1까지 변화시킬 때 나오는 직선 모두를 나타내기만 하면 된다. 먼저 서로 아주 가까운 두 직선을 보자. 하나는 $x=T$에서 x축과 만나고 다른 하나는 $x=T+d$에서 만나는데, 이때 d는 아주 작은 값이다. 앞의 방정식(*)에서 T 대신 T+d를 넣어 이웃한 선의 방정식을 얻을 수 있다.

$$y_{T+d} = 1 - (T+d) - x(1-T-d)/(T+d)$$

이 선과 앞 선의 교차점을 구하면 $y_T = y_{T+d}$에서 $x=T^2+Td$가 나온다. 두 선이 가까울수록 d는 영으로 수렴하므로 $x=T^2$으로 수렴한다. 이제 첫 번째 방정식(*)의 x를 치환하면 $y=1-T-T^2(1-T)/T=(1-T)^2$을 얻는다. 결국 T가 0에서 1까지 변할 때 모든 직선에 의해 형성되는 곡선의 방정식은 $y=(1-\sqrt{x})^2$이다. 이 곡선은 포물선으로 수직축에 대해 45도 각도로 기울어져 있다(좌표를 x, y에서 X, Y로 바꾸는데, 여기서 $X=x-y$이고 $Y=x+y$다. 그러면 $y=(1-\sqrt{x})^2$이 친숙한 포물선 방정식인 $Y=(1+X^2)/2$로 바뀐다. X, Y 좌표는 x, y 좌표에서 축이 45도 돌아가 있다).

수직 y축에서 수평 x축까지 점차적으로 옮겨가는 직선으로 만들어지는 곡선이 최대한 매끄럽게 되면 포물선이 나온다. 그 결과 현의 다리에서 곡선 케이블을 쓰지 않았지만 미적으로 끌리는 곡선이 만들어졌다. 이건 시각 효과다. 사실 예루살렘 다리는 다른 방향으로 이런 곡선을 하나 더 갖고 있어서 시각 효과를 더하고 구조의 안정성을 높였다. 이 곡선은 매끄러운 전이의 무한 모음인 '베지에르 곡선Bézier curve'의 가장 간단한 예로, 방향이나 굴곡의 변화가 어떻든 간에 전이를 통해 만들 수 있다. 베지에르 곡선은 스포츠카의 옆모습을 디자인하고(이 매끈한 곡선은 1962년 프랑스 공학자 피에르 베지에르Pierre Bézier와 1959년 폴 드 카스텔랴우Paul de Casteljau가 독립적으로 개발했다. 두 사람 모두 자동차의 몸체를 디자인할 때 이 방법을 썼는데, 베지에르는 르노와 메르세데스에 카스텔랴우는 시트로엥에 적용했다) 헨리 무어Henry Moore의 '줄에 매달린 물체' 조각을 설계할 때 처음 쓰였다. 매끄러운 베지에르 전이 곡선은 포스트스크립트Postscript와 트루타입True Type 같은 현대 폰트가 어떻게 만들어졌고 어도비 일러스트레이터Adobe Illistrator와 코렐드로우CorelDRAW 같은 그래픽 프로그램이 어떻게 작동하는지 보여준다. 단순한 글자라도 확대해보면 매끄러운 곡선이 어떻게 폰트에서 글자를 구현하는지 볼 수 있다.

£6age9?

베지에르 곡선은 컴퓨터 애니메이션에서도 쓰이는데, 만화의 인물이 움직이는 경로에서 매끄러운 전이가 일어나도록 속도를 조절함으로써 공간을 가로지르며 자연스럽고 매끄러운 움직임이 나온다.

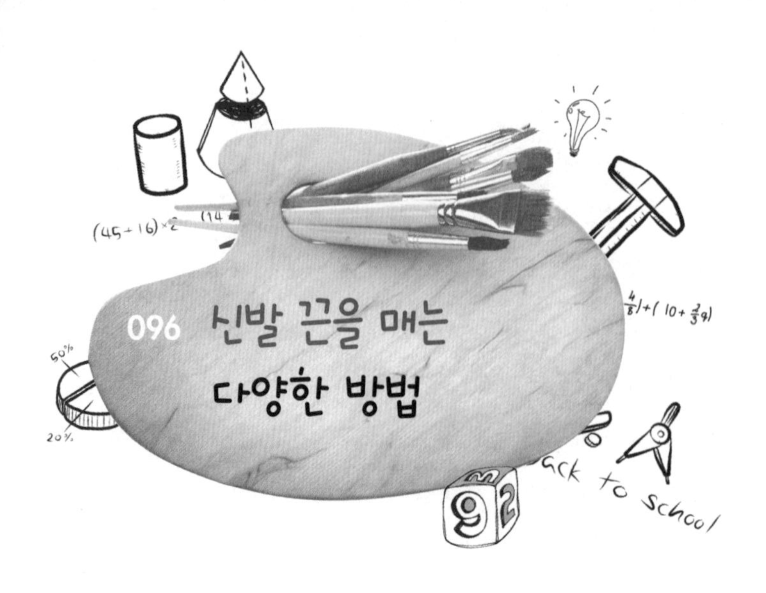

096 신발 끈을 매는 다양한 방법

즈크화가 러닝슈즈로 발달한 뒤 '운동화'가 전례 없이 다양한 패션으로 나오면서 가격도 그때마다 열 배씩 뛰었다. 젊은이들에게 운동화 끈을 매는(또는 끈을 쓰지 않는) 방법은 중요한 패션 요소가 됐다. 좀 더 넓게 보면, 끈을 매는 패턴이 현재는 물론 과거에도 옷을 입을 때 중요한 역사적 역할을 했음을 알 수 있다.

여기서는 신발 끈 문제에 집중하자. 신발에는 끈을 넣는 구멍이 짝수, 즉 두 줄로 나란히 배열돼 있다. 끈이 완전히 납작하다고 가정하자. 한 줄의 구멍에서 건너편 줄의 구멍으로 끈을 수평 또는 대각선으로 이을 수도 있고, 같은 줄의 바로 위아래 구멍으로 수직으로 연결할 수도 있다. 신발 끈이 제 역할을 하려면 적어도 두 연결에서 하나는 같은 줄에 있는 구멍끼리 연결되어서는 안 된다. 그래야 끈이 팽팽하게 당겨졌을 때 모든 구멍이 인장력을 받아 신의 양쪽 부분이 당겨지는 데 도움이 된다.

신발 끈을 매는 방식은 다양하다. 구멍이 열두 개일 경우, 이론적으로 열두 곳 가운데 끈을 매는 출발점을 선택할 수 있고, 다음으로 같은 줄의 위나 아래로 갈지 건너편 줄로 건너갈지 택할 수 있다. 따라서 모두 스물네 가지 방법이 있다. 비슷하게 다음 단계에서 2×11=22가지 가능성이 있고 이런 식으로 진행해 마지막에는 두 방향의 선택만 남는다. 따라서 끈을 묶는 방법, 즉 모든 독립적 선택 가능성은 24×22×20×18×…×4×2=1,961,990,553,600가지나 된다. 이 방법들은 다들 거울 쌍을 이루므로 이 천문학적인 숫자를 2로 나눌 수 있고, 시작과 끝이 반대인 경우도 마찬가지이므로 다시 2로 나눌 수 있다. 그럼에도 여전히 4,900억 가지가 넘는 가능성이 있다(이 문제는 1965년 J. 할튼J. Halton이 처음 연구했다). 더 많은 방법을 찾는다면, 한 구멍에 여러 번 낄 수 있게 허용하면 된다.

만일 같은 줄의 구멍끼리는 끈을 연결하지 못하고 모두 두 줄 사이의 구멍끼리만 연결할 수 있다면 경우의 수는 단지 $(1/2)n!(n-1)!$가 되어 각 줄의 $n=6$일 경우 43,200이다.

끈을 매는 경로 대부분은 신을 조이는 실제적인 방법이 아닐 뿐 아니라 그다지 흥미롭지도 않다. 신발 끈 매기 마니아인 이안 피에겐Ian Fieggen은 실제적인 방법으로 단지 서른아홉 가지만 선택했다(http://www.fieggen.com/shoelace/2trillionmethods.htm). 각각에 대해 계산할 수 있는 간단한 특징은 끈을 매는 데 필요한 끈의 길이이므로 가장 짧은 길이를 알면 쓸모가 있을 것이다.

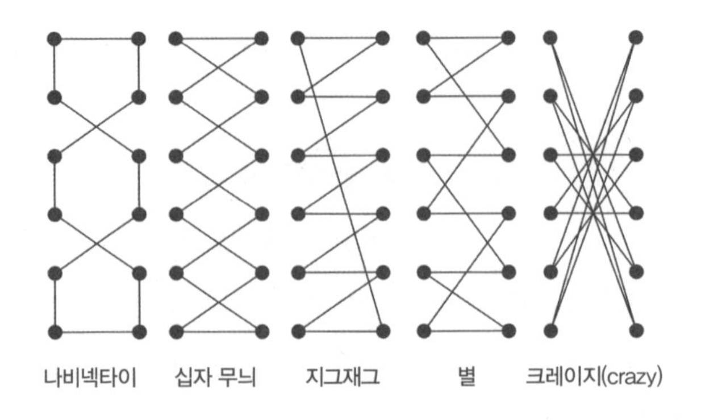

다섯 가지 흥미로운 스타일을 그림으로 나타냈다. 각각에 필요한 끈의 길이는 같은 줄에 있는 구멍 사이의 수직 거리(h라고 하자)와 두 줄 사이의 거리(1이라고 하자)에 따라 결정된다. 어떤 방식이라도 끈의 전체 길이는 수직 연결의 개수에 h를 곱하고 수평 연결의 개수를 더한 뒤 대각선 연결의 길이에(서로 직각인 한 변의 길이가 1, 다른 한 변의 길이가 h의 정수배인 삼각형의 빗변으로 피타고라스 정리를 써서 구한다) 개수를 곱한 값을 더한다. 예를 들어 '십자 무늬'로 끈을 맬 경우 각 대각선 길이는 1^2+h^2의 제곱근이다. 그림에 나와 있는 다섯 가지는 왼쪽에서 오른쪽으로 갈수록 끈이 더 필요하다. 명백히 대각선은 수평이나 수직 간격보다 더 길다. 가장 경제적인 신발 끈 매기는 '나비넥타이'로 필요한 끈 길이가 $6h+2+4\sqrt{(1+h^2)}$이다. 십자 무늬는 $2+10\sqrt{(1+h^2)}$로 확실히 더 긴데, $\sqrt{(1+h^2)}$가 h보다 크기 때문이다.

하지만 끈 매기 패턴을 고를 때 끈 길이가 유일한 고려 사항인 건 아니다. 나비넥타이의 경우 가장 경제적이고 발등을 지나치게 압박하지도 않지만, 양끝의 끈을 묶을 때 수직으로 연결된 부분이 신발의 양쪽을 조이는 데 기여하지 못한다. 끈을 매는 건 도르래를 감는 것과 같아서 신을 조이는 힘은 수평 방향 인장력의 합에 따라 결정된다. 모든 수평 방향의 연결을 합치려면 수직 방향은 무시하고 대각선은 그 방향과 수평선 사이의 코사인인 $1/\sqrt{(1+h^2)}$을 곱하면 된다. 수학과 신발 끈 매기 마니아인 멜버른 모내시 대학의 벅카드 폴스터Buckard Polster는 이 점을 고려해 구멍이 두 개 이상 있을 때 구멍 사이 거리의 특정한 값 h*가 있어서, 두 줄 사이의 거리(여기서는 1)에 대해서 h가 h*보다 짧으면 십자 무늬 매기가 가장 강하고 h가 h*보다 길면 지그재그 매기가 가장 강하다는 사실을 발견했다. h=h*일 때는 두 방법의 세기가 같다. 전형적인 신발은 h 값이 h*에 가까운 것 같기 때문에 둘 가운데 어느 것을 써도 거의 같은 결과가 나올 것이다. 이 경우 평범한 십자 무늬가 더 나은데, 지그재그와는 달리 끈을 맨 뒤 묶을 때 양쪽 끈의 길이가 같게 만들기 쉽기 때문이다.

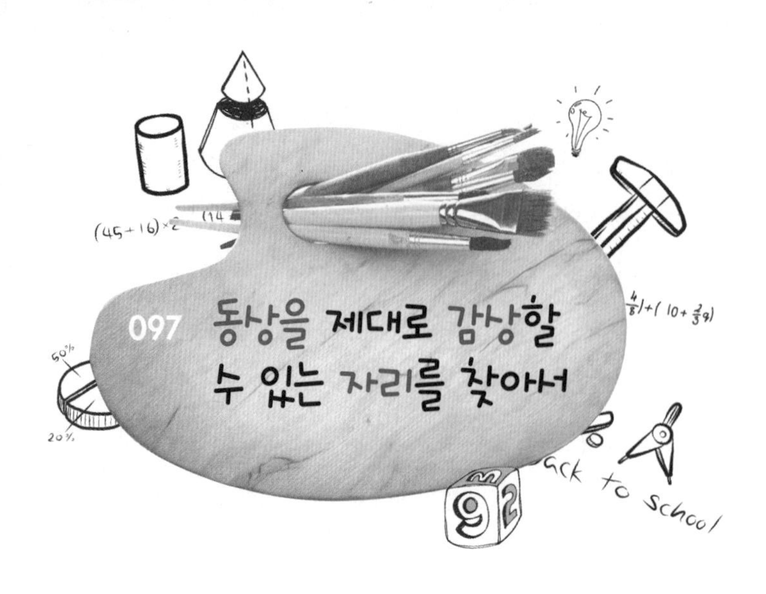

097 동상을 제대로 감상할 수 있는 자리를 찾아서

세계의 위대한 도시들 가운데 멀리서 볼 때 멋진 동상이 있는 곳이 많다. 보통 이런 동상들은 우리 머리보다 훨씬 높은 받침대나 건물 정면에 서 있다. 이런 동상들을 가장 잘 보려면 얼마나 떨어져 서 있어야 할까? 동상에 아주 가까이 서 있을 경우 고개를 젖혀 하늘을 쳐다보는 형국이 될뿐더러 앞의 횡단면만을 볼 수 있다. 따라서 좀 떨어질 필요가 있는데, 뒤로 얼마가 가야 할까? 우리가 멀어질수록 받침대 위에 있는 동상은 점점 작게 보일 것이다. 가까이 가면 점점 커지겠지만 아주 가까워지면 위로 쳐다봐야 하므로 오히려 다시 작아진다. 따라서 그 사이에 동상이 가장 커 보이는 최적의 관람 거리가 있을 것이다.

다음 그림처럼 조망 시나리오를 설정하면 이 거리를 구할 수 있다.

당신의 눈높이는 Y다. 받침대는 당신의 눈보다 T만큼 더 위에 있고 그 위에 있는 동상의 키는 S다. 이 길이들은 고정돼 있지만 당신이 서 있는 위치와 동상 사이의 거리 x는 바꿀 수 있다. 기하학을 약간 쓰면 도움이 된다. 각 b와 각 b+a의 탄젠트는 각각 다음과 같다.

$$\tan(a+b)=(S+T)/x,\ \tan(b)=T/x$$

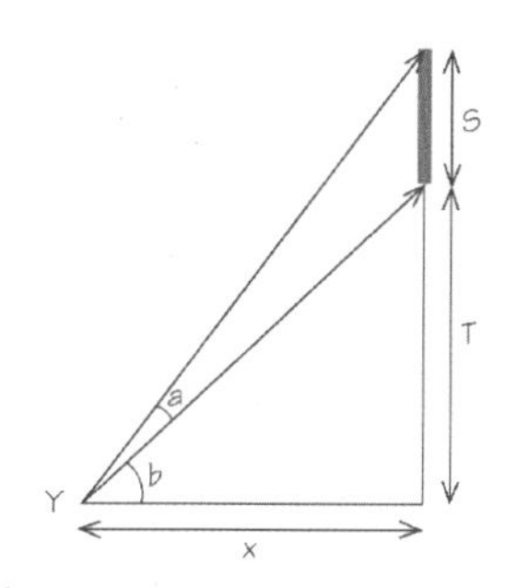

한편 다음 식이 알려져 있다.

$$\tan(a+b)=[\tan(a)+\tan(b)]/[1-\tan(a)\tan(b)]$$

이 식을 적용하면 다음의 식을 얻을 수 있다.

$$\tan(a)=Sx/[x^2+T(S+T)]$$

이제 우리는 동상이 가장 커 보이는 각 a가 되는 x 값을 구해야 한다. 그러려면 미분 da/dx가 영인 값을 찾으면 된다.

$$\sec^2(a)da/dx=[x^2-T(S+T)]/[x^2+T(S+T)]^2$$

$\sec^2(a)$는 제곱이므로 a가 0에서 90도 사이일 경우 양의 값이다. da/dx=0일 때 동상이 가장 커 보이므로 방정식의 분자가 영이 돼야 한다.

$$x^2=T(S+T)$$

이 관계가 우리가 찾는 답이다. 동상의 크기가 가장 커 보이는 최적의 관람 거리 x는 받침대 길이와 받침대와 동상을 합친 길이의 기하 평균, 즉 $x=\sqrt{T(S+T)}$이다.

이 식을 유명한 동상에 적용해보자. 런던 트라팔가 광장에 있는 넬슨 기둥은 T=50m이고 S=5.5m로 $x=\sqrt{2775}$=52.7m쯤 떨어져 있어야 가장 크게 보인다. 기자에 있는 카프레 왕의 피라미드 바로 남쪽에 있는 스핑크스의 경우 S=20m이고 T=43.5m로 최적의 관람 거리는 52.6m다. 피렌체에 있는 미켈란젤로의 다비드상은 S=5.17m이고(흥미롭게도 예술사 서적과 가이드북에는 다비드상의 키가 4.34m로 적혀 있었는데, 1999년 스탠퍼드 대학의 연구자들이 정확히 재어 본 결과 5.17m로 나와 엄청난 오류였음이 밝혀졌다. http://graphics.stanford.edu/projects/mich/more-david/more-david.html) S+T=6.17m이므로(즉 받침대가 눈높이보다 1m밖에 높지 않다) 최적의 거리 x=2.48m에 불과하다(여기서는 눈높이가 1.5m인 경우로 계산했다). 방문지에서 받침대 위에 있는 유명한 동상을 제대로 보려면 웹사이트에서(http://en.wikipedia.org/wiki/List_of_statues_by_height) 동상의 크기 정보를 보고 최적의 위치를 계산하면 된다.

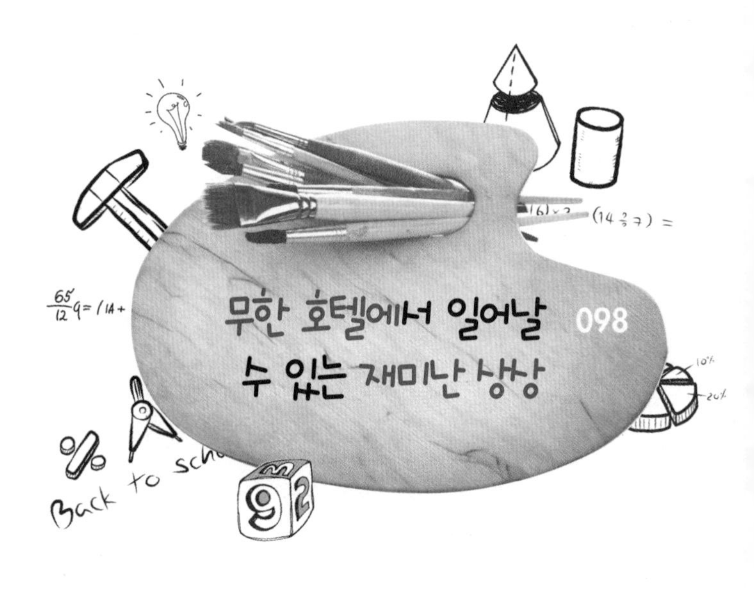

보통 호텔은 당연히 '유한한' 수의 객실이 있다. 따라서 객실이 다 찼을 경우 기존 손님이 퇴거하지 않으면 들어갈 방이 없다. 수학자 다비트 힐베르트David Hilbert는 어느 날 객실이 무한한 호텔에서 일어날 수 있는 이상한 일을 상상해봤다(다비트 힐베르트는 20세기 초 위대한 수학자다. 그의 상상 호텔은 조지 가모프George Gamow의 책 『1, 2, 3 그리고 무한』에 소개되어 있다. 김영사, 2012). 내가 각본을 쓴 연극 〈무한Infinities〉은 루카 론코니Luca Rononi가 연출해 2001년과 2002년 밀라노에서 공연됐는데, 1장에서 힐베르트가 상상한 호텔의 단순한 역설을 고심해 만든 독특한 무대 공간이 구현됐다(존 바로 작 〈무한〉은 티트로 피콜로Teatro Piccolo가 무대를 설계했고 루카 론코니가 연출해 2001년 밀라노, 2002년 밀라노와 발렌시아에서 공연했다). 객실이 무한대(1, 2, 3, 4… 식으로 무한히 호수를 매긴다)이지만 이미 모두 찬 무한 호텔Hotel Infinity의 체크인 카운터로 여행객이 다가온다. 체크인 직원은 당황하는데—호텔이 만원이므로—지점장은 태연자약하다. 다만 1호실 손님에게 2호실로, 2호실 손님에게 3호실로, 이런 식으로 계속 옮겨 달라고 부탁한다. 그 결과 1호실이 비게 돼 새로운 투숙객이 방을 얻게 된다.

그 다음 주에 여행객이 다시 오는데 이번엔 무한한 친구들과 같이 왔고 다들 투숙할 방이 필요하다. 이번에도 이 인기 있는 호텔은 만원이지만 역시 지점장은 동요하지 않는다. 숙박부를 보지도 않고 그는 1호실 손님을 2호실로, 2호실 손님을 4호실로, 3호실 손님을 6호실로, 이런 식으로 무한히 옮긴다. 그 결과 홀수 호실들이 다 빈다. 이제 새로 온 무한한 손님들을 다 투숙시킬 수 있는 무한한 방이 있다. 물론 룸서비스를 받으려면 시간이 좀 걸릴 것이다.

다음날 지점장은 풀이 죽었다. 호텔 체인이 다른 지점장들을 다 해고하고 이 호텔을 제외한 다른 호텔들은 비용을 무한히 절감하기 위해 모두 문을 닫기로 결정했기 때문이다. 나쁜 소식은 무한 호텔 체인인 다른 무한한 수의 호텔에 묵고 있던 모든 무한한 수의 손님들을 이 호텔로 옮겨야 한다는 것이다. 이제 지점장은 무한한 호텔에서 밀려오는 손님들을 위해 객실을 확보해야 하지만 호텔은 이미 만원이다. 새로운 손님들이 곧 도착할 것이다.

누군가가 소수(2, 3, 5, 7, 11, 13, 17…)를 써보라고 제안한다. 소수의 개수도 무한하기 때문이다. 모든 자연수는 한 가지 방식으로만 소수들의 곱으로 나타낼 수 있다. 예를 들어 42=2×3×7이다. 이제 1호점 호텔에서 온 무한한 손님들을 2, 4, 8, 16, 32…의 호실에 배정한다. 2호점에서 온 손님들은 3, 9, 27, 81…에 배정한다. 3호점 손님들은 5, 25, 125, 625…에 배정한다. 4호점 손님들은 7, 49, 343…에 배정하는 식으로 계속 한다. 이렇게 하면 어떤 방도 손님이 중복해 투숙하지 않는데, p와 q가 다른 소수이고 m과 n이 자연수일 경우 p^m과 q^n은 결코 같을 수 없기 때문이다.

정신을 차린 지점장은 곧 좀 더 간단한 방식을 떠올렸는데, 체크인 담당 직원이 계산기를 써서 쉽게 적용할 수 있다. 즉 m호점 호텔의 n호실 손님에게 $2^m \times 3^n$호실을 배정한다. 이렇게 하면 투숙객이 겹치는 방이 생기지 않는다.

하지만 지점장은 여전히 마음이 편하지가 않다. 이 계획대로 하면 빈 방이 엄청나게 생길 것이기 때문이다. 7, 10, 13 같은 호수의 방들은 $2^m \times 3^n$로 나타낼 수 없으므로 비게 된다.

다행히 훨씬 더 효율적인 새 방식이 떠올랐다. 표를 만들어 행에는 새로 도착한 손님들의 기존 호실 수를 배정하고, 열에는 기존 호텔의 수를 배정한다. 따라서 다섯 번째 행 네 번째 열은 호텔 4호점의 5호실에서 온 손님을 나타낸다. 쌍(R,H)은 호텔 H호점 R호실에서 온 손님을 뜻한다. 이제 새로 온 손님을 표의 왼쪽 맨 위부터 채우면 된다.

손님들이 몰려오면 체크인 직원은 (1,1)에서 온 손님은 1호실에, (1,2)에서 온 손님은 2호실에, (2,2)에서 온 손님은 3호실에, (2,1)에서 온 손님은 4호실에 배정한다. 이렇게 하면 표의 왼쪽 위 2×2행렬이 다 채워진다. 이제 3×3행렬을 채운다. 즉 (1,3) 손님은 5호실에, (2,3) 손님은 6호실에, (3,3) 손님은 7호실에, (3,2) 손님은 8호실에, (3,1) 손님은 9호실에 배정한다. 다음 페이지의 표는 여기까지 보여준다. 이런 식으로

m호점 n호실에서 온 손님을 (R,H)로 나타낸다.

(1,1) to room 1	(1,2) to room 2	(1,3) to room 5	(1,4) ··· (1,n)
(2,1) to room 4	(2,2) to room 3	(2,3) to room 6	(2,4) ···
(3,1) to room 9	(3,2) to room 8	(3,3) to room 7	(3,4) ···
(4,1)	(4,2)	(4,3)	(4,4) ···
(5,1)	···	···	··· (5,n)

이렇게 하면 모든 사람들이 방을 배정받을 수 있을까? 물론이다. H호점 R호실에 묵었던 손님의 경우 $R \geq H$일 경우 손님은 $(R-1)^2+H$호실을 배정받을 것이고, $R \leq H$일 경우 H^2-R+1호실을 차지할 것이다.

지점장은 이 해결책에 환호했다. 모든 손님들이 방을 배정받았을 뿐 아니라 빈 방이 하나도 없게 됐기 때문이다.

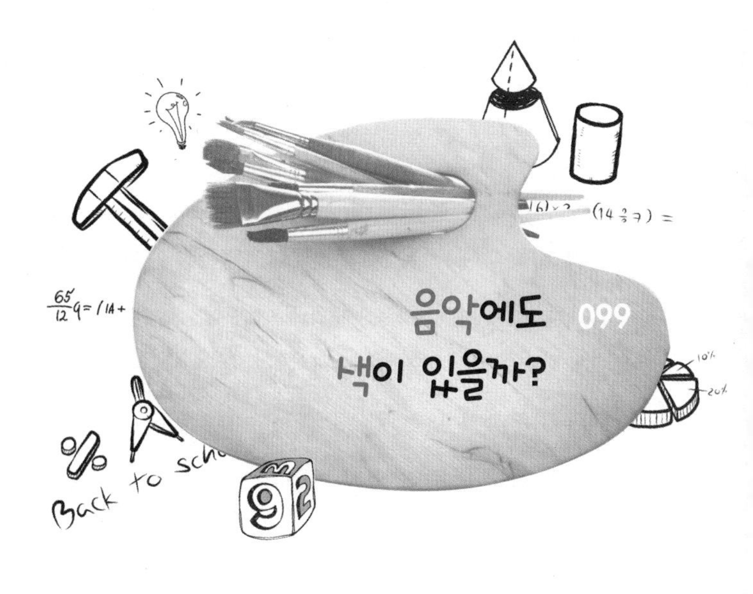

음악은 분석하기 가장 쉬운 예술 패턴으로, 정확한 진동수의 음이 일차원 순서대로 나열돼 있고 음 사이의 간격이 정확하다. 아마도 우리는 음악이라는 형태의 친숙한 예들에서 뽑아낼 수 있는 간단한 수학적 특성을 발견할 수 있지 않을까?

음향 공학자들은 음악을 '소음'이라고 부르고 각 진동수의 소리 신호가 지닌 세기를 보여주는 '파워 스펙트럼power spectrum'이라는 양을 이용해 그 특징을 기록한다. 파워 스펙트럼은 진동수가 변하는 신호의 시간에 따른 변화의 평균적인 양상을 잘 보여준다. 연관된 양으로는 소리의 '상관 함수'가 있는데, 서로 다른 시간 t와 $t+T$에 나온 두 소리가 어떻게 관련돼 있는지 알려준다(만일 신호가 평균적으로 늘 같다면 상관관계는 두 음 사이의 간격 T에만 의존할 것이다). 많은 자연의 음, 즉 '소음'이 f^{-a}에 비례하는 파워 스펙트럼을 보이는데, f는 소리 진동수이고 a는 양의 상수로 넓은 범위의 진동수에 적용된다. 이런 신호들을 '규모 불변' 또는 '프랙털'이라고 부르는데(여러 장에서 이미 만난 도형 프랙털 형태처럼) 신호의 특징이 되는 특별히 선호되는 진동수(가온 다middle C를 반복해 치는 것 같은)가 없기 때문이다. 모든 진동수가 두 배가 되거나 절반이 되어도 스펙트럼은 f^{-a}를 유지하겠지만 각 진동수의 소리 세기는 달라진다(정확한 규모 불변 양상에서 벗어나는 경우가 분명 존재하지만, 그게 아니라면 녹음은 어떤 속도에서도 동일하게 소리를 낼 것이다).

소음이 완전히 제멋대로라면 a=0이고 모든 소리는 앞의 소리와 연관이 없다. 모든 주파수에서 소리 세기가 같다. 이런 유형의 신호를 '백색 소음white noise'이라고 부르는데, 모든 색의 빛이 합쳐지면 백색광이 되는 것과 같은 맥락이다. 상관관계가 없기 때문에 백색 소음이 나면 계속 놀라게 된다. 결국 귀는 백색 소음에서 패턴을 찾는 데서 흥미를 잃고, 소리가 약할 경우 부드럽게 부서지는 파도처럼 편안하게 들린다. 백색 소음 녹음이 때로 불면증을 치료하는 데 쓰이는 이유다. 반대로 a=2인 스펙트럼을 지닌 소리는 '갈색 소음brown noise'(이 색이 들어간 용어가 쓰인 이유는 이런 형태의 소음에서 보이는 통계가 액체 표면에 떠 있는 작은 입자의 '브라운' 운동 같은 확산 과정의 통계와 비슷하기 때문이다. 1827년 식물학자 로버트 브라운Robert Brown이 처음 기술한 브라운 운동은 1905년 알베르트 아인슈타인이 제대로 설명했다)이라고 불리는데, 상관관계가 높고 어느 정도 예측이 된다(a=3인 '검은 소음black noise'은 더 그렇다). 만일 진동수가 올라가고 있으면 계속 그럴 경향이 있고(도–레–미–파–솔…) 이런 패턴은 사람의 귀에 그리 매력적으로 들리지 않는다. 너무 뻔하기 때문이다.

그 사이에, 즉 예측 불가능성과 예측 가능성 사이에 귀가 가장 듣기 '좋아하는' 균형을 지닌 적당한 상황이 있을 것이다.

1975년 버클리 캘리포니아 대학의 리처드 보스Richard Voss와 존 클라크John Clarke라는 물리학자 두 사람이 이 문제에 대해 처음으로 실험연구를 했다. 두 사람은 바흐에서 비틀스, 지역 라디오에서 흘러나오는 음악과 대화까지 여러 스타일의 음악과 소리에서 파워 스펙트럼을 만들었다. 그 뒤에는 비서구 전통 음악의 다양한 양식을 포함시켰다. 이들 녹음을 분석한 결과 사람들이 a=1인 음악을 상당히 선호한다고 두 사람은 주장했다. 즉 '1/f 스펙트럼'으로 종종 '핑크 소음'이라고 부른다(1/f 스펙트럼은 음 사이가 긴 곡조에 꽤 잘 들어맞지만, 스콧 조플린Scott Joplin의 음악 같은 유별난 예외도 있다. 그의 음악은 1-10Hz 부근에서는 이 법칙을 따르지만 고주파 영역에서는 변이가 크다). 이 특별한 스펙트럼은 모든 시간 간격에 상관관계를 보인다. 1/f 스펙트럼은 놀라움과 비예측성을 명쾌한 방식으로 최적화한다(파워 스펙트럼은 음악 소리 변이의 한 특성일 뿐이다. 악보를 거꾸로 연주하더라도 파워 스펙트럼은 그대로이겠지만 음악은 같은 '소리'를 내지 않는다).

보스와 클라크의 연구는 사람이 만든 음악이 10Hz 밑의 저주파수 범위에서 중간의 복잡성을 지닌 프랙털에 가깝다고 특징짓는 데 중요한 기여를 했다. 소리와 복잡성에 흥미를 느낀 다른 물리학자들도 더욱 상세히 연구를 반복했다. 그런데 결과가 그렇게 명쾌하지는 않았다. 상관관계 스펙트럼을 결정하는 데 쓰는 음악의 길이가 결정적으로 중요해서, 적당하지 않으면 전반적으로 치우침이 생긴다. 1/f 스펙트럼은 충분히 긴 녹음 곡들에서는 다 나타나는 것으로 보이는데, 교향곡 전곡이나 보스와 클라크가 녹음했던 것처럼 수 시간 계속되는 라디오 음악이 그런 예다. 따라서 충분한 길이의 소리 신호를 분석한다면, 모든 음악은 1/f 스펙트럼을 보이는 경향이 있을 것이다. 다른 극단으로 가서 음표 10여 개만을 포함하는 음 간격이 아주 짧은 음악 소리를 분석할 경우 연속된 음 사이에 강한 상관관계가 나타나는, 임의성과는 거리가 먼 예측 가능성이 높은 소리일 것이다. 이 결과는 음 간격이 중간인 음악의 스펙트럼이 가장 흥미롭다는 걸 시사한다.

장-피에르 분Jean-Pierre Boon과 올리버 드크롤리Oliver Decroly는 보스와 클라크와 같은 연구를 수행하면서도 0.03에서 3Hz의 진동수 범위로 시간 간격의 '흥미로운' 중간 범위를 제한했다. 두 사람은 바흐에서 엘리엇 카터Elliott Carter까지 작곡가 열여덟 명의 스물세 작품을 연구했는데, 각 작품의 일부 구조만을 분석해 평균했다. 스펙트럼은 여전히 규모 불변성에 가까웠지만 두 사람은 1/f 스펙트럼의 증거는 찾지 못했다. 대부분은 $1/f^a$에서 a가 1.79에서 1.97 사이에 있었다. 작품을 들을 때 자연스러운 음악의 길이로 분석할 경우 사람들은 '핑크'(1/f) 소음보다 '갈색'(a=2) 소음에 더 가까운 음악을 높이 평가한다는 말이다.

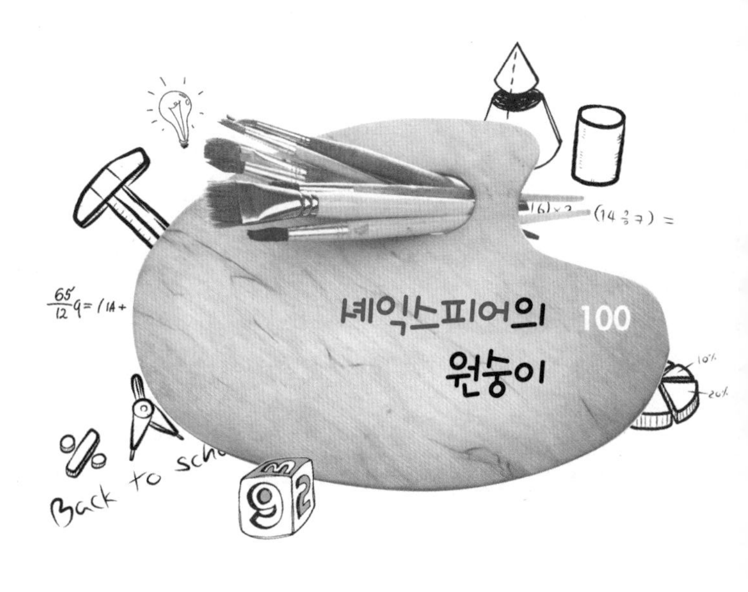

100 셰익스피어의 원숭이

원숭이 부대가 제멋대로 자판을 두드려 마침내 셰익스피어의 작품을 생산해내는 유명한 이미지가 있다. 임의로는 구성물이 나올 가능성이 없다는 아이디어를 역설적으로 표현한 예로 이런 장면이 나온 것 같다. 이 아이디어는 아리스토텔레스로 거슬러 올라가는데, 그는 땅에 뿌린 글자가 문장을 만든 책을 예로 들었다(아리스토텔레스, 『형이상학』). 조너선 스위프트Jonathan Swift가 1782년 발표한 『걸리버 여행기』에서 라가도 그랜드 아카데미의 신비한 교수는 글자를 찍어내는 기계 장치를(1714년 기계식 타자기의 첫 특허가 나왔다) 통해 학생들이 끊임없이 만들어내는 글자의 임의적인 연쇄로 모든 과학 지식의 목록을 만들려고 한다. 18세기와 19세기 프랑스 수학자들은 타자 작업으로 쏟아져 나온 임의의 글자 더미에서 위대한 책이 포함돼 있다는 예를 들곤 했다.

1909년 원숭이들이 처음 등장했는데, 프랑스 수학자인 에밀 보렐Émile Borel은 원숭이 타자수들이 결국에는 프랑스 국립도서관의 모든 책들을 생성할 것이라고 얘기했다. 1928년 아서 에딩턴Arthur Eddington은 그의 유명한 책 『물리적 세계의 본질*The Nature of the Physical World*』에서 도서관을 영국 풍으로 변형해 써먹었다. "내 손가락이 제멋대로 타자기 자판을 두드려 나열된 긴 글자들에서 의미 있는 문장이 나올 수도 있다. 원숭이 부대를 투입해 타자기를 치게 한다면 영국 박물관에 있는 모든 책을 쓸 것이다."

2003년 영국 플리머스 대학 미디어랩은 예술위원회가 주는 연구비로 플리머스 동물원에서 검정 짧은 꼬리원숭이 여섯 마리로 실험을 했다(http://timeblimp.com/?page_id=1493). 놀랍게도 녀석들은 S자를 좋아하는 것 같아서 다섯 페이지가 거의 완전히 S자로 채워졌고 자판에다 소변을 너무 많이 봤다.

이 기술적 실패와 거의 같은 시기에 가상 원숭이들로 자판을 임의로 두드리게 하는 컴퓨터 실험이 진행됐는데, 나온 글자 더미에서 셰익스피어의 전 작품을 대상으로 일치하는 문자열이 있는지 확인하는 일이었다. 2003년 7월 1일 '원숭이' 100마리로 시뮬레이션을 시작했고 프로젝트가 끝난 2007년까지 원숭이 숫자는 수일 간격으로 두 배씩 늘어났다. 최종적으로 원숭이들은 10^{35}쪽이 넘는 분량을 만들어냈는데, 자판을 2,000번 두드려야 한 쪽을 채울 수 있다.

매일의 기록은 꽤 안정적이어서 대략 열여덟 또는 열아홉 글자로 된 문자열이 나왔고, 최고 기록도 조금씩 경신됐다. 때로는 스물한 개 문자로 된 문장도 나왔다.

...KING. Let fame, that [wtIA"yh!'VYONOvwsFOsbhzkLH...]

위의 문장은 『사랑의 헛수고』에 나오는 아래 스물한 개 문자와 일치한다.

KING. Let fame, that [all hunt after in their lives,

Live regist'red upon our brazen tombs,

And then grace us in the disgrace of death;]

(왕: 사람이 살아있는 동안 모두가 바라는 것은 명성이다. 그 명성을 영원히 남기기 위해 놋쇠 묘비에 새겨서 죽음의 추악함을 아름답게 장식하도록 하는 것이다)

– 『사랑의 헛수고』, 전예원, 1999

2005년 1월, 원숭이가 10^{39}년이 넘게 임의로 자판을 두드린 결과 스물네 글자 기록이 나왔다.

...RUMOUR. Open your ears; [9r'5j5&?OWTY Z0d 'B-nEoF.vjSqj[...]

위의 문장은 『헨리 4세』 2부에 나오는 스물네 글자와 일치한다.

RUMOUR. Open your ears; [for which of you will stop

The vent of hearing when loud rumour speaks?]

(러무어: 귀를 열어라. 요란한 러무어가 말하는데 감히 누가 듣는 구멍을 막을 것이냐?)

비록 임의 실험의 소득이 보잘것없지만, 이런 결과가 정말 시간의 문제라는 사실은 충격적인 측면이다. 대략 매년 한 글자꼴로 진짜 셰익스피어의 작품에 일치하는 문장이 길어진다. 만일 컴퓨터 시스템이 이 실험에 쓰인 것보다 훨씬 빠르게 발달한다면 인상적인 결과를 볼 수 있을 것이다. 임의 '타이핑'으로 셰익스피어의 작품을 생성해내는 데 충분히 강력한 프로그램이라면 그보다 짧은 문학 작품은 더 빨리 생성해낼 것임은 물론이다.

미국 네바다주 레노의 제시 앤더슨Jesse Anderson이라는 프로그래머는 2011년 새로운 프로젝트를 시작했는데, 임의 선택 알고리즘(http://www.telegraph.co.uk/technology/news/8789894/Monkeys-at-typewriters-close-to-reproducing-Shakespeare.html)을 써서 셰익스피어 작품의 99.9%를 금세 재창조했다고 주장해 미디어의 주목을 받았다.

오늘—2011년 9월 23일—PST(태평양 표준시간) 2시 30분(우리나라 시간으로 오후 6시 30분) 원숭이들이 자판을 임의로 두드려 〈연인의 불만 A Lover's Complaint〉을 성공적으로 재창작했다. 처음으로 셰익스피어의 작품이 임의로 재생산된 것이다. 그리고 임의로 재생산된 것 가운데 가장 큰 작품이다[2,587단어에 13,940글자]. 이 결과는 원숭이에게는 작은 걸음이지만, 도처에 있는 가상 영장류에게는 큰 걸음을 내디딘 것이다.

하지만, 앤더슨이 이런 반응을 불러일으킬 만큼 드라마틱한 일을 한 건 아니다. 그는 단지 세계의 놀고 있는 컴퓨터가 참여한 '클라우드'를 써서 임의로 아홉 글자로 된 문자열을 생성하게 했다. 문자열이 셰익스피어 전작집에 나오는 'necessary' 같은 한 단어나 'grace us in' 같은 단어열과 일치하면 이 단어들을 작품집에서 빼고(구두점과 띄어쓰기 빈칸은 무시했다) 셰익스피어의 작품들에 나오지 않는 문자열은 버렸다. 이런 식으로 작품의 모든 단어가 한 번이라도 나오면 그 작품이 임의 탐색으로 생성됐다고 봤다.

이건 대부분의 사람들이 임의로 셰익스피어의 작품을 창조했다고 이해하는 그런 방식이 아니다. 시 〈연인의 불만〉의 경우 우리가 임의 창조라고 생각하는 건 13,940개 문자가 일렬로 나온 경우다. 알파벳 26글자에서 선택하므로 임의로 선택해 이 길이로 만들 수 있는 문자열은 $26^{13,940}$가지다. 비교하자면 우주 전체에 있는 원자가 겨우 10^{80}개 정도다. 앤더슨은 임의로 발생시킨 9개 문자로 이뤄진 문자열에서 선택함으로써 이 과제를 실현한 것이다. 따라서 시 전체인 13,940개 문자로 이뤄진 문자열을 임의로 생성한다는 건 희망이 없는 일임을 알 수 있을 것이다. 반대로 문자 하나로 이뤄진 문자열들은 전혀 인상적이지 않을 것이다. 알파벳 스물여섯 글자는 금방 생성해낼 수 있고, 셰익스피어의 작품(그리고 영어로 된 모든 작품)에 나오는 모든 단어의 모든 글자를 빼는 식의 작업을 할 수 있다. 그러고서 임의로 자판을 쳐서 셰익스피어의 전 작품을 생성했다고 주장할 수 있을까? 난 그럴 수 없다고 본다.

흔히 적성을 말할 때 수학과 예술은 양 극단에 위치하는 것 같다. 즉 논리적이고 차분한 사람은 수학이나 과학이 어울리고 감성적이고 열정적인 사람은 예술을 해야 맞을 것 같다. 실제 우리나라 교육체계를 보면 이과 학생들은 미술이나 음악 수업을 거의 듣지 않고 그나마 한두 시간 수업에서도 실습을 하는 일은 흔치 않다. 음대나 미대를 목표로 하는 학생들 가운데 수학을 포기했다고 말하는 경우도 적지 않다.

이처럼 일찌감치 제 갈 길을 가는 교육체계에 길들여진 우리나라 사람들에게 수학과 예술을 연결하는 100가지 이야기를 담은 책은 낯설면서도 놀라울 것이다. 저자 존 배로는 영국 케임브리지 대학교의 수학자로 많은 교양수학 책과 교양물리학 책을 펴낸 저술가이기도 하다. 배로 교수는 2008년 『일상적이지만 절대적인 생활 속 수학지식 100』을 펴내 주목을 받았다.

사람들이 일상에서 겪는 다양한 경험을 수학의 관점에서 해석한 이 책이 성공을 거두자 자신을 얻은 배로 교수는 이번에는 수학의 눈으로 예술을 들여다보는 모험을 감행했고, 그 결과가 바로 이 책이다. 배로 교수가 생각하는 예술은 음악과 미술뿐 아니라 문학, 발레, 요리, 보석, 마술, 네팔 국기 디자인, 토목 공사 등 무척 다채롭다. 이런 폭넓은 영역에서 일어나는 일들을 어떻게든 수학과 연결해 흥미진진하게 이야기를 풀어나가는 배로 교수의 능력에 감탄하게 된다.

20세기가 끝나고 21세기가 시작된 지도 벌써 16년이 지났음에도 여전히 19세기 교육체계에 머물러 있는 우리 현실에서 수학과 예술을 결합한 이 책이 갖는 의미는 결코 작지 않다는 생각이 든다. 또한, 수학 지식이 그다지 많지 않은 사람들도 큰 어려움 없이 흥미롭게 읽을 수 있는 내용이 대부분이라는 점도 이 책이 가진 또 다른 미덕이다. 이 책을 통해 수학과 예술이 대립하는 영역이 아니라 서로 보완하는 관계라는 인식을 갖게 되길 바란다.

2016년 7월

강석기